数 据 结 构

张德育　黄迎春　张德慧　主编

U0395330

东北大学出版社

·沈　阳·

ⒸＣ 张德育　黄迎春　张德慧　2020

图书在版编目（CIP）数据

数据结构／张德育，黄迎春，张德慧主编. — 沈阳：
东北大学出版社，2020.7（2021.7重印）
ISBN 978-7-5517-1474-7

Ⅰ.①数…　Ⅱ.①张…　②黄…　③张…　Ⅲ.①数据结
构－高等学校－教材　Ⅳ.①TP311.12

中国版本图书馆 CIP 数据核字（2020）第124575号

内容简介

　　《数据结构》是为"数据结构"课程编写的教材，也可作为学习数据结构及其算法的C程序设计的参考教材。本书的前部分主要讨论了线性结构、树形结构、图状（网状）结构的数据结构定义、算法及其应用；后部分主要讨论了实现查找和排序操作的基本数据结构和算法。本书采用C语言作为数据结构和算法的描述语言。本书主要章节还包含了实验、习题、课程设计等内容，可作为实验、课程设计的参考书，也可作为考试复习参考书。本书概念表述严谨，逻辑推理严密，语言精练，用词达意，既便于教学，又便于自学。

　　本书可作为计算机类专业或信息类相关专业的本科或专科教材，或作为"数据结构"课程研究生入学考试的参考书，也可供从事计算机工程与应用工作的科技工作者参考。

出 版 者：东北大学出版社
　　　　　　地址：沈阳市和平区文化路三号巷11号
　　　　　　邮编：110819
　　　　　　电话：024-83683655（总编室）　83687331（营销部）
　　　　　　传真：024-83687332（总编室）　83680180（营销部）
　　　　　　网址：http://www.neupress.com
　　　　　　E-mail: neuph@neupress.com
印 刷 者：沈阳市第二市政建设工程公司印刷厂
发 行 者：东北大学出版社
幅面尺寸：185mm×260mm
印　　张：18
字　　数：461千字
出版时间：2020年7月第1版
印刷时间：2021年7月第2次印刷
责任编辑：张德喜
责任校对：子　敏
封面设计：潘正一
责任出版：唐敏志

ISBN 978-7-5517-1474-7　　　　　　　　　　　　　定　价：36.50元

前　言

　　"数据结构"是计算机程序设计的重要理论技术基础课程，是介于数学、计算机软件和计算机硬件三者之间的一门核心课程，是一门研究非数值计算的程序设计问题中计算机的操作对象以及它们之间的关系和操作等的学科，是设计和实现编译程序、操作系统、数据库系统及其他系统程序和应用程序的重要基础，是计算机科学与技术、软件工程学科研究生入学考试的主要专业课程。本书是为"数据结构"课程编写的教材，具有内容精练、集成度高、实验性强等特点，特别适合"新工科"背景下培养计算机技术人才的教学需求。

　　从课程性质上讲，"数据结构"是一门专业技术基础课，它的教学要求是：学会分析研究计算机加工的数据结构的特性，以便为应用涉及的数据选择适当的逻辑结构、存储结构及其相应的算法，并初步掌握算法的时间分析和空间分析技术。另一方面，本课程的学习过程也是复杂程序设计的训练过程，要求学生编写的程序结构清楚和正确易读，符合软件工程规范，培养学生理解"软件＝数据结构＋算法＋文档"的内涵，培养学生的结构化程序设计能力和数据抽象能力。

　　本书的第 1 章综述数据结构、算法等基本概念；第 2 章至第 6 章主要讨论线性表、栈、队列、串、数组、广义表、树和二叉树以及图等常用的数据结构，主要从它们的逻辑结构、物理结构和数据操作三个方面进行讨论。第 7 章和第 8 章讨论查找和排序算法。

　　本书集成理论教学、实验、习题、课程设计四部分内容于一体，具有较高的综合性。本书精选了 100 个常用的算法，为算法提供了能够直接上机运行的 C 或 C++程序，并配套了 32 个与算法一致的实验和若干课程设计题目，特别适合初学者或工科学生通过实验验证理解所学的数据结构及其算法；同时，为每一章精选了单选题、填空题、简答题、算法设计题和课程设计题五种习题，以使学生明确课程学习目标，并加深对数据结构和基本算法的理解。可以说，学生掌握了这 100 个算法和配套的习题，就达到了本课程的合格水平，就具备了解决常用非数值计算程序设计问题的基本能力。以实现算法、程序和掌握核心习题作为学习产出形式，这种教育结构非常符合成果导向教育（OBE）理念。本书的 100 个算法均在 Microsoft Visual C++. net 集成开发环境上验证正确，32 个实验的源程序均可直接在 Microsoft Visual C++. net 集成开发环境上直接运行。

本书由张德育、黄迎春和张德慧主编，刘猛、杨秀杰、吴瑞睿参与了本书部分章节的编写工作。本书在编写过程中，主要通过互联网查阅了相关资料，并参考了国内外"数据结构"经典图书，对这些资料和图书的作者表示最衷心的感谢。由于编者水平有限，本书中难免会有不足和错误之处，请广大读者提出宝贵意见。

编 者

2020 年 2 月

目　录

第1章　绪论

目前，计算机已深入到社会生活的各个领域，其应用已不再仅仅局限于科学计算，而更多的是用于控制、管理及数据处理等非数值计算领域。与此相应，计算机加工处理的对象由纯粹的数值发展到字符、表格和图像等各种具有一定结构的数据，这就给程序设计带来了一些新的问题。计算机是一门研究用计算机进行信息表示、组织和处理的科学，这里面涉及两个问题：信息的表示和组织，信息的处理。信息的表示和组织又直接关系到处理信息的程序的效率。随着应用问题的不断复杂，导致信息量剧增与信息范围拓宽，使许多系统程序和应用程序的规模很大，结构又相当复杂。因此，必须分析待处理问题中的对象的特征及各对象之间存在的关系，这就是"数据结构"这门课所要研究的问题。使用计算机编写解决实际问题的程序的一般过程需要回答以下几个问题：如何用数据形式描述问题？即如何由问题抽象出一个适当的数学模型？问题所涉及的数据量大小及数据之间有什么关系？如何在计算机中存储数据及体现数据之间的关系？处理问题时需要对数据作何种运算？所编写的程序的性能是否良好？因此，为了编写出一个"好"的程序，必须分析待处理的对象的特性以及各处理对象之间存在的关系，这就是"数据结构"这门学科的知识背景。

1.1　数据结构的基本概念

本节主要学习数据结构的一些基本概念，包括：数据、数据元素、数据项、数据对象、数据结构、数据的逻辑结构、数据的物理结构、数据类型、数据结构的运算及抽象数据类型。

1) **数据**(data)是描述客观事物的符号，在计算机科学中是指能输入到计算机中并被计算机程序处理的符号的总称。数据可以是数值数据，也可以是非数值数据。数值数据包括：整数、实数、浮点数等；非数值数据包括：文字、符号、图形、图像、动画、语音、视频等。

2) **数据元素**(data element)是数据的基本单位，在程序中通常作为一个整体进行考虑和处理。一般情况下，一个数据元素包含若干个**数据项**(data item)。例如，如表1.1所示的学生信息表，每一行记录称为一个数据元素，每个数据元素由学号、姓名、性别、所在学院、出生日期、家庭住址数据项组成。数据项是数据的不可分割的最小单位。

表 1.1   学生信息表

学号	姓名	性别	所在学院	出生日期	家庭住址
19030701	夏天	女	信息学院	2011.05	大连
19030702	王冠华	男	信息学院	2011.10	沈阳
19030703	丁一	男	信息学院	2010.11	西安

3) **数据对象**(data object)是性质相同的数据元素的集合，是数据的一个子集。例如，正整数数据对象集合 $N=\{1,2,3,\cdots\}$，小写英文字母数据对象集合 $C=\{a,b,c,\cdots,z\}$。

4) **数据结构**(data structure)是指相互之间具有(存在)一定联系(关系)的数据元素的集合。在现实世界中，不同数据元素之间不是独立的，而是存在特定的关系，将这些关系称为结构。在计算机中，数据元素并不是孤立、杂乱无序的，而是具有内在联系的数据集合，数据元素之间存在一种或多种特定关系。

例如：由 26 个英文字母构成的线性表(a, b, c, …, z)，英文字母之间存在着严格的先后次序：b 的前面是 a，b 的后面是 c，即 b 的直接前驱有一个，是 a；b 的直接后继有一个，是 c；所以数据元素 a, b, c, …, z 之间存在一种一对一的关系，这种数据结构称作**线性结构**。

又如，磁盘根目录下有很多子目录及文件，每个子目录里又可以包含多个子目录及文件，但每个子目录只有一个父目录，以此类推，如图 1.1 所示，数据与数据呈现一对多的关系，是一种典型的非线性数据结构——**树形结构**。

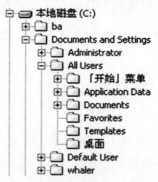

图 1.1　树形结构

再如，从一个地方到另外一个地方可以有多条交通路径。例如：辽宁省城市之间交通路线示意图如图 1.2 所示，数据与数据呈现多对多的关系，是一种典型的非线性关系结构——**网状(图状)结构**。

5) **数据的逻辑结构**(logical structure)：数据元素之间的关系可以是元素之间代表某种含义的自然关系，也可以是为处理问题方便而人为定义的关系，这种自然或人为定义的"关系"称为数据元素之间的**逻辑关系**，相应的元素之间的相互联系(关系)称为**逻辑结构**。数据元素之间的逻辑结构有四种基本类型：

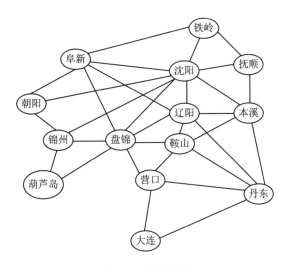

图 1.2　网状结构

① **集合**：数据元素同属于一个集合，它们之间没有其他关系。

② **线性结构**：线性结构中的数据元素之间是一对一的关系。在线性结构中，集合中的数据元素，有且仅有一个开始结点和一个终端结点，除了开始结点和终端结点以外，其余结点都有且仅有一个直接前驱和一个直接后继。

③ **树形结构**：树形结构中的数据元素之间是一对多的关系。树形结构中除了起始结点（即根结点）以外，其余结点都有唯一的直接前驱；包括起始结点在内的所有的结点都可以没有直接后继，也可以有直接后继，如果有，直接后继可以是一个，也可以是多个。

④ **图状（网状）结构**：图状（网状）结构中的数据元素之间是多对多的关系。在图状（网状）结构中，每个结点都可以有多个直接前驱和多个直接后继。

四种逻辑结构的示意图如图 1.3 所示。

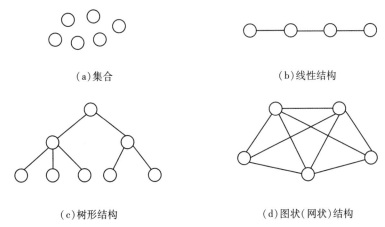

图 1.3　四种逻辑结构

常见的数据逻辑结构层次关系如图 1.4 所示。后面的章节将重点围绕这些数据结构展开。

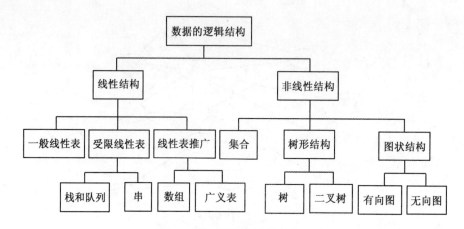

图 1.4　数据的逻辑结构层次关系

数据结构的形式定义是一个二元组：

$$Data\_Structure = (D, S) \tag{1.1}$$

其中：D 是数据元素的有限集；S 是 D 上关系的有限集。

例 1.1：某数据结构的逻辑结构如图 1.5 所示，下面用二元组法表示该数据结构。

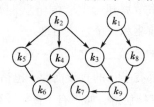

图 1.5　有向图状结构

记图 1.5 所示的数据逻辑结构为 $B = (K, R)$，其中：$K = \{k_1, k_2, \cdots, k_9\}$，

$$R = \{<k_1, k_3>, <k_1, k_8>, <k_2, k_3>, <k_2, k_4>, <k_2, k_5>, <k_3, k_9>,$$

$$<k_5, k_6>, <k_8, k_9>, <k_9, k_7>, <k_4, k_7>, <k_4, k_6>\}$$

这里需要说明的是：通常用符号 $<k_i, k_j>$ 代表有向（有序）关系，用符号 (k_i, k_j) 代表无向（无序）关系。

6）数据的物理结构（physical structure）：是指数据的逻辑结构在计算机中的存储形式，也称为存储结构。逻辑结构是面向问题的，而物理结构是面向计算机的，其基本的目标就是将数据元素及其逻辑关系存储到计算机的内存中。根据物理结构的定义可知，物理结构实际上就是研究如何将数据元素的值和数据元素之间的逻辑关系存储到计算机的存储器中。在计算机中：表示信息的最小单位是二进制数的一位，称作位（bit）；用一个或若干位组合起来形成的一个位串表示一个数据元素，通常称这个位串为**元素**（element）或结点（node）；当数据元素由若干个数据项组成时，位串中对应于各个数据项的子位串称作**数据域**（data field）。数据元素的物理结构主要有两种：**顺序存储结构和链式存储结构**。

例 1.2：设有数据集合 $A=\{3.0, 2.3, 5.0, -8.5, 11.0\}$，两种不同的存储结构如图 1.6 所示。

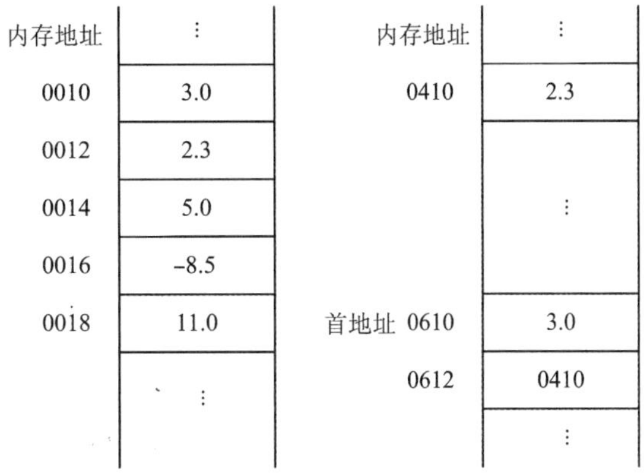

内存地址	⋮			内存地址	⋮
0010	3.0			0410	2.3
0012	2.3				⋮
0014	5.0				
0016	−8.5				
0018	11.0			首地址 0610	3.0
	⋮			0612	0410
					⋮

（a）顺序存储结构　　　　　　（b）链式存储结构

图 1.6　存储结构

顺序存储结构：顺序存储结构是先开辟一段地址连续的存储单元，然后将数据元素依次存放在该地址连续的存储单元里。例如：C 语言中的数组就是这样的存储结构。顺序存储结构把逻辑上相邻的结点存储在物理位置相邻的存储单元里，这样，既存储了各数据元素的值，结点间的逻辑关系也由存储单元的邻接关系体现了出来。

链式存储结构：在链式存储结构中，每个数据元素都是以结点的形式进行存储的。结点通常包括两个部分：**数据域**和**指针域**，其中，数据域用来存储数据元素的值，指针域用来指向下一个数据元素的存放位置，即结点间的逻辑关系可由指针进行表示，指针也称为"链"。所以在链式存储结构中，逻辑上相邻的结点在物理位置上可以相邻，也可以不相邻。

数据的逻辑结构和物理结构是密不可分的两个方面，一个算法的设计取决于所选定的逻辑结构，而算法的实现依赖于所采用的存储结构。

7）**数据类型**（data type）：是一个值的集合和定义在该值集上的一组操作的总称。数据类型是和数据结构密切相关的一个概念。在 C 语言中数据类型有：基本类型和构造类型。数据结构不同于数据类型，也不同于数据对象，它不仅要描述数据类型的数据对象，而且要描述数据对象各元素之间的相互关系。

8）**数据结构的运算**：数据结构的运算也称数据结构的操作，数据结构的主要运算包括：**建立**（create）一个数据结构；**消除**（destroy）一个数据结构；从一个数据结构中**删除**（delete）一个数据元素；把一个数据元素**插入**（insert）到一个数据结构中；对一个数据结构进行**访问**（access）；对一个数据结构（中的数据元素）进行**修改**（modify）；对一个数据结构进行**排序**（sort）；对一个数据结构进行**查找**（search）。

9）**抽象数据类型**（abstract data type，ADT）：是指一个数学模型以及定义在该模型上的一组操作。ADT 的定义仅是一组逻辑特性描述，与其在计算机内的表示和实现无关。

因此，不论 ADT 的内部结构如何变化，只要其数学特性不变，都不影响其外部使用。

ADT 的形式化定义是三元组：

$$ADT = (D, S, P) \tag{1.2}$$

其中：D 是数据对象；S 是 D 上的关系集；P 是对 D 的基本操作集。

ADT 的一般定义形式是：

ADT <抽象数据类型名>

{

  数据对象：<数据对象的定义>

  数据关系：<数据关系的定义>

  基本操作：<基本操作的定义>

}

其中：数据对象和数据关系的定义一般用伪代码描述。基本操作的定义的一般格式是

<基本操作名>(<参数表>)

  初始条件：<初始条件描述>

  操作结果：<操作结果描述>

其中：初始条件描述操作执行之前数据结构和参数应满足的条件，若不满足，则操作失败，返回相应的出错信息；操作结果描述操作正常完成之后，数据结构的变化状况和应返回的结果。

1.2 算法和算法分析

1.2.1 算法定义

算法(algorithm)是对特定问题求解方法(步骤)的一种描述，是指令的有限序列，其中每一条指令表示一个或多个操作。通常，算法可以用自然语言、程序设计语言、伪代码等进行描述。自然语言可以是汉语或英语等文字描述。程序设计语言可以是采用 C、C++、Java 等语言描述，可以直接在计算机上运行。伪代码是用介于自然语言和程序设计语言之间的文字和符号(包括数学符号)来描述算法，它可以将整个算法运行过程的结构用接近自然语言的形式(可以使用任何一种你熟悉的文字，关键是把算法准确表达出来)描述出来。使用伪代码，不用拘泥于具体实现，相比程序设计语言，它更类似自然语言。数据结构的算法很多时候都用伪代码描述，它可以用来表达程序员开始编码前的想法。

例如：求 n 个数的和的问题，其算法用自然语言描述如下：

① 定义一个变量 sum 存放 n 个数的和，并赋初值 0；

② 把 n 个数依次加到 sum 中。

也可以将算法用程序语言描述，如将上面算法用 C 语言描述如下：

```
sum=0;
for(i=0; i<n; i++)
    sum=sum+a[i];    //假设 n 个数已经存放在数组 a 中。
```

本书的算法采用使用广泛的 C 或 C++语言描述，这样不仅使数据结构和算法的描述和讨论简明清晰，又便于上机编程练习。本书算法描述时的注释采用 C++语言的"//"注释符实现单行注释，采用"/*……*/"注释符实现单行或多行注释。

1.2.2　算法特性

算法具有以下五个特性。

1）有穷性：算法的有穷性是指算法必须能在执行有限个步骤之后结束，并且每一步应该在有限时间内完成。

2）确定性：算法的确定性是指算法的每一步骤必须有确切的含义，不会出现二义性。算法在一定条件下，只能有一条执行路径，也就是相同的输入只能有唯一的输出结果，而不会出现输出结果的不确定性。

3）可行性：算法的可行性是指算法中每个计算步骤都能够通过执行有限次数完成。

4）输入：一个算法具有零个或多个输入。

5）输出：一个算法具有一个或多个输出。输出的形式可以是打印输出，也可以是返回一个或多个值。没有输出的算法是没有意义的。

算法和程序是有区别的。算法是对解决问题的方法进行描述，即要做什么和执行步骤。程序是指使用某种计算机语言对一个算法的物理实现，即具体怎么做。算法也可以直接用计算机程序来描述，然而程序不一定满足算法的有穷性，比如，某个窗口程序在运行后处于等待事件发生状态，若没有事件发生，程序将一直运行。

1.2.3　算法设计要求

同一个问题可以有多种解决问题的算法，在众多算法中，存在相对较好的算法。一个"好"算法应该具备以下特征。

1）**正确性**（correctness）：算法的正确性是算法的执行结果应当满足预先设定的功能和要求。通常算法的正确性应包括以下四个层次：

① 算法程序没有语法错误；

② 算法程序对于合法的输入数据能够产生满足要求的输出结果；

③ 算法程序对于精心选择的典型、苛刻而带有刁难性的几组输入数据能够得出满足规格说明的结果；

④ 算法程序对于一切合法的输入都能得到满足要求的结果。

对于以上四个层次，层次①要求最低，但仅满足没有语法错误，谈不上是一个好的算法。层次④最困难，我们几乎不能逐一验证所有的输入都得到正确的结果。所以一般情况下，我们把层次③作为衡量一个算法是否正确的标准。

2）**可读性**（readability）：算法主要是为了便于人们对算法的阅读、理解和交流。可读性高的算法既有利于程序的调试和维护，也有利于算法的交流和移植。提高算法的可读性可从两个方面入手：一是类型名、变量名、方法名等的命名要见名知义；二是要有足够的注释。

3）**健壮性**（robustness）：算法的健壮性是当输入数据不合法时，算法能做出适当的处理，而不是产生异常或莫名其妙的结果。

4）**时间效率高和存储量低**：对于同一个问题，如果有多个算法能够解决，执行时间短的算法效率高，执行时间长的算法效率低。算法的存储量指的是算法在执行过程中需要的最大存储空间，主要是指算法程序运行时所占用的内存或外部硬盘存储空间。完成相同的功能，执行算法时所占用的附加存储空间应尽可能少。设计算法时应该尽量满足时间效率高和存储量低的需求。用最少的存储空间，花最少的时间，办成同样的事就是好的算法，但实际上，一个算法是很难做到十全十美的。例如，要节约算法的执行时间，往往要以牺牲一定的存储空间为代价；而为了节约存储空间就可能需要耗费更多的计算时间。所以，在实际操作中应以算法的正确性为前提，根据具体情况有所侧重。

综上所述，"好"的算法应该具有正确性、可读性、健壮性、时间效率高和存储量低的特征。掌握好的算法，对我们解决问题很有帮助。

1.2.4　算法分析

1）算法时间分析

算法执行时间需通过依据该算法编制的程序在计算机上运行所消耗的时间来度量。其方法通常有两种：

① 事后统计法：计算机内部进行执行时间和实际占用空间的统计。事后统计存在的问题：必须先运行依据算法编制的程序；依赖软硬件环境，容易掩盖算法本身的优劣；没有实际价值。

② 事前分析估算法：求出该算法的一个时间界限函数。与此相关的因素有：依据算法选用何种策略；问题的规模；程序设计的语言；编译程序所产生的机器代码的质量；机器执行指令的速度。

显然，同一个算法用不同的语言实现，或者用不同的编译程序进行编译，或者在不同的计算机上运行时，效率均不相同。撇开这些与软硬件有关的因素，可以认为一个特定算法"运行工作量"的大小，只依赖于问题的规模（通常用 n 表示），或者说，它是问题规模的函数。在进行算法分析时，算法中语句总的执行次数 $f(n)$ 是关于问题规模 n 的函数，算法的时间复杂度，也就是算法的时间度量，记作：

$$T(n) = O(f(n)) \tag{1.3}$$

它表示随着问题规模的扩大，$T(n)$ 的增长率和 $f(n)$ 的增长率相同，即随 n 的增长，$T(n)$ 与 $f(n)$ 的数量级相同，称作算法的**渐近时间复杂度**（asymptotic time complexity），简称**时间复杂度**。这里大"O"的定义为：若 $f(n)$ 是正整数 n 的一个函数，则 $T(n) = O(f(n))$

表示存在常数 $M \geqslant 0$ 和正整数 n_0，使得当 $n \geqslant n_0$ 时，

$$|T(n)| \leqslant M|f(n)| \tag{1.4}$$

一个算法时间为 $O(1)$ 的算法，它的基本运算执行的次数是固定的，总的时间由一个常数（即零次多项式）来限界，而一个时间为 $O(n^2)$ 的算法则由一个二次多项式来限界。按数量阶不同，常用的时间复杂度可分为：$O(1)$：常量时间阶；$O(n)$：线性时间阶；$O(\log n)$：对数时间阶；$O(n \log n)$：线性对数时间阶；$O(n^k)$：$k \geqslant 2$，k 次方时间阶。常用算法的时间阶为多项式时间阶，其关系为

$$O(1) < O(\log n) < O(n) < O(n \log n) < O(n^2) < O(n^3) \tag{1.5}$$

除了上述多项式时间阶外，还有指数时间阶。常见的指数时间阶关系为

$$O(2^n) < O(n!) < O(n^n) \tag{1.6}$$

当 n 取得很大时，指数时间算法和多项式时间算法在所需时间上相差非常悬殊。因此，只要有人能将现有指数时间算法中的任何一个算法化简为多项式时间算法（这也是计算科学的核心研究方向，可参考计算机的超级难题 $P = NP$？问题），那就取得了一个伟大的成就。从另一个角度看，若一个算法是指数时间的，则随着 n 的增大，计算时间会变得非常大，导致计算资源不足，因此指数时间算法在计算上是不可行的（人工智能算法也许能够解决算法指数时间问题？）。

在结构化程序设计中，算法时间复杂度的分析多数情况下是统计最深层循环内语句的原操作的重复执行次数（通常称为语句的频度（frequency count）），一般计算算法时间复杂度的步骤为：计算算法中重复执行次数最多的语句的频度来估算算法的时间复杂度；保留语句频度的最高次幂，忽略所有低次幂和高次幂的系数；将算法执行次数的数量级放入 O 记号中。

例 1.3：计算下面程序段的时间复杂度。

```
for(i=1; i<=n; i++)
    for(j=i; j<=n; j++)
        x++;
```

此算法中重复执行次数最多的语句是 x++。算法中存在着两层 for 循环，当 $i=1$ 时内层循环执行 n 次，当 $i=2$ 时内层循环执行 $n-1$ 次…，总共执行了 $n+(n-1)+\cdots+1 = n(n+1)/2$ 次，保留最高次幂 n^2，忽略高次幂的系数 $1/2$，则算法的时间复杂度 $T(n) = O(n^2)$。

以下定理经常在时间复杂度分析时使用。

定理 1.1：若 $A(n) = a_m n^m + a_{m-1} n^{m-1} + \cdots + a_1 n + a_0$ 是一个 m 次多项式，则 $A(n) = O(n^m)$。

有的情况下，算法中基本操作重复执行的次数还随问题的输入数据集不同而不同。

例 1.4：判定素数算法

```
void prime(int n)//n 是一个正整数
{
int i=2;
```

```
while((n%i)!=0 && i*1.0<sqrt(n))i++; //从2到n的算术平方根依次除n
if(i*1.0>sqrt(n))
    printf("%d 是一个素数\n", n);
else
    printf("%d 不是一个素数\n", n);
}//end prime
```

嵌套的最深层语句是 i++；其频度由条件(n%i)！=0 && i*1.0<sqrt(n)决定，显然算法时间复杂度为 $O(n^{1/2})$。

例 1.5： 冒泡排序算法

```
void bubble_sort(int a[ ], int n)
{//a[ ]为待排序的数组，n 为序列长度
bool change=true; //一趟排序是否交换的标志
for(int i=n-1; i>=1 && change; --i)
{
    change=false;
    for(int j=0; j<i; ++j)
        if(a[j]>a[j+1])//交换两个元素
        {
            int temp=a[j];    a[j]=a[j+1];    a[j+1]=temp; //交换 a[j]和 a[j+1]
            change=true;
        }//end for j
}//end for i
}//end bubble_sort
```

频度最高的操作为"交换两个元素"，最好情况：交换 0 次；最坏情况：交换 1+2+3+…+ $n-1=n(n-1)/2$ 次。因此，该算法平均时间复杂度为 $O(n^2)$。在这种情况下，算法的时间复杂度分析包含了最好、最差和平均时间复杂度分析，通常最差和平均时间复杂度分析更有实际意义，因为它们分别代表了算法的最坏时间性能和平均时间性能。

2)算法的空间分析

空间复杂度(space complexity)：是指算法编写成程序后，在计算机中运行时所需存储空间大小的度量。记作

$$S(n) = O(f(n)) \tag{1.7}$$

其中：n 为问题的规模(或大小)。该存储空间一般包括三个方面：指令常数变量所占用的存储空间；输入数据所占用的存储空间；辅助存储空间。一般地，算法的空间复杂度指的是辅助存储空间复杂度。例如：若某算法的辅助存储空间为一维数组 a[1..n]，则空间复杂度为 $O(n)$；若辅助存储空间为二维数组 a[1..n][1..m]，则空间复杂度为 $O(n×m)$。若辅助存储空间相对于输入数据量来说是常数，则称此算法为原地工作。又如果所占空间量依赖于特定的输入，则一般按最坏情况来分析。

1.3 习题

一、单选题

1. 在数据结构的讨论中把数据结构从逻辑上分为(　　)。

A)内部结构与外部结构　　　　　　　B)静态结构与动态结构

C)线性结构与非线性结构　　　　　　D)紧凑结构与非紧凑结构

2. 以下说法正确的是(　　)。

A)数据项是数据的基本单位

B)数据元素是数据的最小单位

C)数据结构是带结构的数据项的集合

D)一些表面上很不相同的数据可以有相同的逻辑结构

3. 在数据结构中,与所使用的计算机无关的是数据的(　　)结构。

A)逻辑　　　　　　B)存储　　　　　　C)逻辑和存储　　　　　D)物理

4. 线性结构是数据元素之间存在一种(　　)。

A)一对多关系　　　　　　　　　　　B)多对多关系

C)一对一关系　　　　　　　　　　　D)多对一关系

5. 以下数据结构中(　　)是线性结构。

A)有向图　　　　　B)队列　　　　　　C)树　　　　　　　　D)二叉树

6. 以下叙述正确的是(　　)。

A)顺序存储方法仅适合存储线性结构的数据

B)链式存储结构一般通过链指针表示数据元素之间的关系

C)算法分析的目的就是找出算法中输入和输出之间的关系

D)抽象数据类型用于描述计算机求解问题的过程

7. 算法指的是(　　)。

A)计算方法　　　　　　　　　　　　B)解决问题的有限运算序列

C)排序方法　　　　　　　　　　　　D)调度方法

8. 算法分析的目的是(　　)。

A)找出数据结构的合理性　　　　　　B)分析算法的易懂性和文档性

C)研究算法中的输入和输出的关系　　D)分析算法的效率以求改进

9. 算法的渐近时间复杂度与(　　)有关。

A)问题规模　　　　　　　　　　　　B)计算机硬件性能

C)编译程序质量　　　　　　　　　　D)程序设计语言

10. 算法的空间复杂度是指(　　)。

A)算法中输入数据所占用的存储空间的大小

B)算法本身所占用的存储空间的大小

C)算法中占用的所有存储空间的大小

D)算法中需要的临时变量所占用存储空间的大小

11. 设某数据结构的二元组形式表示为 A＝(D, R)，D＝{01, 02, 03, 04, 05, 06, 07, 08, 09}，R＝{r}，r＝{<01, 02>, <01, 03>, <01, 04>, <02, 05>, <02, 06>, <03, 07>, <03, 08>, <03, 09>}，则数据结构 A 是(　　　)。

A)线性结构　　　　　B)树形结构　　　　　C)物理结构　　　　　D)图状结构

二、填空题

1. 数据结构包括数据的_____、数据的_____和数据的_____这三方面的内容。

2. 数据结构按逻辑结构可分为集合、_____结构、_____结构和_____结构。

3. 在存储数据时，通常不仅要存储各数据元素的值，而且还要存储_____。

4. 算法分析的两个主要方面是_____和_____。

5. 计算机算法必须具备输入、输出、_____性、_____性和_____性。

三、简答题

1. 什么叫数据？什么叫数据元素？什么叫数据项？

2. 什么叫数据的逻辑结构？什么叫数据的存储结构？什么叫数据的操作？

3. 数据结构课程主要讨论哪三个方面的问题？

4. 画出线性结构、树形结构、图状结构的逻辑示意图。

5. 什么叫数据类型？什么叫抽象数据类型？

6. 什么叫算法？算法的五个特性是什么？

7. 什么叫算法的时间复杂度？计算算法时间复杂度的步骤是什么？

8. 简述线性结构和非线性结构的区别。

9. 分析以下 C 语言程序段的时间复杂度，请说明分析的理由或原因。

1)

```
int sum1( int n)
{
int p=1, sum=0, m;
for( m=1; m<=n; m++)
{
    p*=m;
    sum+=p;
}
return sum;
}
```

2)
```
int sum2(int n)
{
int p, sum=0, m, t;
for(m=1; m<=n; m++)
{
    p=1;
    for(t=1; t<=m; t++)   p*=t;
    sum+=p;
}
return sum;
}
```
3)递归函数
```
int fact(int n)
{
if(n<=1)return 1;
else return n*fact(n-1);
}
```
4)
```
i=0; s=0;
while(s<n)
{
  s=s+i;
  i++;
}
```
5)
```
i=1; s=0;
while(i<=100)
{
  s=s+i;
  i++;
}
```

第 2 章　线性表

线性结构是一种最常用、最简单的数据结构。线性表是一种典型的线性结构，其基本特点是线性表中的数据元素是有序且是有限的。在这种结构中：① 存在一个唯一的被称为"第一个"的数据元素；② 存在一个唯一的被称为"最后一个"的数据元素；③ 除第一个元素外，每个元素均有唯一的一个直接前驱；④ 除最后一个元素外，每个元素均有唯一的一个直接后继。

2.1　线性表的逻辑结构及其运算

线性表(linear list)是 n 个数据元素的有限序列。通常记为

$$(a_1, a_2, \cdots, a_i, a_{i+1}, \cdots, a_n) \tag{2.1}$$

其中：a_1 是"第一个"数据元素，除了 a_1 之外，其余的数据元素都有且只有一个直接前驱；a_n 是"最后一个"数据元素，除了 a_n 之外，其余的数据元素都有且只有一个直接后继。所以，线性表是一种线性结构，数据元素之间是一种"一对一"的关系。线性表中数据元素的个数 $n(n \geq 0)$ 称为**线性表的长度**，$n=0$ 时称为**空表**。线性表中数据元素的数据类型可以各种各样，但数据元素在同一个线性表中的数据类型必须相同。例如，$(1, 2, 3, 4, 5, 6)$ 是一个线性表，数据元素的类型是整型。又如，$(a, b, c, \cdots, z)$ 是一个线性表，数据元素的类型是字符型。再如，表 2.1 所示的学生基本情况信息表是一个线性表，表中的每一行信息(也称为记录)是一个数据元素，数据元素的类型是结构体类型，每个数据元素包含学号、姓名、性别、出生年月和籍贯，共 5 个数据项。在稍复杂的线性表中，一个数据元素可以由若干个**数据项**(item)组成，在这种情况下，常把数据元素称为**记录**(record)，含有大量记录的线性表又称作**文件**(file)。

表 2.1　　　　　　　　　　　　　　学生基本情况信息表

学号	姓名	性别	出生年月	籍贯
1803070101	张国强	男	2000 年 2 月	山东
1803070102	王丽	女	2000 年 12 月	辽宁
1803070103	李梅	女	1999 年 10 月	山西
1803070104	杜鹃	女	2000 年 5 月	江苏

线性表的基本操作主要如下：

1）InitList（&L）：初始化操作，构造一个空的线性表 L。

2）InsertList（&L，i，e）：在线性表 L 的第 i 个位置插入新的数据元素 e。

3）DeleteList（&L，i，&e）：删除线性表 L 的第 i 个位置的数据元素，并用 e 返回其值。

4）ClearList（&L）：将一个线性表 L 重置为一个空表。

5）ListEmpty（L）：判断一个线性表是否为空表。

6）GetElem（L，i，&e）：将线性表 L 的第 i 个位置的数据元素返回给 e。

7）LocateElem（L，e）：查找线性表 L 中是否有和给定值 e 相等的数据元素，有则返回该数据元素在线性表中的序号。

8）ListLength（L）：返回线性表 L 中数据元素的个数，即求表长。

在操作与算法的参数描述中，带有 "&" 符号的代表该参数是输入输出参数，没有 "&" 符号的代表该参数是输入参数。例如：插入操作 InsertList（&L，i，e）中，参数 L 前面的 "&" 符号代表 L 为输入输出参数，即插入操作前输入 L，插入操作后输出增加了元素 e 的线性表 L；参数 i 和 e 只是输入参数，不产生输出。

2.2　线性表的顺序存储结构和实现

2.2.1　线性表的顺序存储结构

线性表的顺序存储结构是采用一组地址连续的存储空间，依次将线性表中的数据元素存放进去，使得逻辑上相邻的数据元素在存储（物理）结构上也是相邻的。这样，既存储了线性表中的数据元素，也存储了数据元素之间的关系。采用顺序存储结构的线性表称为**顺序表**（sequence list），顺序表是一种随机存取的存储结构。所谓随机存取，是只要知道第一个数据元素的存放位置，知道存储一个数据元素占用多少个字节，就可以计算出线性表中任何一个数据元素的存放位置。假设线性表中有 n 个数据元素，第一个数据元素的存储地址为 b，每个数据元素占用 l 个存储单元，则第二个数据元素的存储地址为 $b+l$，第 i 个数据元素的存储地址为 $b+(i-1)\times l$，第 n 个数据元素的存储地址为 $b+(n-1)\times l$，其中，第一个数据元素的存储地址称为**起始地址**或**基地址**。线性表顺序存储结构如图 2.1 所示。

顺序表存储结构的 C 语言类型定义如下：

```
#define ListSize 100 //线性表的最大尺寸
typedef int DataType; //顺序表元素类型，这里假设 int，也可以是其他类型
typedef struct
{
DataType list[ListSize]; //存储顺序表数据的数组
int length; //顺序表长度
}SeqList; //顺序表类型
```

其中：struct 是关键字，表示一个结构体类型，SeqList 是该结构体的类型名；{}里面是结构体的成员，list[ListSize]用来存储线性表中的数据元素，length 表示当前线性表中数据元素的个数。

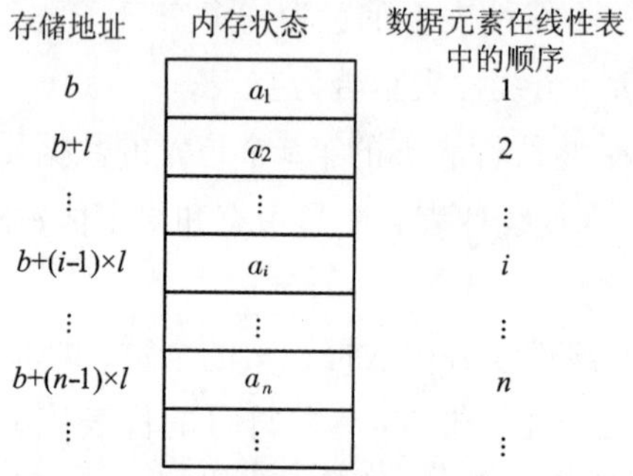

存储地址	内存状态	数据元素在线性表中的顺序
b	a_1	1
$b+l$	a_2	2
⋮	⋮	⋮
$b+(i-1)\times l$	a_i	i
⋮	⋮	⋮
$b+(n-1)\times l$	a_n	n
⋮	⋮	⋮

图 2.1　线性表顺序存储结构

2.2.2　顺序表基本操作的实现

1）顺序表的初始化

初始化操作就是构造一个空的线性表，如算法 2.1 所示。

void InitSeqList(SeqList * L)//初始化顺序表 L

{L->length=0;}//线性表长度置为 0

算法　2.1

2）顺序表的插入

插入操作就是在线性表 L 的第 i 个位置插入数据元素 e，使线性表由

$$(a_1, a_2, \cdots, a_{i-1}, a_i, \cdots, a_n)$$

变为

$$(a_1, a_2, \cdots, a_{i-1}, e, a_i, \cdots, a_n)$$

同时线性表的长度由 n 变为 $n+1$。插入操作过程如下：

① 判断顺序表是否为满表，如果顺序表已满，则不能进行插入操作。

② 若顺序表不是满表，则判断插入位置是否合法，正确的插入位置为 $1 \leqslant i \leqslant n+1$。

③ 若顺序表不是满表，且插入位置合法，则进行顺序表的插入操作。首先，将第 n 个到第 i 个位置的数据元素依次右移（一定要先移动第 n 个元素）；然后，将待插入数据元素插入到第 i 个位置；最后，将顺序表的表长加 1。

例 2.1：在线性表(3, 5, 7, 8, 4, 21)的第 5 个数据元素之前插入一个数据元素 12，线性表变为(3, 5, 7, 8, 12, 4, 21)，线性表的长度由 6 变为 7，如图 2.2 所示。

插入操作如算法 2.2 所示。

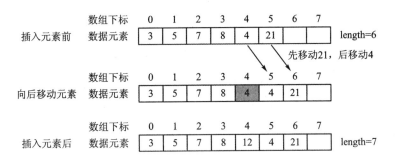

图 2.2 在顺序表中插入数据元素

```
int InsertList(SeqList *L, int i, DataType e)
{//在顺序表 L 的第 i 个位置插入数据元素 e,插入成功返回 1,表满返回 0,插入位置不合法返回-1
    if(L->length >=ListSize)
    {printf("顺序表已满无法插入!\n"); return 0;}//插入失败
    else if(i < 1 || i > L->length+1)
    {printf("插入位置 i 不合法!\n"); return -1;}//插入失败
    else
    {
        for(int j = L->length; j >=i; j--)
            L->list[j] = L->list[j-1];//将第 i 个位置以后的数据元素依次右移
        L->list[i-1]=e;//将待插入数据元素插入到第 i 个位置
        L->length=L->length +1;//顺序表表长加 1
        return 1;//插入成功
    }//end if
}//end InsertList
```

算法 2.2

时间复杂度分析:在线性表 L 中的第 i 个元素之前插入新结点,其时间主要耗费在表中结点的移动操作上,因此,可计算结点的移动次数来估计算法的时间复杂度。设在线性表 L 中的第 i 个元素之前插入结点的概率为 p_i,不失一般性,设各个位置插入是等概率的,则 $p_i = 1/(n+1)$,而插入时移动结点的次数为 $n-i+1$,则总的平均移动次数

$$E_i = \sum p_i \times (n - i + 1) = \sum (n - i + 1)/(n + 1) = n/2 \quad (1 \leq i \leq n + 1)$$

(2.2)

即在顺序表上做插入运算,平均要移动表上一半结点,因此算法的平均时间复杂度为 $O(n)$。当表长 n 较大时,算法的效率较低。

3)顺序表的删除

删除操作就是删除线性表 L 中第 i 个位置的数据元素,使线性表由

$$(a_1, a_2, \cdots, a_{i-1}, a_i, a_{i+1}, \cdots, a_n)$$

变为

$$(a_1, a_2, \cdots, a_{i-1}, a_{i+1}, \cdots, a_n)$$

同时线性表的长度由 n 变为 $n-1$。删除操作过程如下：

① 判断顺序表是否为空表，如果顺序表是空表，则不能进行删除操作。

② 若顺序表不是空表，则判断删除位置是否合法，正确的删除位置为 $1 \leqslant i \leqslant n$。

③ 若顺序表不是空表，且删除位置合法，则进行顺序表的删除操作。首先，将被删除的数据元素赋值给 e；然后，将第 $i+1$ 个到第 n 个位置的数据元素依次左移(一定要先移动第 $i+1$ 个元素)；最后，将顺序表的表长减 1。

例 2.2：删除线性表(3，5，7，8，12，4，21)的第 5 个数据元素 12，线性表变为(3，5，7，8，4，21)，线性表的长度由 7 变为 6，如图 2.3 所示。

图 2.3 在顺序表中删除数据元素

删除操作如算法 2.3 所示。

```
int DeleteList(SeqList *L, int i, DataType *e)//删除顺序表 L 中第 i 个位置的数据元素并存放到参数 e 中
{//删除成功返回 1，顺序表空返回 0，删除位置不合法返回-1
    int j;
    if(L->length<=0)
    {printf("顺序表已空无数据元素可删！\n"); return 0;}
    else if(i < 1 || i > L->length)
    {printf("删除位置不合法！\n");   return -1;}
    else
    {
        *e= L->list[i-1];//保存删除的元素到参数 e 中
        for(j = i; j <= L->length-1; j++)
            L->list[j-1] = L->list[j];//将第 i 个位置以后的数据元素依次左移
        L->length=L->length-1;//顺序表表长减 1
        return 1;
    }//end else
}//end DeleteList
```

算法 2.3

时间复杂度分析：删除线性表 L 中的第 i 个元素，其时间主要耗费在表中结点的移动操作上，因此，可用结点的移动来估计算法的时间复杂度。设在线性表 L 中删除第 i 个元素的概率为 p_i，不失一般性，设删除各个位置是等概率的，则 $p_i = 1/n$，而删除时移

动结点的次数为 $n-i$，则总的平均移动次数：

$$E_d = \sum p_i \times (n - i) = \sum (n - i)/n = (n - 1)/2 \quad (1 \leqslant i \leqslant n) \qquad (2.3)$$

即在顺序表上做删除运算，平均要移动表上一半结点，因此算法的平均时间复杂度为 $O(n)$。当表长 n 较大时，算法的效率较低。

4）顺序表的查找

顺序表的查找可以分为**按值查找**和**按位置查找**，这里只介绍按位置查找，即查找线性表中的第 i 个数据元素。查找操作过程如下：

① 判断查找序号 i 是否合法，正确的查找位置为 $1 \leqslant i \leqslant n$；

② 若查找序号合法，则返回对应位置的值，并返回 1，表示查找成功，否则返回 −1，表示查找失败。

查找操作如算法 2.4 所示。

```
int GetElem(SeqList L, int i, DataType *e)
{//查找顺序表 L 中第 i 个数据元素的值存于 e 中，成功返回 1，失败返回−1
    if(i < 1 || i > L.length)
    {printf("查找序号不合法! \n");   return −1;}
    else
    {*e = L.list[i−1]; return 1;}
}//end GetElem
```

算法 2.4

2.3 线性表的链式存储结构和实现

2.3.1 线性表的链式存储结构

线性表的链式存储结构是将线性表中的数据元素以结点的形式进行存储，每个结点包括两个部分：**数据域**和**指针域**。其中，数据域用来存储数据元素的信息；指针域用来存储后继元素的存储位置。这样，既存储了线性表中的数据元素，也存储了数据元素之间的关系。数据域和指针域两部分信息组成一个数据元素的存储映像，称为结点（node）。

如果链式存储结构中的每个结点只包含一个指针域，则称之为**线性链表**（linear linked list）或**单链表**（single linked list）。单链表是用一组任意的存储单元存储线性表中的数据元素，这组存储单元可以是连续的，也可以是不连续的。在单链表中，由**头指针**（head pointer）指向单链表中第一个数据元素的存储位置，即通过头指针找到第一个数据元素，再通过第一个数据元素找到第二个数据元素，以此类推，直至找到单链表中的最后一个数据元素。

单链表在实现时可采用两种形式，一种是带**头结点**（head node）的单链表，一种是不带头结点的单链表。所谓头结点，是在单链表的第一个结点（首元结点）之前增加的一个结点，该结点包括两个部分，数据域和指针域，其中，头结点的数据域可以不存储任何信息，也可以存储如线性表的长度等信息，头结点的指针域用来存储第一个数据元素的存储地址。

例 **2.3**：线性表 head=（"wo"，"ai"，"zu"，"guo"）的单链表存储结构如图 2.4 所示，不带头结点的单链表如图 2.5 所示，带头结点的单链表如图 2.6 所示。由于最后一个元素没有直接后继，则单链表中最后一个结点的指针为"空"（NULL），空指针一般用符号"∧"表示。

图 2.4　线性表链式存储结构

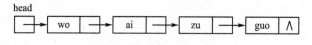

图 2.5　不带头结点的单链表

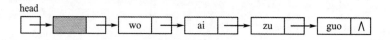

图 2.6　带头结点的单链表

设置头结点的原因是为了操作表达的统一与方便。有了头结点后，对在第一个元素结点前插入结点或删除第一个结点，其操作与对其他结点的操作统一了，即带头结点的单链表在操作时更简单，主要优点可以归纳为：将对空表和非空表的操作统一起来；将对首元结点和其他结点的操作统一起来。

因此，下面的算法假设单链表带头结点。

单链表类型的 C 语言定义如下：

```
typedef struct Node
{
DataType data;//数据域，保存结点的值
struct Node *next;//指针域
}ListNode,*LinkList;//单链表结点类型和指向结点的指针类型
```

其中，每个结点包括两个部分：数据域 data 和指针域 next。ListNode 是单链表的结点类型，LinkList 是指向单链表结点的指针类型。

2.3.2　单链表基本操作的实现

单链表的基本操作主要包括单链表的建立、单链表的插入、单链表的删除、单链表的查找等，带头结点的单链表的基本操作的实现如下。

1）单链表的初始化

初始化操作就是构造一个空的单链表，如图2.7所示。

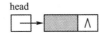

图2.7　单链表的初始化

初始化操作如算法2.5所示。

```
void InitList(LinkList * head)//初始化空表
{//如果有内存空间,申请头结点空间并使头指针 head 指向头结点
    //申请失败时, head=NULL
    if((* head=(ListNode * )malloc(sizeof(ListNode)))= =NULL)exit(-1);
    (* head)->next = NULL;//将头结点的指针域置为 NULL
}//end InitList
```

算法　2.5

算法2.5中，malloc()函数作用是申请动态内存，若申请成功，返回该段内存的首地址。与malloc()函数起相反作用的是free()函数，它用来释放由malloc()函数申请的内存。动态内存也称堆内存，堆内存由程序员负责申请与回收。与动态内存对应的是静态内存，静态内存也称栈内存，栈内存由系统负责管理。在C语言中，我们定义变量时占用的内存一般为栈内存。在C/C++语言中使用堆内存时需包含头文件 stdlib.h 或 malloc.h。sizeof(ListNode)函数求类型 ListNode 的字节数。

2）单链表的插入

这里的插入操作就是在单链表L的第i个位置插入数据元素e。插入操作过程如下：

① 在单链表中查找插入的位置，即第i个结点的直接前驱结点，并由 pre 指针指向该结点，如图2.8所示。

② 若查找到插入位置，则进行单链表的插入操作。首先，为待插入的数据元素e动态申请一个结点空间，并由指针 p 指向该结点空间；然后，将e赋值给 p 所指向结点的数据域，如图2.9所示。最后，将 p 所指向结点的指针域指向第i个结点，再将 pre 所指向结点的指针域指向 p 指向的结点，从而完成在单链表的第i个位置插入数据元素e的过程，如图2.10所示。这里通常将在链表操作过程中修改指针链接关系的操作称为**改链**或**钩链**(hook chain)。

插入操作如算法2.6所示。

```
int InsertList(LinkList head, int i, DataType e)
```

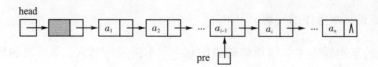

图 2.8   查找插入位置

图 2.9   生成新结点

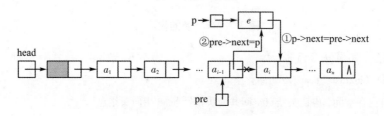

图 2.10   新结点插入单链表

```
{//在带头结点的单链表的第 i 个位置插入一个新结点 e,插入成功返回 1,失败返回 0
    ListNode *p, *pre;
    pre = head; //pre 指向头结点
    int j=0; //j 清零,用作在查找第 i 个位置时计数
    while(pre->next! =NULL && j<i-1)//找到第 i 个结点的直接前驱结点
    {pre = pre->next; j++;}
    if(j! = i-1){printf("插入位置错!"); return 0;}//不存在第 i-1 个位置
    // p 指向新结点,失败时 p=NULL
    if((p=(ListNode *)malloc(sizeof(ListNode)))==NULL)exit(-1);
    p->data = e; //填充数据域
    p->next = pre->next; //图 2.10 中改链操作①
    pre->next = p; //图 2.10 中改链操作操作②
    return 1; //操作成功
}//end InsertList
```

算法   2.6

3)单链表的删除

单链表的删除分为**按值删除**和**按位置删除**,这里只介绍按位置删除,即删除单链表中第 i 个位置的结点,并将该结点的数据元素赋值给 e。删除操作过程如下:

① 在单链表中查找删除的位置,即第 i 个结点的直接前驱结点,并由 pre 指针指向该结点,如图 2.11 所示。

② 若查找到删除的位置,则进行单链表的删除操作。首先,指针 p 指向第 i 个结点,并将该结点的数据域赋值给 e;然后,删除第 i 个结点;最后,释放 p 指针所指向结点的

内存空间。删除操作如图 2.12 所示。

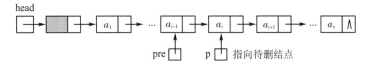

图 2.11　查找删除位置

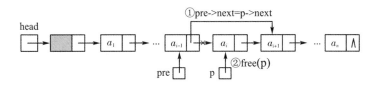

图 2.12　删除单链表中第 i 个结点

删除操作如算法 2.7 所示。

int DeleteList(LinkList head, int i, DataType * e)

{//删除带头结点的单链表中第 i 个位置的结点，删除成功返回 1，失败返回 0

　　ListNode * pre, * p;

　　pre = head; //pre 指向头结点

　　int j=0; //j 清零，用作在查找第 i 个位置时计数

　　while(pre->next! = NULL && pre->next->next! = NULL && j<i-1)//不存在第 i-1 个位置

　　{pre = pre->next; j++;} //找到第 i 个结点的直接前驱结点

　　if(j! = i-1){printf("删除位置错!"); return 0;}

　　p=pre->next; //指针 p 指向单链表中第 i 个结点

　　* e=p->data; //并将该结点的数据域赋值给 e

　　pre->next=p->next; //删除单链表中的第 i 个结点，对应图 2.12 中的改链操作①

　　free(p); //释放指针 p 所指结点的内存空间，对应图 2.12 中的改链操作②

　　return 1; //操作成功

}//end DeleteList

算法　2.7

4)单链表的查找

　　单链表的查找可以分为**按值查找**和**按位置查找**，这里只介绍按位置查找，即查找单链表中的第 i 个结点。查找操作的基本过程：从单链表的头指针出发，通过结点的指针域扫描单链表中的结点，通过计数器记录扫描过的结点个数，当计数器为 i 时，则查找到第 i 个结点。查找操作如算法 2.8 所示。

int GetList(LinkList head, int i, DataType * e)

{//查找单链表 head 中的第 i 个结点存于 e 中，查找成功返回 1，失败返回-1

　　ListNode * p=head; //p 指向头结点

　　int j=0; //j 清零，用作在查找第 i 个位置时计数

　　while(p->next! = NULL && j< i)

```
    {p = p->next; j++;} //移动一次指针 p，计数器 j 加 1
    if(j! = i){printf("查找元素位置错!"); return -1;} //查找失败
    *e = p->data; //获取结点值
    return 1; //查找成功
} //end GetList
```

算法　2.8

5）建立单链表

动态地建立单链表的常用方法有如下两种：头插入法、尾插入法。

① 头插入法建表：从一个空表开始，重复读入数据，生成新结点，将读入数据存放到新结点的数据域中，然后将新结点插入到当前链表的表头上，直到读入结束标志为止，即每次插入的结点都作为链表的第一个结点。头插入法建立单链表如算法 2.9 所示，不失一般性，这里假设单链表中结点的数据类型是整型，以值 32767 作为结点值输入的结束标记。

```
ListNode *create_LinkList_H()
{ //头插入法创建单链表，链表的头结点 head 作为返回值
    int data; //存储输入的结点数据
    ListNode *head, *p; //head 为头指针，p 一般称作工作指针
    head=(ListNode *)malloc(sizeof(ListNode)); //申请动态内存
    head->next=NULL; //单链表头结点的指针域值为空
    while(1)
    {
        scanf("%d", &data);
        if(data==32767)break; //若输入结束标记值，则退出 while 循环
        p=(ListNode *)malloc(sizeof(ListNode));
        p->data=data; //数据域赋值
        p->next=head->next; head->next=p; //钩链，新创建的结点总是作为首元结点插入
    } //end while
    return head;    //返回头指针
} //end create_LinkList_H
```

算法　2.9

② 尾插入法建表：头插入法建立链表虽然算法简单，但生成的链表中结点的次序和输入的顺序相反。若希望二者次序一致，可采用尾插入法建表。该方法是将新结点插入到当前链表的表尾，使其成为当前链表的尾结点。尾插入法建表操作如算法 2.10 所示。

```
ListNode *create_LinkList_T()
{ //尾插入法创建单链表，链表的头结点 head 作为返回值
    int data; //存储输入的结点数据
    ListNode *head, *p, *q; //head 为头指针，p、q 为工作指针
```

```
head = p = (ListNode*)malloc(sizeof(ListNode));
p->next = NULL; //单链表头结点的指针域值为空, p 指向头结点
while(1)
{
    scanf("%d", & data);
    if(data == 32767)break; //若输入结束标记值, 则退出 while 循环
    q = (ListNode*)malloc(sizeof(ListNode));
    q->data = data; //数据域赋值
    q->next = p->next; p->next = q; p = q; //钩链, 新创建的结点总是作为尾结点插入
}//end while
return head; //返回头指针
}//end create_LinkList_T
```

算法 2.10

在上面的单链表操作算法中, 如果要插入建立的单线性链表的结点是 n 个, 算法的时间复杂度均为 $O(n)$。对于单链表, 无论是哪种操作, 只要涉及钩链(或重新钩链), 如果没有明确给出直接后继, 钩链(或重新钩链)的次序必须是"先右后左"。

2.3.3 静态链表

静态链表, 也是链式存储结构的一种。静态链表通常为了在不设"指针"类型的高级程序设计语言中实现链表结构。使用静态链表存储数据, 数据全部存储在数组中(顺序表一样), 但存储位置是随机的, 数据之间"一对一"的逻辑关系通过一个整型变量**游标**(cursor)维持。游标和前面单链表中的指针功能类似。静态链表类型可用 C 语言实现为:

```
#define MAXSIZE 6 //静态链表的最大尺寸
typedef struct
{
    int data; //数据域, 假设为整型
    int cur; //指针域
}component; //静态链表结点类型
typedef struct
{
    component elem[MAXSIZE]; //存放静态链表元素的数组
    int head; //静态链表的数据链表头指针
}SLinkList; //静态链表类型
```

其中: 数据域 data 用于存储数据元素的值; 指针域(游标)cur 其实就是数组下标, 表示直接后继元素所在数组中的位置; head 为静态链表中数据链表的头指针。静态链表操作如图 2.13 所示。

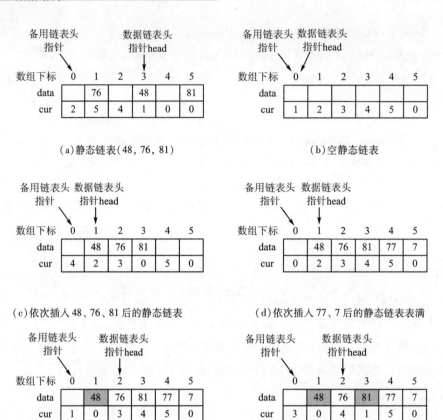

图 2.13　静态链表

图 2.13 所示静态链表中，除了数据本身通过游标链接成**数据链表**外，还需要有一条链接各个空闲位置的链表，称为**备用链表**。备用链表的作用是回收数组中未使用或之前使用过（目前未使用）的存储空间，留待后期使用。也就是说，静态链表在一个数组中实现了两个链表，一条链接数据，另一条链接数组中未使用的空间。为实现方便，通常备用链表的表头始终位于数组下标为 0（elem[0]）的位置，而数据链表的表头位置可能会随着数据的插入和删除操作而变化。静态链表中设置备用链表的好处是，可以清楚地知道数组中是否有空闲位置，以便数据链表添加新数据时使用。

图 2.13(a)中：数据链表(48, 76, 81)的头指针为 3，elem[3].data=48，游标 elem[3].cur=1 指示了下一个结点 elem[1].data=76，接下来游标 elem[1].cur=5 指示了 elem[5].data=81，而 elem[5].cur=0 表示表已到末尾；备用链表的头指针始终为 0，沿着 elem[0].cur=2、elem[2].cur=4 和 elem[4].cur=0 可遍历备用链表，可知 elem[2].data 和 elem[4].data 为两个空闲数组元素空间。图 2.13(b)中给出了静态链表初始化为空的状态，此时数据链表和备用链表的头指针均为 0，下标 1~5 的 5 个数组元素通过游标 cur 链接成一个备用链表。初始化静态链表操作如算法 2.11 所示，其中数据域赋值为 32767 为无效数据，仅为显示方便。

```
void initSL(SLinkList* SL)//初始化静态链表，创建备用链表
{//将结构体数组 SL 中所有分量链接到备用链表中，SL[0]不用，SL[0].cur 为备用链表头指针
    for(int i=0; i<MAXSIZE; i++)
    {
        SL->elem[i].cur=i+1; //链接备用链表
        SL->elem[i].data=32767; //将数据域统一赋值 32767，表示无效数据
    }//end for
    SL->elem[MAXSIZE-1].cur=0; //备用链表最后一个结点的游标值为 0，0 表示空指针
    SL->head=0; //空表时数据链表头指针为 0
}//end initSL
```

算法　2.11

在图 2.13(b)的基础上，依次插入 48、76、81 后的静态链表如图 2.13(c)所示；接着依次插入 77、7 后表满如图 2.13(d)所示；接着删除首元结点 48 后，回收空闲单元的静态链表如图 2.13(e)所示，此时注意数据链表头指针 head 值为 2；接着继续删除中间结点 81 后，回收空闲单元的静态链表如图 2.13(f)所示。从备用链表上获取空闲结点操作如算法 2.12 所示。尾插入法建立静态链表操作如算法 2.13 所示。

```
int mallocSL(SLinkList* SL)//从备用链表上摘下空闲结点的函数
{//若备用链表非空，则返回分配的结点下标，否则返回 0
    int i=SL->elem[0].cur; //备用链表的头指针始终为 0
    if(SL->elem[0].cur){SL->elem[0].cur=SL->elem[i].cur; }
    return i; //返回空闲位置，当分配最后一个空闲结点时，该结点的游标值为 0
}//end mallocSL
```

算法　2.12

```
void createSL_T(SLinkList* SL)
{//尾插入法建立静态链表
    int i, e; //i 为空闲位置，e 为待插入的数据
    int p=SL->head; //工作指针 p 始终指向数据链表的表尾结点，初始为头指针
    while(i! =0)
    {
        scanf("%d", &e);
        if(e==32767)break; //若输入结束标记值，则退出 while 循环
        i=mallocSL(SL); //从备用链表中获取首空闲结点位置
        if(i==0){printf("表满! 不能插入结点!" ); return; }
        if(SL->head==0){SL->head=i; }//插入前为空表时，需修改头指针 head
        SL->elem[i].data=e; //新申请的分量赋值 e
        if(p! =0)SL->elem[p].cur=i; //钩链新结点至表尾，p=0 时不能进行此操作
        p=i; //使 p 指向新的尾结点
```

    SL->elem[p].cur=0; //新的链表最后一个结点的指针设置为0

 }//end while

}//end createSL_T

算法 2.13

关于静态链表的插入和删除等其他操作，请读者自行实现，这里就不详细介绍了。

2.4 循环链表和双向链表

2.4.1 循环链表

  循环链表(circular linked list)：是一种尾首相接的链表，其特点是尾结点的指针域指向链表的头结点，整个链表的指针域链接成一个环。从循环链表的任意一个结点出发都可以找到链表中的其他结点，使得表处理更加方便灵活。带头结点的单循环链表如图2.14 所示。

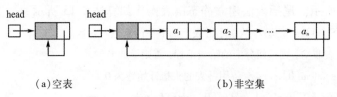

（a）空表   （b）非空集

图 2.14 带头结点的单循环链表

  对于单循环链表，除链表的尾结点指针域处理外，其他的操作和单线性链表基本上一致，仅仅需要在单线性链表操作算法基础上作以下简单修改：

  ① 判断是否是空链表条件：head->next==head，其中 head 是指向头结点的指针。

  ② 判断是否是表尾结点条件：p->next==head，其中 p 是指向表尾结点的指针。

2.4.2 双向链表

  双向链表(double linked list)指的是构成链表的每个结点中设立两个指针域：一个指向其直接前驱的指针域(如：prior)，一个指向其直接后继的指针域(如：next)。这样形成的链表中有两个方向不同的链，故称之为双向链表。双向链表是为了克服单链表的单向性的缺陷而引入的。和单链表类似，双向链表增加头结点也能使双向链表上的某些运算变得方便。将头结点和尾结点链接起来也能构成循环链表，并称之为**双向循环链表**(double circular linked list)。

  1）双向链表的结点及其类型定义

  双向链表结点如图 2.15 所示。双向链表的结点的类型定义如下：

typedef struct Dulnode

 {

ElemType data；//数据域

　struct Dulnode＊prior，＊next；//向前指针域和向后指针域

｝DulNode；//双向链表结点类型

图 2.15　双向链表结点

双向链表结构具有对称性，设 p 指向双向链表中的某一结点，则其对称性可用语句

$$(p\text{-}>prior)\text{-}>next = p = (p\text{-}>next)\text{-}>prior;$$

描述，其中，结点 p 的存储位置存放在其直接前驱结点 p->prior 的直接后继指针域中，同时也存放在其直接后继结点 p->next 的直接前驱指针域中。带头结点的双向链表如图 2.16 所示。

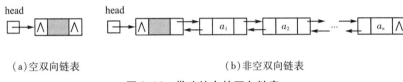

（a）空双向链表　　　　　　　　　（b）非空双向链表

图 2.16　带头结点的双向链表

2）双向链表的基本操作

双向链表的结点插入：将值为 e 的结点插入双向链表中，插入前后双向链表的变化如图 2.17 所示。

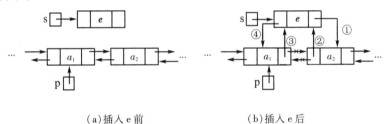

（a）插入 e 前　　　　　　　　　　（b）插入 e 后

图 2.17　双向链表的插入操作

图 2.17 中，插入时仅知道其直接前驱结点的地址，由 p 指向该前驱结点。钩链时必须注意先后次序是："先右后左"。与图 2.17 数字序号对应的语句组如下：

① s->next＝p->next；

② p->next->prior＝s；

③ p->next＝s；

④ s->prior＝p；

双向链表的结点删除：设要删除的结点为 p，删除时可以不引入新的辅助指针变量，可以直接先断链，再释放结点。删除操作的部分语句组如下：

p->prior->next＝p->next；

p->next->prior＝p->prior；

free（p）；

注意：与单链表的插入和删除操作不同的是，在双向链表中插入和删除必须同时修改两个方向上的指针域的指向。

2.5 实验：线性表

2.5.1 实验2.1：顺序表

顺序表的建空表、插入、删除、按值查找算法的编程实现如下。

```
#include <stdio.h>
#include <stdlib.h>
#include <string.h>
#define ListSize 100 //线性表的最大尺寸
typedef int DataType; //顺序表元素类型，这里假设int，也可以是其他类型
typedef struct
{
DataType list[ListSize]; //存储顺序表数据的数组
int length; //顺序表长度
}SeqList; //顺序表类型
//此处加入算法2.1：void InitSeqList(SeqList *L)//初始化顺序表 L
//此处加入算法2.2：int InsertList(SeqList *L, int i, DataType e)//顺序表插入
//此处加入算法2.3：int DeleteList(SeqList *L, int i, DataType *e)//顺序表删除
//此处加入算法2.4：int GetElem(SeqList L, int i, DataType *e)//顺序表查找
void Display(SeqList *L)
{//输出顺序表
printf("顺序表元素是：");
for(int i=0; i<L->length; i++)
    printf("%4d", L->list[i]);
printf("\n");
}//end Display
void main()
{
int result, e, a[6]={3, 5, 7, 8, 4, 21};
SeqList L;
InitSeqList(&L);    //初始化空线性表 L
L.length=6;
memcpy(L.list, a, 6 * sizeof(int));    Display(&L);
result=InsertList(&L, 5, 12);    Display(&L);
```

result＝DeleteList(&L, 5, &e);　　Display(&L);

printf("被删除的元素 e＝%d\n", e);

result＝GetElem(L, 5, &e);　　Display(&L);

printf("查找成功, e＝%d\n", e);

}

程序运行结果：

顺序表元素是：　3　5　7　8　　4　21

顺序表元素是：　3　5　7　8　12　4　21

顺序表元素是：　3　5　7　8　　4　21

被删除的元素 e＝12

顺序表元素是：　3　5　7　8　　4　21

查找成功, e＝4

　　程序的测试数据与图 2.2、图 2.3 相同, 在测试时还可以输入非法数据和边界数据进行测试, 以检验算法的正确性和健壮性。

2.5.2　实验 2.2：单链表

　　单链表的建表、插入元素、删除元素、查找元素算法的编程实现如下。

```
#include <stdio.h>
#include <stdlib.h>
typedef int DataType; //链表元素类型, 这里假设 int, 也可以是其他类型
typedef struct Node
{
DataType data; //数据域, 保存结点的值
struct Node *next; //指针域
}ListNode, *LinkList; //单链表结点类型和指向结点的指针类型
//此处加入算法 2.5：void    InitList(LinkList *head)//初始化空单链表
//此处加入算法 2.6：int InsertList(LinkList head, int i, DataType e)//单链表插入
//此处加入算法 2.7：int DeleteList(LinkList head, int i, DataType *e)//单链表删除
//此处加入算法 2.8：int GetList(LinkList head, int i, DataType *e)//单链表查找
//此处加入算法 2.9：ListNode *create_LinkList_H()//头插入法建单链表
//此处加入算法 2.10：ListNode *create_LinkList_T()//尾插入法建单链表
void display(LinkList head)
{//输出单链表结点值
ListNode *p=head->next;
printf("单链表元素依次是：");
while(p)
{printf("%4d", p->data);    p=p->next; }
}//end display
```

```
void main( )
{
LinkList L;
int e, result;
InitList(&L);    //建带头结点的空表
printf("利用头插入法建立单链表，逆顺序输入元素，以32767结束：");
L=create_LinkList_H( ); display(L);
printf("\n在第2个位置插入元素-5后，");
result=InsertList(L, 2, -5);    display(L);
result=GetList(L, 2, &e);    printf("\n查找第2个元素是：%d", e);
printf("\n删除第2个位置后，");
result=DeleteList(L, 2, &e); display(L);
printf("\n被删除的元素是：%d", e);
printf("\n利用尾插入法建立单链表，逆顺序输入元素，以32767结束：");
L=create_LinkList_T( ); display(L);
}
```

程序运行结果：

利用头插入法建立单链表，逆顺序输入元素，以32767结束：1 2 3 4 5 32767

单链表元素依次是：　　5　4　3　2　1

在第2个位置插入元素-5后，单链表元素依次是：　　5　-5　4　3　2　1

查找第2个元素是：-5

删除第2个位置后，单链表元素依次是：　　5　4　3　2　1

被删除的元素是：-5

利用尾插入法建立单链表，逆顺序输入元素，以32767结束：1 2 3 4 5 32767

单链表元素依次是：　　1　2　3　4　5

除了上述测试数据外，还可以对空表进行测试，以验证算法的正确性和健壮性。另外，可以将单链表的存储结构改成单循环链表、双向链表和双向循环链表，进行基本操作的编程与测试。

2.5.3　实验2.3：静态链表

静态链表的初始化静态链表、创建备用链表、从备用链表上获取空闲结点、尾插入法建立静态链表和输出静态链表算法的编程实现如下。

```
#include <stdio.h>
#define MAXSIZE 6 //静态链表的最大尺寸
typedef struct
{
    int data; //数据域，假设为整型
    int cur; //指针域
```

} component；//静态链表结点类型

typedef struct

{

component elem[MAXSIZE]；//存放静态链表元素的数组

int head；//静态链表的数据链表头指针

} SLinkList；//静态链表类型

//此处加入算法 2.11：void initSL(SLinkList * SL)//初始化静态链表，创建备用链表

//此处加入算法 2.12：int mallocSL(SLinkList * SL)//从备用链表上摘下空闲结点的函数

//此处加入算法 2.13：void createSL_T(SLinkList * SL)//尾插入法建立静态链表

void displaySLdata(SLinkList SL)

{//输出数据链表

　　int p=SL.head；//p 指向静态链表的头指针

　　while(p! =0)

{

　　　　printf("(%d, %d)", SL.elem[p].data, SL.elem[p].cur)；

　　　　p=SL.elem[p].cur；　//指向下一个数据元素

　　}//end while

}//end displaySLdata

void displaySL(SLinkList SL)

{//输出整个静态链表

　　for(int i=0；i<MAXSIZE；i++)

　　　　printf("(%d, %d)", SL.elem[i].data, SL.elem[i].cur)；

}//end displaySL

void main( )

{

SLinkList SL；

initSL(&SL)；　//初始化数据链表和备用链表

printf("数据链表为：")；displaySLdata(SL)；

printf("\n 静态链表为：")；displaySL(SL)；

printf("\n 利用尾插入法建立静态链表，最多输入%d 个有效值，以 32767 结束：", MAXSIZE)；

createSL_T(&SL)；

printf("数据链表为：")；displaySLdata(SL)；

printf("\n 静态链表为：")；displaySL(SL)；

}

　程序运行结果：

数据链表为：

静态链表为：(32767, 1)(32767, 2)(32767, 3)(32767, 4)(32767, 5)(32767, 0)

利用尾插入法建立静态链表，最多输入 6 个有效值，以 32767 结束：48 76 81 32767

数据链表为：(48, 2)(76, 3)(81, 0)

静态链表为：(32767，4)(48，2)(76，3)(81，0)(32767，5)(32767，0)

程序中的数据与图 2.13(d)一致，静态链表的最大尺寸为 6，最多能存储 5 个元素，SL.elem[0]位置不能存储数据元素。初始时，静态链表中的数据链表为空，依次插入48、76、81 后，数据链表包含 3 个结点，备用链表包含 2 个结点，结点值 32767 是无效数据的标记。该实验可进一步扩展加入插入结点、删除结点和回收空闲空间等算法。

2.6 习题

一、单选题

1. 线性表是(   )。

A)一个有限序列，可以为空   B)一个有限序列，不可以为空

C)一个无限序列，可以为空   D)一个无限序列，不可以为空

2. 以下关于线性表的说法不正确的是(   )。

A)线性表中的数据元素可以是数字、字符、记录等不同类型

B)线性表中包含的数据元素个数不是任意的

C)线性表中的每个结点都有且只有一个直接前驱和直接后继

D)存在这样的线性表：表中各结点都没有直接前驱和直接后继

3. 下面关于线性表的叙述中，错误的是(   )。

A)线性表采用顺序存储，必须占用一片连续的存储单元

B)线性表采用顺序存储，便于进行插入和删除操作

C)线性表采用链式存储，不必占用一片连续的存储单元

D)线性表采用链式存储，便于进行插入和删除操作

4. 顺序表具有随机存取特性指的是(   )。

A)查找值为 x 的元素与顺序表中元素的个数 n 无关

B)查找值为 x 的元素与顺序表中元素的个数 n 有关

C)查找序号为 i 的元素与顺序表中元素的个数 n 无关

D)查找序号为 i 的元素与顺序表中元素的个数 n 有关

5. 链表不具有的特点是(   )

A)可随机访问任一数据   B)插入、删除不需要移动元素

C)不必事先估计存储空间   D)所需空间与线性表长度成正比

6. 在单链表中，增加头结点的目的是(   )。

A)使单链表至少有一个结点   B)标志表中首结点的位置

C)方便运算的实现   D)说明该单链表是线性表的链式存储结构

7. 在等概率情况下，在有 n 个结点的顺序表上做插入结点运算，需平均移动结点的数目为(   )。

A)n B)$(n-1)/2$

C)$n/2$ D)$(n+1)/2$

8. 在单链表中，指针 p 指向元素为 x 的结点，实现删除 x 的直接后继的语句是（　　）。

A)p=p->next;   B)p->next=p->next->next;

C)p->next=p;   D)p=p->next->next;

9. 将长度为 n 的单链表链接在长度为 m 的单链表之后的算法的时间复杂度为（　　）。

A)$O(1)$ B)$O(n)$ C)$O(m)$ D)$O(m+n)$

10. 对于只在表的首、尾两端进行插入操作的线性表，宜采用的存储结构为（　　）。

A)顺序表   B)用头指针表示的单循环链表

C)用尾指针表示的单循环链表   D)单链表

二、填空题

1. 在单链表中需知道_____才能遍历整个链表。

2. 线性表中结点的集合是有限的，结点间的关系是_____关系。

3. 在一个长度为 n 的顺序表中删除第 i 个元素，要移动_____个元素。

4. 线性表的元素总数不确定，且经常需要进行插入和删除操作，应采用_____存储结构。

5. 在一个单链表中，若 q 所指向的结点是 p 所指向的结点的前驱结点，若在 q 和 p 之间插入一个 s 所指向的结点，则执行语句_____和语句_____。

6. 已知在结点个数大于 1 的单循环链表中，指针 p 指向表中某个结点，则下列程序段：

q=p;

while(q->next！=p)q=q->next;

执行结束时，指针 q 指向结点*p 的_____结点。

三、简答题

1. 何时选用顺序表，何时选用链表作为线性表的存储结构合适？各自的主要优缺点是什么？

2. 在顺序表中插入和删除一个结点平均需要移动多少个结点？具体的移动次数取决于哪两个因素？

3. 链表所表示的元素是否有序？如有序，则有序性体现于何处？链表所表示的元素是否一定要在物理上是相邻的？有序表的有序性又如何理解？

4. 如图 2.18 所示的数组 A 中链接存储了一个线性表，这种使用数组实现的单链表称作静态链表，备用链表的头指针始终是 0，数据链表的头指针可能因插入或删除操作改变。要求如下：

1)写出该线性表；

2)画出在表尾插入78后的存储结构；

3)画出在2)题基础上再删除40后的存储结构。

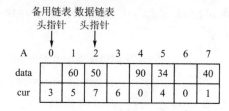

图 2.18　静态链表

5. 设指针变量 p 指向双向链表中结点 A，指针变量 q 指向待插入的结点 B，要求给出在结点 A 的后面插入结点 B 的操作语句序列（设双向链表中结点向前指针域为 prior，向后指针域为 next）。

四、算法设计题

1. 设顺序表 L 是递增有序表，试写一算法，将元素 x 插入到 L 中并使 L 仍是递增有序表。

2. 写一算法求单链表的结点数。

3. 写一算法删除单链表中值重复的结点，使所得的结果链表中所有结点的值均不相同。

4. 写一算法从一给定的单链表 L 中删除值在 x 到 y($x \leq y$)之间的所有元素（注意：x 和 y 是给定的参数，可以和表中的元素相同，也可以不同）。

5. 设 A 和 B 是两个按元素值递增有序的单链表，写一算法将 A 和 B 归并为按按元素值递减有序的单链表 C，试分析算法的时间复杂度。

6. 设计判断单链表中元素是否是递增的算法。

7. 设单链表中有仅三类字符的数据元素（大写字母、数字和其他字符），要求设计一个算法，利用原单链表的结点空间拆分出三个单链表，使每个单链表只包含同类字符。

8. 设计一个算法，将一个顺序表逆置。

9. 设计一个算法，实现一个带头结点单链表就地转置。

五、课程设计题

1. 一元多项式的表示与相加：一元多项式 $p(x) = p_0 + p_1 x + p_2 x^2 + \cdots + p_n x^n$，由 $n+1$ 个系数唯一确定，在计算机中可用线性表$(p_0, p_1, p_2, \cdots, p_n)$表示。编程分别采用顺序表和链表来实现两个一元多项式的相加运算。

2. 采用顺序表实现集合的基本运算：设有两个集合 A 和集合 B，要求采用顺序存储结构实现集合的交($C = A \cap B$)、并($C = A \cup B$)、差($C = A - B$)的算法，其中，集合的差运算 $C = A - B$ 是指将集合 A 与集合 B 相同的元素从集合 A 中删除。

3. 采用链表实现集合的基本运算：设有两个集合 A 和集合 B，要求采用链式存储结构实现集合的交、并、差算法。

4. 基于顺序表的手机通信录：采用顺序存储结构实现手机通信，实现通信录的创建、插入、删除、修改、查询等功能。

5. 基于链表的手机通信录：采用链式存储结构实现手机通信，实现通信录的创建、插入、删除、修改、查询等功能。

6. 约瑟夫环：约瑟夫环是一个数学的应用问题：已知 n 个人(以编号 1, 2, 3, …, n 分别表示)围坐在一张圆桌周围。从编号为 k 的人按顺时针方向开始报数，数到 m 的那个人出列；他的下一个人又从 1 开始报数，数到 m 的那个人又出列；依此规律重复下去，直到圆桌周围的人全部出列。

要求：1)采用单循环链表为存储结构模拟上述过程；2)从键盘输入 n、k、m 的值；3)按照出列顺序输出每个人的编号。

第 3 章　栈和队列

栈和队列是两种应用非常广泛的数据结构，它们都来自线性表数据结构，都是"操作受限"的线性表。本章将讨论栈和队列的基本概念、存储结构、基本操作以及这些操作的具体实现。

3.1　栈

栈(stack)，也称为**堆栈**，它是只允许在表的一端进行插入和删除操作的线性表。允许进行插入和删除操作的一端称为**栈顶**(top)，不允许进行插入和删除操作的一端称为**栈底**(bottom)。不含任何数据元素的栈称为**空栈**，栈的插入操作称为**入栈**或**进栈**(push)，栈的删除操作称为**出栈**或**退栈**(pop)。关于栈的理解，需要注意以下两点：

1)栈是一种线性结构：栈除了第一个数据元素没有直接前驱之外，其余数据元素有且只有一个直接前驱；除了最后一个数据元素没有直接后继之外，其余数据元素有且只有一个直接后继。所以，栈的数据元素之间是一种"一对一"的关系。

2)栈是一种特殊的线性表：栈的特殊性体现在插入和删除操作的位置受限制。线性表可以在其任意位置进行数据元素的插入和删除操作，而栈限定只能在栈顶进行数据元素的插入和删除操作。

设栈 $S=(a_1, a_2, \cdots, a_n)$，则 a_1 称为栈底元素，a_n 称为栈顶元素。如图 3.1 所示，栈中元素按 $a_1, a_2, \cdots, a_n$ 的次序进栈，退栈的第一个元素应为栈顶元素 a_n，即栈的操作是按先进后出(first in last out，FILO)或后进先出(last in first out，LIFO)原则进行的。例如：我们在洗盘子的时候，洗完一个盘子，将其放在一摞盘子的最上面。使用盘子时，我们通常会从最上面的盘子开始使用，这就像栈的数据结构一样。它说明，栈的插入和删除操作是在栈顶进行的；后入栈的数据元素先出栈(或先入栈的数据元素后出栈)。

栈的基本操作主要有以下几种：

① InitStack(&S)：初始化操作，构造一个空的栈 S。

② Push(&S, e)：入栈，在栈 S 的栈顶插入新的数据元素 e。

③ Pop(&S, &e)：出栈，删除栈 S 的栈顶元素，并用 e 返回其值。

④ DestroyStack(&S)：销毁栈 S，释放 S 占用的存储空间。

⑤ StackEmpty(S)：判断一个栈是否为空，是返回 1，不是返回 0。

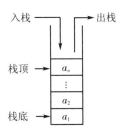

图 3.1 栈及其操作

⑥ GetTop(S, &e)：读取栈顶元素，将栈 S 的栈顶元素返回给 e。

栈有两种存储方式：顺序存储和链式存储。采用顺序存储结构的栈称为**顺序栈**(sequence stack)，采用链式存储结构的栈称为**链栈**(link stack)。

3.2 栈的顺序存储结构和实现

3.2.1 顺序栈的定义和实现

顺序栈类型定义如下：

```
typedef struct
{
    DataType stack[StackSize]; //存放栈元素的数组
    int top; //栈顶指针
}SeqStack; //顺序栈类型
```

其中：顺序栈用数组来实现，下标为 0 的一端作为栈底。定义一个 top 变量用来指示栈顶元素的下一个位置，存储栈的长度为 StackSize，top 必须小于 StackSize。

如图 3.2 所示顺序栈，栈的最大尺寸是 5，则图 3.2(a)表示空栈，图 3.2(b)表示元素 a 和 b 入栈后栈里有 2 个元素，图 3.2(c)表示栈满。

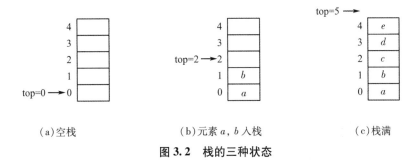

(a)空栈 (b)元素 a, b 入栈 (c)栈满

图 3.2 栈的三种状态

下面介绍顺序栈常用算法的实现。

1)顺序栈的初始化：初始化操作就是构造一个空栈。顺序栈初始化操作如算法 3.1 所示。

void InitStack(SeqStack *S)//初始化顺序堆栈 S
{S->top = 0; /*定义初始栈顶下标值*/ }

算法 3.1

2)入栈：入栈操作就是在栈顶插入数据元素，如图3.3所示。

(a)元素 e 入栈前　　　　　　　　(b)元素 e 入栈后

图3.3　顺序栈入栈

入栈操作过程：判断顺序栈是否为满栈，如果顺序栈已满，则不能进行插入操作。若顺序栈不是满栈，则进行顺序栈的插入操作。首先，将数据元素 e 插入栈顶指针 top 所指的位置；然后，将栈顶指针 top 增加1。

当栈满时做进栈运算必定产生空间溢出，简称"上溢"。上溢是一种出错状态，应设法避免。顺序栈入栈操作如算法3.2所示。

int Push(SeqStack *S, DataType e)
{//在栈 S 的栈顶插入数据元素 e，入栈成功返回1，否则返回0
　　　if(S->top >=StackSize){printf("栈已满无法插入! \n"); return 0;}
　　　else{S->stack[S->top]=e; S->top++; return 1;}
}//end Push

算法 3.2

3)出栈：出栈操作就是删除栈顶数据元素，如图3.4所示。

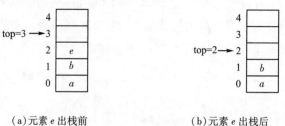

(a)元素 e 出栈前　　　　　　　　(b)元素 e 出栈后

图3.4　顺序栈出栈

出栈操作过程：判断顺序栈是否为空栈，如果顺序栈已空，则不能进行删除操作。若顺序栈不是空栈，则进行顺序栈的删除操作。首先，将栈顶指针 top 减1；然后，将栈顶指针 top 所指位置的数据元素赋值给 e。

顺序栈出栈操作如算法3.3所示。

int Pop(SeqStack *S, DataType *e)
{//删除栈 S 的栈顶元素，用 e 返回其值，出栈成功返回1，否则返回0

if(S->top <=0){printf("空栈无数据元素出栈！\n")；return 0；}

　　else{S->top--；*e =S->stack[S->top]；return 1；}

}//end Pop

算法　3.3

当栈空时做退栈运算也将产生溢出，简称"下溢"。下溢则可能是正常现象，因为栈在使用时，其初态或终态可能是空栈，所以下溢常用来作为控制转移的条件。

4)判断顺序栈是否为空：如算法 3.4 所示。

int StackNotEmpty(SeqStack S)

{//判顺序堆栈 S 非空否，非空返回 1，否则返回 0

　　if(S.top <= 0)return 0；　　else return 1；

}//end StackNotEmpty

算法　3.4

5)顺序栈读取栈顶元素：如算法 3.5 所示。

int StackTop(SeqStack S, DataType *e)

{//读取顺序堆栈 S 的当前栈顶数据元素值到参数 e，成功返回 1，否则返回 0

　　if(S.top <= 0){printf("栈已空！\n")；　　return 0；}

　　else{*e = S.stack[S.top-1]；　　return 1；}

}//end StackTop

算法　3.5

3.2.2　链栈的定义和实现

如图 3.5 所示栈的链式存储结构，栈顶指针 top 就是链表的头指针，为了操作方便，这里假设链栈带头结点。

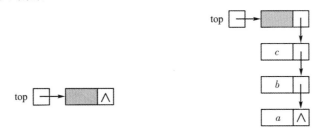

(a)空链栈　　　　　　　(b)元素 a，b，c 入栈后

图 3.5　链栈

链栈的结点类型定义如下：

typedef struct SNode

{

　　DataType data；//数据域

　　struct SNode *next；//指针域

}LSNode，*LinkStack；//链栈结点类型和指向链栈结点的指针类型

下面介绍链栈常用算法的实现。

1）链栈初始化操作如算法3.6所示。

void InitStack（LSNode **top）

{//初始化带头结点的链栈

  if（（*top=（LSNode *）malloc（sizeof（LSNode）））==NULL）exit（-1）；

  （*top）->next=NULL；

}//end InitStack

算法　3.6

2）入栈：入栈操作就是在链栈的栈顶插入数据元素。如图3.6所示入栈操作过程如下：首先，为待插入的数据元素 e 动态申请一个结点空间，并由指针 p 指向该结点空间；然后，将 e 赋值给 p 所指向结点的数据域；最后，将 p 所指向结点的指针域指向栈顶元素，如图3.6中符号① 对应的操作；再将 top 所指向结点的指针域指向 p 指向的结点，如图3.6中符号② 对应的操作；从而完成在链栈的栈顶位置插入数据元素 e。

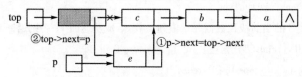

图3.6　链栈入栈

链栈入栈操作如算法3.7所示。

int Push（LSNode *top，DataType e）

{//把数据元素 e 插入链栈 top 作为新的栈顶

  LSNode *p；

  if（（p=（LSNode *）malloc（sizeof（LSNode）））==NULL）

  {printf（"内存空间不足无法插入！\n"）；return 0；}

  p->data=e；

  p->next=top->next；//点链入栈顶，对应图3.6中的符号①

  top->next=p；//结点成为新的栈顶，对应图3.6中的符号②

  return 1；

}//end Push

算法　3.7

3）判断栈是否为空：如算法3.8所示。

int StackNotEmpty（LSNode *top）

{//判链栈是否非空，非空返回1；空返回0

  if（top->next==NULL）return 0； else return 1；

}//end StackNotEmpty

算法　3.8

4）出栈：出栈操作就是删除链栈中的栈顶结点，出栈操作如图 3.7 所示。

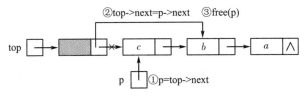

图 3.7　链栈出栈

图 3.7 中，删除栈顶结点后并将该结点的数据元素赋值给 e。出栈操作过程如下：首先，指针 p 指向栈顶结点，如图 3.7 中符号①对应的操作，并将该结点的数据域赋值给 e；然后，删除栈顶结点，如图 3.7 中符号② 对应的操作；最后，释放 p 指针所指向结点的内存空间，如图 3.7 中符号③ 对应的操作。链栈出栈操作如算法 3.9 所示。

```
int Pop( LSNode *top, DataType *e)
{//出栈并把栈顶元素由参数 e 带回
    LSNode *p=top->next;//对应图 3.7 中符号①操作
    if( StackNotEmpty( top) = = 0)
    {printf( "链栈已空出错！\n" ); return 0; }
    top->next=p->next;//删除原栈顶结点, 对应图 3.7 中符号② 操作
    *e=p->data;//原栈顶结点元素赋予
    free( p);//释放原栈顶结点内存空间, 对应图 3.7 中符号③ 操作
    return 1;
}//end Pop
```

算法　3.9

5）销毁栈：如算法 3. 10 所示。

```
void DestroyStack( LSNode *top)
{//销毁链栈, 释放所有结点占用的动态内存
    LSNode *p=top->next, *q;
    while( p! =NULL){q = p; p = p->next; free( q); }//依次释放链栈的全部结点空间
    top->next=NULL; //链栈头结点指针域置为空
}//end DestroyStack
```

算法　3.10

6）读取栈顶元素：如算法 3. 11 所示。

```
int StackTop( LSNode *top, DataType *e)
{//取栈顶元素并把栈顶元素由参数 e 带回
    LSNode *p=top->next;
    if( p= =NULL){printf( "链栈已空出错！\n" ); return 0; }
    *e = p->data; return 1;
}//end StackTop
```

算法　3.11

3.3 栈的应用

由于栈具有的"后进先出"的固有特性,栈成为程序设计中常用的工具和数据结构,以下是几个栈应用的例子。

1)数制转换

十进制整数 n 向其他进制数 d(二、八、十六)的转换是计算机实现计算的基本问题,该转换法则对应于一个简单算法原理:

$$n=(\lfloor n/d \rfloor)\times d+n\%d \qquad\qquad (3.1)$$

其中: $\lfloor \cdot \rfloor$ 为下取整运算;%为求余运算。例如: $(1348)_{10}=(2504)_8$ 的运算过程如表 3.1 所示。由于表 3.1 的计算过程是从低位到高位顺序产生八进制数的各个数位,而打印输出,一般来说应从高位到低位进行,恰好和计算过程相反。因此,若将计算过程中得到的八进制数的各位进栈,则按出栈序列打印输出的即为与输入对应的八进制数。

表 3.1　　　　　　　　　　　　进制转换计算过程

n	n DIV 8	n MOD 8
1348	168	4
168	21	0
21	2	5
2	0	2

采用顺序栈方式实现数制转换操作如算法 3.12 所示。

```
void conversion(int n, int d)
{//将十进制整数 n 转换为 d(2 或 8)进制数
SeqStack S;
int k, e;
InitStack(&S);//初始化空栈
while(n>0){k=n%d; Push(&S, k); n=n/d;}//求出所有的余数,进栈
while(S.top! =0){Pop(&S, &e); printf("%1d", e);}//栈不空时出栈,输出
}//end conversion
```

算法　3.12

2)括号匹配

在文字处理软件或编译程序设计时,常常需要检查一个字符串或一个表达式中的括号是否相匹配。假设表达式中允许包含两种括号:圆括号和方括号,其嵌套的顺序任意,即([]())或[([][])]等为正确的格式,[(])或(()]等为不正确的格式。检验括号匹配的基本思想是:从左至右扫描一个字符串(或表达式),则每个右括号将与最近遇到的那个左括号相匹配。由此,可以这样设计算法:设置一个栈,当读到左括号时,左括号进

栈；当读到右括号时，则从栈中弹出一个元素，与读到的右括号进行匹配，若匹配成功，继续读入，否则匹配失败。在算法的开始和结束时，栈都应该是空的。采用顺序栈方式实现括号匹配判定操作如算法 3.13 所示。

```
int Match_Brackets(char *str)
{//匹配返回1,不匹配返回0,采用顺序栈实现。
SeqStack S; //顺序栈
char e, i;
InitStack(&S); //初始化顺序栈
for(i=0; str[i]! ='\0'; i++)//逐个扫描字符串 str 的每个字符
{
    if((str[i]=='(')||(str[i]=='['))Push(&S, str[i]); //遇到'('或'['入栈
    else if(str[i]==']')//遇到']'出栈,进行匹配判定
    {
        Pop(&S, &e); //出栈
        if(e! ='['){printf("'['括号不匹配"); return 0;}
    }//end if
    else if(str[i]==')')//遇到')'出栈,进行匹配判定
    {
        Pop(&S, &e); //出栈
        if(e! ='('){printf("'('括号不匹配"); return 0;}
    }//end if
}//end for
if(S.top! =0){printf("括号数量不匹配!"); return 0;}   //栈非空,左括号多,右括号少
else return 1; //括号匹配成功
}//end Match_Brackets
```

算法　3.13

3) 栈与递归调用

栈的另一个重要应用是在程序设计语言中实现**递归调用**(recursive call)。一个函数(或过程)直接或间接地调用自己本身，简称**递归**(recursive)。为了使递归调用不至于无终止地进行下去，实际上有效的递归调用函数(或过程)应包括两部分：递推规则(方法)、终止条件。

例如：求 $n!$

$$\mathrm{fact}(n)=\begin{cases}1, & n=0 \\ n \times \mathrm{fact}(n-1), & \text{其他}\end{cases}$$

其中：$n=0$ 为递归终止条件，$n \times \mathrm{fact}(n-1)$ 为递推规则。

一个递归函数的运行过程类似于多个函数的嵌套调用，只是调用和被调用函数是同一个函数，因此，和每次调用相关的一个重要的概念是递归函数运行的"层次"。假设

调用该函数的主函数为第 0 层，则从主函数调用递归函数为进入第 1 层；从第 i 层递归调用本函数为进入"下一层"，即第 $i+1$ 层。反之，退出第 i 层递归应返回至"上一层"，即第 $i-1$ 层。为保证递归调用正确执行，系统设立一个"递归工作栈"，作为整个递归调用过程期间使用的数据存储区。每一层递归包含的信息如：实在参数、局部变量、上一层的返回地址构成一个"工作记录"。每进入一层递归，就产生一个新的工作记录压入栈顶；每退出一层递归，就从栈顶弹出一个工作记录。在解决问题时，若能采用递归方法实现，则和非递归程序相比，不需要用户而由系统来管理递归工作栈。因为递归函数结构清晰，程序易读，正确性很容易得到证明，因此，递归是程序设计中的一个强有力的工具。我们在后面树形结构、图状结构、查找和排序等算法中将经常用到递归算法。

3.4 队列

队列(queue)，它是允许在表的一端进行插入操作，在表的另一端进行删除操作的线性表，允许进行插入操作的一端称为**队尾**(rear)，允许进行删除操作的一端称为**队头**(front)，不含任何数据元素的队列称为**空队列**，队列的插入操作称为**入队**(enqueue)，队列的删除操作称为**出队**(dequeue)。如图 3.8 所示，在空队列中依次加入元素 a_1，a_2，…，a_n 之后，a_1 是队首元素，a_n 是队尾元素。显然退出队列的次序也只能是 a_1，a_2，…，a_n，即队列的操作原则是先进先出(First In First Out，FIFO)。例如：我们在食堂打饭，先来的人排在队头，后来的人排在队尾。第一个人打完饭以后，从队头出队，队列的第二个人成了新的队头。后来的人从队尾入队，成了新的队尾。该例就像队列的数据结构一样，它说明：队列的插入操作在队尾进行；队列的删除操作在队头进行；先入队的数据元素先出队。

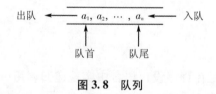

图 3.8 队列

关于队列的理解，需要注意以下两点：

1)队列是一种线性结构：除了第一个数据元素没有直接前驱之外，其余数据元素有且只有一个直接前驱；除了最后一个数据元素没有直接后继之外，其余数据元素有且只有一个直接后继。所以，队列的数据元素之间是一种"一对一"的关系。

2)队列是一种特殊的线性表：队列的特殊性体现在插入和删除的位置受限制。队列限定只能在队尾进行数据元素的插入操作，在队头进行数据元素的删除操作。

队列的基本操作主要有以下几种：

① InitQueue(&Q)：初始化操作，构造一个空的队列 Q。

② EnQueue(&Q, e)：入队，在队列 Q 的队尾插入新的数据元素 e。

③ DeQueue(&Q, &e)：出队，删除队列 Q 的队头元素，并用 e 返回其值。

④ DestroyQueue(&Q)：销毁队列 Q，释放 Q 占用的存储空间。

⑤ QueueEmpty(Q)：判断一个队列是否为空，是返回 1，不是返回 0。

⑥ GetHead(Q, &e)：读取队头元素，将队列 Q 的队头元素返回给 e。

3.5 队列的存储结构和实现

队列有两种存储方式：顺序存储和链式存储。采用顺序存储结构的队列称为顺序循环队列，采用链式存储结构的队列称为链队列。

3.5.1 顺序循环队列的定义和实现

利用一组连续的存储单元(一维数组)依次存放从队首到队尾的各个元素，称为**顺序队列**(sequential queue)。顺序队列中存在"假溢出"现象，因为在入队和出队操作中，头、尾指针只增加不减小，致使被删除元素的空间永远无法重新利用。因此，尽管队列中实际元素个数可能远远小于数组大小，但可能由于尾指针已超出向量空间的上界而不能做入队操作。该现象称为**假溢出**(false overflow)。顺序队列的假溢出现象如图 3.9 所示。

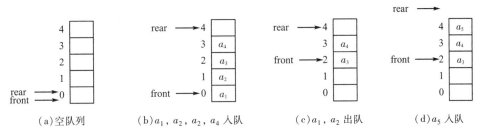

(a)空队列   (b)a_1, a_2, a_2, a_4 入队   (c)a_1, a_2 出队   (d)a_5 入队

图 3.9 顺序队列"假溢出"

图 3.9(a)是一个最多可以存储 5 个数据元素的顺序队列，为空队列，front=rear=0；先依次入队 a_1, a_2, a_3, a_4，如图 3.10(b)所示，此时 front=0，rear=4；再依次出队 a_1，a_2，如图 3.9(c)所示，此时 front=2，rear=4；接着入队 a_5，如图 3.9(d)所示，此时，front=2，rear=5，由于尾指针 rear 值已经大于数组最大下标，因此无法再入队下一个元素，然而在下标为 0 和 1 的位置却空着，没有数据元素，于是出现了有空余位置还不能插入新的数据元素的情况，即出现假溢出现象。

为了解决顺序队列的假溢出问题，可以将顺序队列看作尾首相接形成循环结构，这样，当到达队列数组末尾时，就可以再从数组开头开始操作，这种操作时假设尾首相接的队列称作**顺序循环队列**，简称为**循环队列**(round-robin queue)。如在图 3.9(d)的基础上，再接着入队 a_6，a_7，如图 3.10(a)所示。通常将顺序循环队列画成循环形状，图 3.10

（a）的循环形状如图 3.10（b）所示。

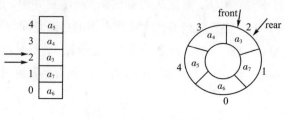

（a）a_1，a_7 入队，队满　　　　　（b）图（a）的循环队列图示

图 3.10　循环队列

此时，问题又来了，如图 3.9（a）所示，队空的判定条件为 front＝＝rear；如图 3.10 所示，当采用循环队列时，队满的判定条件依然是 front＝＝rear，显然出现了歧义。因此在这种情况下以 front＝＝rear 为条件无法区别是队空还是队满。为了解决循环队列无法区分队空和队满的问题，下面给出两种常用的解决办法。

方法一：设置一个标志变量 flag，当条件 front＝＝rear 无法区分队空和队满时，用判定条件 flag＝＝0 表示队空，用 flag＝＝1 表示队满。

方法二：少用一个存储单元，如图 3.11 所示。此时判断队空的条件为 front＝＝rear；而判断队满的条件为 front＝＝(rear＋1)%MaxQueueSize，其中，MaxQueueSize 为队列最大尺寸。也就是说，队满时，数组中还有一个空闲单元，队列满时如图 3.11（b）所示，即队满时不再允许图 3.10（b）的情况出现。

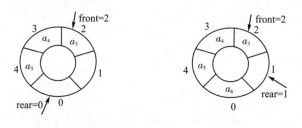

（a）长度为 3 的初始队列　　　　　（b）a_6 入队后队满

图 3.11　少用一个存储单元的循环队列

顺序队列的 C 语言类型定义如下：

```
typedef struct
{
    DataType data[MAXSIZE];  //存储队列元素的数组
    int front;  //头指针
    int rear;  //尾指针，若队列非空，指向队尾元素的下一个位置
}SqQueue;  //顺序队列类型
```

下面介绍循环队列操作的常用算法，其中，区别队空和队满采用少用一个空间的方法。

1)循环队列的初始化:如算法 3.14 所示。

void InitQueue(SqQueue ＊Q)//初始化队列 Q

{Q->front = Q->rear= 0;}

算法　3.14

2)入队:如算法 3.15 所示。

int EnQueue(SqQueue ＊Q, DataType e)

{//若队列 Q 不满,则在 Q 的队尾插入数据元素

　　if((Q->rear+1)%MAXSIZE==Q->front)return 0;

　　Q->data[Q->rear]=e; Q->rear=(Q->rear+1)%MAXSIZE; return 1;

}//end EnQueue

算法　3.15

3)出队:如算法 3.16 所示。

int DeQueue(SqQueue ＊Q, DataType ＊e)

{//若队列 Q 非空,删除 Q 的队头元素,用 e 返回其值

　　if(Q->front==Q->rear)return 0;

　　＊e=Q->data[Q->front]; Q->front=(Q->front+1)%MAXSIZE; return 1;

}//end DeQueue

算法　3.16

4)求队列长度:如算法 3.17 所示。

int QueueLength(SqQueue Q)//返回队列 Q 中数据元素的个数

{return(Q.rear-Q.front+MAXSIZE)%MAXSIZE;}

算法　3.17

5)读取队头元素:如算法 3.18 所示。

int GetHead(SqQueue＊ Q, DataType ＊e)

{//若队列 Q 非空,则将队列 Q 的队头元素返回给 e

if(Q->front==Q->rear)return 0; //返回 0 表示队空,操作失败

else{＊e=Q->data[Q->front]; return 1;}//返回 1 表示操作成功

}//end GetHead

算法　3.18

3.5.2　链队列的定义和实现

　　队列的链式存储结构简称为链队列(linked queue)。链队列的操作实际上是单链表的操作,只不过是删除在表头进行,插入在表尾进行,插入、删除时分别修改不同的指针。带头结点的链队列操作及指针变化如图 3.12 所示。

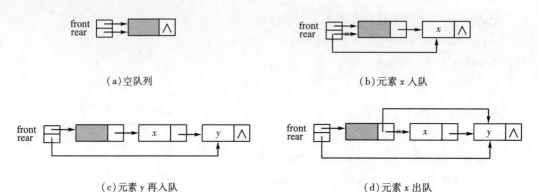

（a）空队列　　　　　　　　　　　　　　　（b）元素 x 入队

（c）元素 y 再入队　　　　　　　　　　　（d）元素 x 出队

图 3.12　带头结点的链队列操作及指针变化

链队列类型定义如下：

```
typedef struct Node
{
DataType data;     //数据域
struct Node * next;  //指针域
}QNode;            //单链表结点
typedef struct
{
QNode * front, * rear;  //队首指针和队尾指针
}LinkQueue;          //链队列类型
```

下面介绍链队列操作的常用算法。

1）链队列的初始化：如算法 3.19 所示。

```
void InitQueue(LinkQueue * Q)
{//初始化带头结点的链队列
QNode * p = ((QNode * )malloc(sizeof(QNode)));
if(p = = NULL)exit(-1);
p->next = NULL; Q->front = Q->rear = p;
}//end InitQueue
```

算法　3.19

2）链队列入队：如算法 3.20 所示。

```
int EnQueue(LinkQueue * Q, DataType e)
{//在链队列 Q 的队尾插入一个新结点 e
QNode * p = (QNode * )malloc(sizeof(QNode));
if(p = = NULL)exit(-1);
p->next = NULL; p->data = e;  //将 e 赋值给新结点的数据域
Q->rear->next = p; Q->rear = p;  //新结点插入链队列
return 1;
}//end EnQueue
```

算法　3.20

3）链队列出队：如算法 3.21 所示。

int DeQueue(LinkQueue *Q, DataType *e)

{//若链队列 Q 非空，删除 Q 的队头元素，用 e 返回其值

QNode *p;

if(Q->front==Q->rear) return 0; //队空，出队失败，返回 0

p=Q->front->next; *e = p->data; Q->front->next = p->next;

if(Q->rear==p) Q->rear=Q->front; //出队前队列只有一个元素

free(p); return 1; //出队成功，返回 1

}//end DeQueue

算法　3.21

4）销毁链队列：如算法 3.22 所示。

void Destroy_LinkQueue(LinkQueue *Q)

{//销毁链队列，释放结点的动态内存

　while(Q->front! =NULL)//第一次释放头结点，以后释放元素结点

　{

　　　Q->rear=Q->front->next; //令尾指针指向队列的第一个结点

　　　free(Q->front); //每次释放一个结点

　　　Q->front=Q->rear;

　}//end while

}//end Destroy_LinkQueue

算法　3.22

5）判断链队列是否为空：如算法 3.23 所示。

int QueueNotEmpty(LinkQueue *Q)

{//判链队列是否非空，非空返回 1；空返回 0

　　　if(Q->front->next==NULL) return 0; else return 1;

}//end QueueNotEmpty

算法　3.23

6）读取链队列队头元素：如算法 3.24 所示。

int GetHead(LinkQueue* Q, DataType *e)

{//若队列 Q 非空，则将队列 Q 的队头元素返回给 e

QNode *p;

if(Q->front==Q->rear) return 0;

else{ p=Q->front->next; *e=p->data; return 1; }

}//end GetHead

算法　3.24

队列经常应用于离散事件模拟和排队系统及应用的实现中。在日常生活中，我们经

常会遇到许多为了维护社会正常秩序而需要排队的情景,例如:在银行接待、火车站售票等排队活动均可以采用队列进行离散事件模拟。在计算机中,操作系统软件和打印机软件中也通常使用队列进行调度实现。

3.6 实验:栈和队列

3.6.1 实验3.1:顺序栈

顺序栈的建空栈、入栈、出栈、判栈空、读取栈顶元素算法的编程实现如下。

```
#include <stdio.h>
#define StackSize 5
typedef int DataType;
typedef struct
{
DataType stack[StackSize];//存放栈元素的数组
int top;//栈顶指针
}SeqStack;//顺序栈类型
//此处加入算法3.1:void InitStack(SeqStack *S)//初始化顺序栈
//此处加入算法3.2:int Push(SeqStack *S, DataType e)//顺序栈入栈
//此处加入算法3.3:int Pop(SeqStack *S, DataType *e)//顺序栈出栈
//此处加入算法3.4:int StackNotEmpty(SeqStack S)//判顺序栈是否为空
//此处加入算法3.5:int StackTop(SeqStack S, DataType *e)//读取顺序栈栈顶元素
void display(SeqStack S)
{//从栈底到栈顶输出顺序栈的所有结点
int i;
printf("栈的元素是: ");
for(i=0; i<S.top; i++)
        printf("%4d", S.stack[i]);
printf("\n");
}//end display
void main()
{
SeqStack S;
int e, r;
InitStack(&S); display(S);
r=Push(&S, 10); r=Push(&S, 20); r=Push(&S, 30);
r=Push(&S, 40); r=Push(&S, 50); r=Push(&S, 60); display(S);
```

r=Pop(&S, &e); display(S);

if(r= =1)printf("e=%d\n", e);

r=StackTop(S, &e);

if(r= =1)printf("e=%d\n", e);

r=Pop(&S, &e); r=Pop(&S, &e); r=Pop(&S, &e);

if(r= =1)printf("e=%d\n", e);

r=Pop(&S, &e); display(S);

r=StackTop(S, &e); if(r= =1)printf("e=%d\n", e);

r=Pop(&S, &e); if(r= =1)printf("e=%d\n", e);

}

程序运行结果：

栈的元素是：

栈已满无法插入！

栈的元素是：　10　20　30　40　50

栈的元素是：　10　20　30　40

e=50

e=40

e=20

栈的元素是：

栈已空！

空栈无数据元素出栈！

　在测试时还可以输入非法数据和边界数据进行测试，以检验算法的正确性和健壮性。

3.6.2　实验 3.2：链栈

　链栈的建空栈、入栈、出栈、判栈空、读取栈顶元素、销毁栈算法的编程实现如下。

```
#include <stdio.h>
#include <stdlib.h>
typedef int DataType;
typedef struct SNode
{
DataType data; //数据域
struct SNode *next; //指针域
}LSNode, *LinkStack; //链栈结点类型和指向链栈结点的指针类型
//此处加入算法 3.6：void InitStack(LSNode **top)//初始化带头结点的链栈
//此处加入算法 3.7：int Push(LSNode *top, DataType e)//入链栈
//此处加入算法 3.8：int StackNotEmpty(LSNode *top)//判链栈是否非空
//此处加入算法 3.9：int Pop(LSNode *top, DataType *e)//出链栈
//此处加入算法 3.10：void DestroyStack(LSNode *top)//销毁链栈
```

```
//此处加入算法3.11： int StackTop(LSNode *top，DataType *e)   //读取链栈栈顶元素
void display(LSNode *top)
{//从栈顶到栈底顺序输出链栈全部元素
LSNode *p=top->next；
printf("链栈元素依次是： ")；
while(p)
{printf("%3d"，p->data)；   p=p->next；}
}//end display
void main()
{
LinkStack LS；
int e，r；   //存放栈顶元素和操作结果
InitStack(&LS)；   //初始化空栈
r=StackTop(LS，&e)；   if(r==1)printf("栈顶元素 e=%d\n"，e)；   //输出栈顶元素
r=Push(LS，10)；r=Push(LS，20)；r=Push(LS，30)；display(LS)；//10、20、30 入栈
r=Pop(LS，&e)；   printf("\n出栈元素 e=%d，"，e)；display(LS)；   //出栈
r=StackTop(LS，&e)；   printf("\n栈顶元素 e=%d\n"，e)；   //输出栈顶元素
DestroyStack(LS)；   r=Pop(LS，&e)；   //清空栈后出栈
}
```

程序运行结果：

链栈已空出错！

链栈元素依次是： 30 20 10

出栈元素 e=30，链栈元素依次是： 20 10

栈顶元素 e=20

链栈已空出错！

在测试时还可以输入非法数据和边界数据进行测试，以检验算法的正确性和健壮性。

3.6.3   实验3.3：循环队列

循环队列的建空队列、入队、出队、读取队首元素、求队长算法的编程实现如下。

```
#include <stdio.h>
#define MAXSIZE 5   //队列长度为5
typedef int DataType；//队列数据类型为整型
typedef struct
{
DataType data[MAXSIZE]；//存储队列元素的数组
int front；//头指针
int rear；//尾指针，若队列非空，指向队尾元素的下一个位置
```

}SqQueue；//顺序队列类型

//此处加入算法 3.14：void InitQueue(SqQueue＊Q)//初始化顺序循环队列

//此处加入算法 3.15：int EnQueue(SqQueue＊Q，DataType e)//入循环队列

//此处加入算法 3.16：int DeQueue(SqQueue＊Q，DataType＊e)//出循环队列

//此处加入算法 3.17：int QueueLength(SqQueue Q)//求循环队列长度

//此处加入算法 3.18：int GetHead(SqQueue＊Q，DataType＊e)//读取循环队列队头元素

void display(SqQueue＊Q)

{//输出循环队列的所有元素

int i＝Q->front，r＝Q->rear；

printf("循环队列元素依次是：")；

while(i！＝r)

{printf("％3d"，Q->data[i])；　i＝(i+1)％MAXSIZE；}

printf("\n")；

}//end display

void main( )

{

SqQueue Q；

int e，r；//队列元素 e、操作返回值 r

InitQueue(&Q)；　//初始化空循环队列

r＝EnQueue(&Q，10)；r＝EnQueue(&Q，20)；r＝EnQueue(&Q，30)；display(&Q)；//入队 10、20、30

r＝EnQueue(&Q，40)；r＝EnQueue(&Q，50)；display(&Q)；//入队 40 后队满，然后入队 50 失败

r＝GetHead(&Q，&e)；if(r＝＝1)printf("队首元素＝%d\n"，e)；//获取队首元素

printf("队列长度＝%d\n"，QueueLength(Q))；//求队列长度

r＝DeQueue(&Q，&e)；display(&Q)；//出队一个元素

}

程序运行结果：

循环队列元素依次是：10 20 30

循环队列元素依次是：10 20 30 40

队首元素＝10

队列长度＝4

循环队列元素依次是：20 30 40

在测试时还可以输入非法数据和边界数据进行测试，以检验算法的正确性和健壮性。

3.6.4　实验 3.4：链队列

链队列的建空队列、入队、出队、读取队首元素、求队长算法的编程实现如下。

#include <stdio.h>

#include <stdlib.h>

```
typedef int DataType;
typedef struct Node
{
DataType data; //数据域
struct Node *next; //指针域
}QNode; //单链表结点
typedef struct
{
QNode *front, *rear; //队首指针和队尾指针
}LinkQueue; //链队列类型
//此处加入算法 3.19：void InitQueue(LinkQueue *Q)//初始化带头结点的链队列
//此处加入算法 3.20：int EnQueue(LinkQueue* Q, DataType e)//链队列入队
//此处加入算法 3.21：int DeQueue(LinkQueue *Q, DataType *e)//链队列出队
//此处加入算法 3.22：void Destroy_LinkQueue(LinkQueue *Q)//销毁链队列
//此处加入算法 3.23：int QueueNotEmpty(LinkQueue *Q)//判链队列是否非空
//此处加入算法 3.24：int GetHead(LinkQueue* Q, DataType *e)//读取链队列队首元素
void display(LinkQueue Q)
{//输出链队列的全部元素
QNode *p=(Q.front)->next;
printf("链队列元素依次是：");
while(p)
{printf("%3d", p->data);    p=p->next; }
printf("\n");
}//end display
void main()
{
LinkQueue Q; int r, e;
InitQueue(&Q); display(Q);
r=EnQueue(&Q, 10); r=EnQueue(&Q, 20); r=EnQueue(&Q, 30);
r=GetHead(&Q, &e);
if(r==1){display(Q); printf("队首 e=%3d\n", e); }
r=DeQueue(&Q, &e);
if(r==1){display(Q); printf("e=%3d\n", e); }
r=DeQueue(&Q, &e);
if(r==1){display(Q); printf("e=%3d\n", e); }
r=DeQueue(&Q, &e);
if(r==1){display(Q); printf("e=%3d\n", e); }
r=DeQueue(&Q, &e);
if(r==1){display(Q); printf("e=%3d\n", e); }
```

if(QueueNotEmpty(&Q)= =0) printf("队列空\n");

r=EnQueue(&Q, 10); r=EnQueue(&Q, 20); r=EnQueue(&Q, 30);

Destroy_LinkQueue(&Q);

InitQueue(&Q); display(Q);

}

程序运行结果:

链队列元素依次是:

链队列元素依次是: 10 20 30

队首 e= 10

链队列元素依次是: 20 30

e= 10

链队列元素依次是: 30

e= 20

链队列元素依次是:

e= 30

队列空

链队列元素依次是:

在测试时还可以输入非法数据和边界数据进行测试, 以检验算法的正确性和健壮性。

3.7　习题

一、单选题

1. 栈和队列的共同特点是(　　)。

A)只允许在端点处插入和删除元素　　　B)都是先进后出

C)都是先进先出　　　　　　　　　　　D)没有共同点

2. 用链接方式存储的不带头结点的队列, 在进行入队运算时(　　)。

A)仅修改头指针　　　　　　　　　　　B)头、尾指针都要修改

C)仅修改尾指针　　　　　　　　　　　D)头、尾指针可能都要修改

3. 设顺序循环队列 $Q[0..M-1]$ 的头指针和尾指针分别为 F 和 R, 头指针 F 总是指向队头元素的前一位置, 尾指针 R 总是指向队尾元素的当前位置, 则该循环队列中的元素个数为(　　)。

A)$R-F$　　　　　　B)$F-R$　　　　　　C)$(R-F+M)\%M$　　D)$(F-R+M)\%M$

4. 设输入元素序列是 $1, 2, 3, \cdots, n$, 经过栈的作用后输出序列的第一个元素是 n, 则输出序列中第 i 个输出元素是(　　)。

A)$n-i$　　　　　　　B)$n-1-i$　　　　　　C)$n+1-i$　　　　D)不能确定

5. 设指针变量 top 指向当前链式栈的栈顶, 则删除栈顶元素的操作语句为( )。

A) top = top+1; B) top = top-1;

C) top->next = top; D) top = top->next;

二、填空题

1. 下面程序段的功能实现数据元素 x 进栈, 要求在下划线处填上正确的语句。

```
#define M 100
//s[0..M-1]为顺序栈, top 为栈顶指针, top=-1 表示栈为空
typedef struct{int s[M]; int top; }sqstack;
void push(sqstack *stack, int x)
{
    if(stack->top==M-1)printf("overflow");   //栈满
    else
    {   _____;
        _____;
    }
}
```

2. 栈的插入和删除只能在栈的栈顶进行, 后进栈的元素必定先出栈, 所以又把栈称为_____的线性表; 队列的插入和删除运算分别在队列的两端进行, 先进队列的元素必定先出队列, 所以又把队列称为_____的线性表。

3. 假设以 S 和 X 分别表示进栈和退栈操作, 则对输入序列 a, b, c, d, e 进行一系列栈操作 SSXSXSSXXX 之后, 得到的输出序列为_____。

4. 假设 S 和 X 分别表示进栈和出栈操作, 由输入序列 "ABC" 得到输出序列 "BCA" 的操作序列为 SSXSXX, 则由 "a * b+c/d" 得到 "ab * cd/+" 的操作序列为_____。

5. 如果希望循环队列中的向量单元都能得到利用, 则可设置一个标志域 flag, 每当尾指针和头指针值相同时, 以 flag 的值为 0 或 1 来区分队列状态是 "空" 还是 "满"。请对下列函数填空, 使其分别实现与此结构相应的入队列和出队列的算法。

```
int EnQueue(CirQueue *Q, DataType x)   //入队算法
{
    if(_____1)_____)return 0;   //队满
    Q->data[Q->rear]=x;
    Q->rear=(Q->rear+1)% MAXQSIZE // MAXQSIZE 是队列最大尺寸
    _____2)_____;
    return 1;
}
int DeQueue(CirQueue *Q, DataType *x)   //出队算法
{
    if(_____3)_____)return 0;   //队空
    *x=Q->data[Q->front];
```

Q->front = _____ 4) _____;

_____ 5) _____;

return 1;

}

三、简答题

1. 设有一个栈，元素进栈的次序为 a，b，c。问经过栈操作后可以得到哪些输出序列？

2. 试证明：若借助栈由输入序列 1，2，…，n 得到输出序列为 p_1，p_2，…，p_n（它是输入序列的一个排列），则在输出序列中不可能出现这样的情形：存在着 $i<j<k$，使得 $p_j<p_k<p_i$。

3. 设有一个顺序循环队列，向量大小为 MAXSIZE，判断队列为空的条件是什么？队列满的条件是什么？

4. 假设以数组 seqque[0..m-1] 存放循环队列的元素，设变量 rear 和 quelen 分别指示循环队列中队尾元素的位置和元素的个数。

1) 写出队满的条件表达式；

2) 写出队空的条件表达式；

3) 设 m=40，rear=13，quelen=19，求队头元素的位置；

4) 写出一般情况下队头元素位置的表达式。

四、算法设计题

1. 一个双向栈 S 是在同一数组空间内实现的两个栈，它们的栈底分别设在数组空间的两端，如图 3.13 所示。试为此双向栈设计初始化 InitStack(&S)、入栈 Push(&S，i，x)、出栈 Pop(&S，i，&x)算法，其中，i 为 0 或 1，用以表示栈号。

图 3.13　双向栈

2. 假设两个队列共享一个循环向量空间（如图 3.14 所示）。

其类型 Queue2 定义如下：

```
typedef struct
{
    DateType data[MaxSize];
    int front[2], rear[2];
} Queue2;
```

对于 i=0 或 1，front[i] 和 rear[i] 分别为第 i 个队列的头指针和尾指针。试为此共享队列设计初始化 InitQueue(&Q)，入队 InsertQueue(&Q，i，x)，出队 DeleteQueue(&Q，i，&x)算法。

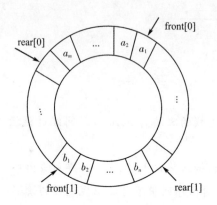

图 3.14　共享空间的两个循环顺序队列

3. 如果 1, 2, …, n 个数按编号由小到大的顺序进栈，进栈的过程中可以出栈，请设计一个算法，输出所有可能的出栈结果。

五、课程设计题

1. 基于栈的迷宫破解

给定一个 $M×N$ 的迷宫图，求一条从指定入口到出口的路径。假设迷宫图如图 3.15 所示，白色表示通道，阴影表示墙。所求路径必须是简单路径，即路径中不能重复出现同一通道块。为了表示迷宫，设置一个二维数组，其中，每个元素表示一个方块的状态，0 表示是通道，1 表示该方块不可走。

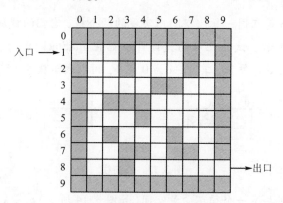

图 3.15　迷宫示意图

在求解时，通常使用"穷举求解"的方法，即从入口出发，顺某一方向向前试探，若能走通，则继续往前走，否则沿原路退回，换一个方向再继续试探，直到所有可能的通道都试探完为止。为了保证在任何方块上都能沿原路退回，需要用一个后进先出的栈来保存从入口到当前位置的路径。每次取栈顶的方块，试探这个方块下一个可走的方向（上方、右方、下方、左方），如果找到可走的方向，则将该方向下一个方块入栈，如果没有可走的下一个方块，说明该路死了，需要将当前栈顶元素出栈。为了保证试探的可走相邻方块不是已走路径上的方块，比如 (i, j) 已经入栈，在试探 $(i+1, j)$ 的下一可走方块时又试探到(i,j)，这可能会引起死循环，为此，在一个方块入栈后，将对应数组元素值改为 -1（只有 0 才是可走），当出栈时，再将其恢复至 0。按照上述要求设计并实现基于栈的破解迷宫算法。

2. 优先级队列的设计与实现

优先级队列是一种特殊的队列，其元素具有优先级别，在遵循普通队列"先进先出"原则的同时，还有优先级高的元素先出队的调度机制。比如操作系统中进程调度管理就是利用优先队列的思想，在同级进程中按照"先来先处理"的原则，对于某些高优先级别的特殊进程则可插队，优先级高的先处理。优先级队列可分为"降序优先级队列"和"升序优先级队列"。"降序优先级队列"优先级高的先出队；"升序优先级队列"则是优先级底的先出队。像进程调度管理、火车站取票等都是降序优先级队列，一般情况下我们所说的优先队列都是指降序优先级队列。我们只需要简单地修改普通队列的算法就能实现优先级队列，比如在入队的时候，将新元素插入到对应优先级的位置，设计实现优先级队列的基本操作。

第4章　串和数组及广义表

　　串是字符串的简称，是数据元素为字符型的线性表。计算机在非数值处理、事务处理等问题中常涉及一系列的字符操作。计算机的硬件结构主要是反映数值计算的要求，因此，字符串的处理比具体数值处理复杂，本章我们将讨论串的几种不同的存储结构和一些基本的串处理操作。数组是一种人们非常熟悉的数据结构，几乎所有的程序设计语言都支持这种数据结构或将这种数据结构设定为语言的固有类型。数组这种数据结构可以看成线性表的推广。科学计算中涉及大量的矩阵问题，在程序设计语言中一般都采用数组来存储，被描述成一个二维数组。但当矩阵规模很大且具有特殊结构（对角矩阵、三角矩阵、对称矩阵、稀疏矩阵等）时，为减少程序的时间和空间需求，采用自定义的描述方式。广义表是另一种推广形式的线性表，是一种灵活的数据结构，在许多方面有广泛的应用。

4.1　串的基本概念

　　1）**串**（string）（或**字符串**）：是零个或多个字符组成的有限序列，一般记作

$$s = \text{“}a_1 a_2 \cdots a_n\text{”} \quad (n \geqslant 0) \tag{4.1}$$

其中：s 是串名；a_i（$1 \leqslant i \leqslant n$）是单个字符，可以是字母、数字或其他字符。

　　2）**串值**：双引号括起来的字符序列是串值。

　　3）**串长**：串中所包含的字符个数称为该串的长度。

　　4）**空串**（null string）（空的字符串）：长度为零的串称为空串，它不包含任何字符。

　　5）**空格串**（blank string）：构成串的所有字符都是空格的串称为空格串。注意：空格串和空串的不同，例如“ ”和“”分别表示长度为1的空格串和长度为0的空串。

　　6）**子串**（substring）：串中任意个连续字符组成的子序列称为该串的子串，包含子串的串相应地称为主串。

　　7）**子串的序号**：将子串在主串中首次出现时该子串的首字符对应在主串中的序号，称为子串在主串中的序号（或位置）。例如，设有串 A 和 B 分别是：A＝“道路自信，理论自信，制度自信，文化自信”，B＝“自信”。则 B 是 A 的子串，A 为主串。B 在 A 中出现了4次，其中，首次出现所对应的主串位置是3。因此，称 B 在 A 中的序号为3。特别地，空串是任意串的子串，任意串是其自身的子串。

8）串的**前缀**（prefix）和**后缀**（surfix）：一个串的前缀是从该串的第一个字符起始的一个子串；一个串的后缀是以该串最后一个字符为终止的一个子串。例如在串 A =“道路自信，理论自信，制度自信，文化自信”中，C =“道路自信”是串 A 长度为 4 的前缀，D =“文化自信”是串 A 长度为 4 的后缀。

9）**串相等**：如果两个串的串值相等（相同），称这两个串相等。换言之，只有当两个串的长度相等，且各个对应位置的字符都相同时才相等。

10）**串变量**和**串常量**：串常量和整常数、实常数一样，在程序中只能被引用但不能改变其值，即只能读不能写。通常串常量是由直接量来表示的，例如语句错误（“溢出”）中“溢出”是直接量。串变量和其他类型的变量一样，其值是可以改变的。

4.2　串的存储表示和实现

串是一种特殊的线性表，其存储表示和线性表类似，但又不完全相同。串的存储方式取决于将要对串所进行的操作。串在计算机中主要有三种表示方式：

1）定长顺序存储表示：将串定义成字符数组，利用串名可以直接访问串值。用这种表示方式，串的存储空间在编译时确定，其大小不能改变。

2）堆分配存储方式：仍然用一组地址连续的存储单元来依次存储串中的字符序列，但串的存储空间是在程序运行时根据串的实际长度动态分配的。

3）块链存储方式：是一种链式存储结构表示，其中每个链表结点可以包含多个字符。

4.2.1　串的定长顺序存储和实现

这种存储结构又称为串的顺序存储结构，是用一组连续的存储单元来存放串中的字符序列。所谓定长顺序存储结构，是直接使用定长的字符数组来定义，字符数组的上界预先确定。定长顺序存储结构定义为：

#define MAX_STRLEN 256 //定长顺序串的最大长度，这里假设为 256

typedef struct

｛

char str［MAX_STRLEN］；//存储串的字符数组

int length；//串长度

｝StringType；//定长顺序串类型

下面仅给出定长顺序存储串的连接操作和读取子串操作的算法，其他算法可参照设计。

1）串的连接：如算法 4.1 所示。

int StrConcat(StringType* s, StringType t)

｛//将串 t 连接到串 s 之后，结果仍然保存在 s 中，成功返回 1，失败返回 0

int i；

```
if((s->length+t.length)>MAX_STRLEN)return 0; //连接后长度超出范围
for(i=0; i<t.length; i++)s->str[s->length+i]=t.str[i]; //串t连接到串s之后
s->length=s->length+t.length; //修改连接后的串长度
return 1;
}//end StrConcat
```

算法　4.1

2)读取子串：如算法 4.2 所示。

```
int SubString(StringType s, int pos, int len, StringType *sub) //求子串操作
{//s 为主串，pos(0≤pos<s.length)为截取开始位置，len 为截取长度，sub 为子串。
int i, j;
if(pos<0||pos>=s.length||len<0||len>(s.length-pos))return 0; //参数非法，截取失败
sub->length=len; //求得子串长度
for(j=0, i=pos; i<=pos-1+len; i++, j++)sub->str[j]=s.str[i]; //逐个字符复制求得子串
return 1; //截取成功
}//end SubString
```

算法　4.2

4.2.2　串的堆分配存储和实现

这种存储方式采用系统提供的空间足够大且地址连续的存储空间(称为"堆")存储串值。它的存储特点是，仍然以一组地址连续的存储空间来存储字符串值，但其所需的存储空间是在程序执行过程中动态分配，故是动态的、变长的。可使用 C 语言的动态存储分配函数 malloc()和 free()来管理动态内存。串的堆式存储结构的类型定义如下：

```
typedef struct
{
char *ch; //若非空，按长度分配，否则为 NULL
int length; //串的长度
}HString; //堆串类型
```

采用堆分配存储方式实现的串的连接操作如算法 4.3 所示。

```
int StrConcat(HString *T, HString *s1, HString *s2)
{//用 T 返回由 s1 和 s2 连接而成的串，1 表示成功，0 表示失败
int k, j;
if(T->length>0)free(T); //T 不为空，释放 T 的旧空间
T->length=s1->length+s2->length; //计算连接后串 T 的长度
T->ch=(char *)malloc(sizeof(char)*(T->length)); //分配堆串内存
if(T->ch==NULL){printf("系统空间不够，申请空间失败！\n"); return 0;}//内存不足，连接失败
for(j=0; j<s1->length; j++)T->ch[j]=s1->ch[j]; //将串 s1 复制到串 T 中
for(k=s1->length, j=0; j<s2->length; k++, j++)T->ch[k]=s2->ch[j]; //将串 s2 复制到串 T 中
```

```
    return 1;
  }//end StrConcat
```

算法 4.3

4.2.3 串的块链式存储和实现

串的块链式存储结构和线性表的链式存储结构类似，采用单链表来存储串，结点的构成是：

1）数据域：存放字符，数据域可存放的字符个数称为结点的大小；

2）指针域：存放指向下一结点的指针。

若每个结点仅存放一个字符，则结点的指针域就非常多，造成系统空间浪费，为节省存储空间，考虑串结构的特殊性，使每个结点存放若干个字符，这种结构称为**块链结构**。在这种存储结构下，结点的分配总是以完整的结点为单位，因此，为使一个串能存放在整数个结点中，在串的末尾有时需要填上不属于串值的特殊字符，以表示串的终结。串的块链式存储的类型定义如下：

```
#define BLOCK_SIZE 3 //块链大小，即每个块链结点能存储的字符数
typedef struct node
{
  char data[BLOCK_SIZE]; //数据域
  struct node *next; //指针域
}Bnode; //块链结点类型
typedef struct
{
  Bnode head; //头指针
  int Strlen; //当前长度
}Blstring; //块链串类型
```

块大小为 3 的串的块链式存储结构如图 4.1 所示，其中"@"为结束字符。

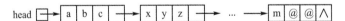

图 4.1 串的块链式存储结构

当一个块（结点）内存放多个字符时，往往会使操作过程变得较为复杂，如在串中插入或删除字符操作时通常需要在块间移动字符。在串的块链存储结构中，结点大小的选择很重要，它直接影响到操作的效率。一个结点的**存储密度**（storage density）通常定义为：结点数据域所占的存储量除以结点总的存储量。比如一个单链表结点数据域占 4 个字节，指针域占 1 个字节，则该单链表结点的存储密度为 4/(4+1)=0.8。很明显在串的块链存储结构中，块越大，其存储密度越高，空间利用率就越高。

4.3　串的模式匹配算法

子串在主串中的定位操作通常称为**模式匹配**(pattern matching)或串匹配(字符串匹配)。模式**匹配成功**是指在主串 s(s 也称**目标串**)中能够找到子串 t(t 也称**模式串**),否则,称模式串 t 在主串 s 中**匹配不成功**。模式匹配的应用非常广泛,例如,在文本编辑程序中,我们经常要查找某一特定单词在文本中出现的位置,显然,解此问题的有效算法能极大地提高文本编辑程序的响应性能。模式匹配是一个较为复杂的串操作过程,迄今为止,人们对串的模式匹配提出了许多思想和效率各不相同的算法。下面主要介绍两种典型的模式匹配算法。

1)普通模式匹配算法

普通模式匹配算法,也称**暴风**(Brute Force,简称 BF)模式匹配算法。BF 模式匹配算法的思想就是将目标串 s 的第一个字符与模式串 t 的第一个字符进行匹配,若相等,则继续比较 s 的第二个字符和 t 的第二个字符,若不相等,则比较 s 的第二个字符和 t 的第一个字符,依次比较下去,直到得出最后的匹配结果。BF 模式匹配算法是一种蛮力算法。

下面介绍 BF 模式匹配算法的具体匹配过程。设 s 为目标串, t 为模式串,且不妨设: $s = "s_0 s_1 s_2 \cdots s_{n-1}"$, $t = "t_0 t_1 t_2 \cdots t_{m-1}"$ 。设目标串指针为 i ,模式串指针为 j 。串的匹配实际上是对合法的位置 $0 \le i \le n-m$,依次将目标串中的子串 $s[i..i+m-1]$ 和模式串 $t[0..m-1]$ 进行比较的过程。在比较时,若 $s[i..i+m-1] = t[0..m-1]$,则称从位置 i 开始的匹配成功,亦称模式 t 在目标 s 中出现, i 称为**有效位移**;若 $s[i..i+m-1] \ne t[0..m-1]$:则从 i 开始匹配失败, i 称为**无效位移**,此时需将目标串和模式串的指针均后退重新开始匹配,其中目标串指针 i 回退至位置 $i-j+1$,模式串指针 j 回退至位置0。这样,串匹配问题即为找出某给定模式 t 在给定目标串 s 中首次出现的有效位移。理解 BF 模式匹配算法的关键点是:当第一次 $s_i \ne t_j$ 时,主串要退回到 $i-j+1$ 的位置,而模式串 t 也要退回到第一个字符(即 $j=0$ 的位置),此时应该有

$$s_{i-1} = t_{j-1}, \cdots, s_{i-(j-1)} = t_1, s_{i-j} = t_0 \tag{4.2}$$

BF 模式匹配操作如算法 4.4 所示。

```
int IndexString(StringType s, StringType t, int pos)
{//若模式 t 在主串 s 中从第 pos(0≤pos<s.length)位置开始有匹配的子串,返回位置,否则返回-1
int i=pos, j=0;
while (i<s.length && j<t.length)
{
    if(s.str[i]==t.str[j]){++i; ++j; }//继续比较后继字符
    else{i=i-j+1; j=0; }//指针后退重新开始匹配
}//end while
```

if(j>=t.length) return i−t.length; //匹配成功，返回有效位移

　　else return −1; //匹配成功，返回无效位移

} //end IndexString

算法 4.4

BF 模式匹配算法实现简单，易于理解。在一些场合的应用里，如文字处理中的文本编辑，其效率较高。BF 模式匹配算法的最坏时间复杂度为 $O(n×m)$，其中 n、m 分别是目标串和模式串的长度。通常情况下，实际运行过程中，BF 模式匹配算法的执行时间近似于 $O(n+m)$。

2) KMP 模式匹配算法

在 BF 模式匹配算法基础上，1977 年，D. E. Knuth，J. H. Morris 和 V. R. Pratt 三人联合提出了一种改进的模式匹配算法，该算法因此被命名为 KMP 算法。KMP 算法改进在于：每当一趟匹配过程出现字符不相等时，主串指示器不用回溯，而是利用已经得到的"部分匹配"结果，将模式串的指示器向右"滑动"尽可能远的一段距离后，继续进行比较。例如：设有串 $s=$ "abacabab"，$t=$ "abab"，则第一次和第二次匹配过程如图 4.2 所示。

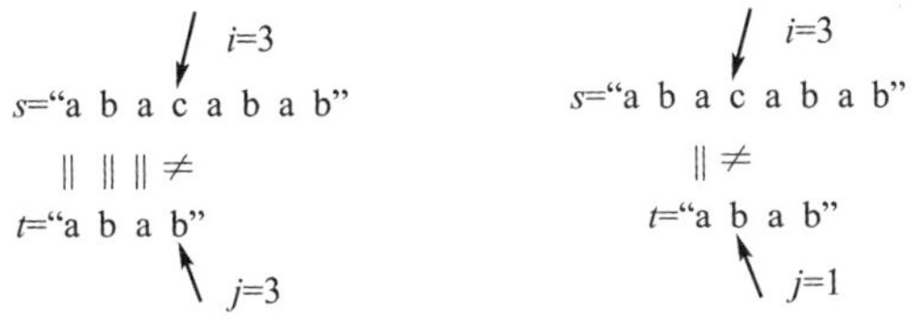

$i=3$
$s=$"a b a c a b a b"
‖ ‖ ‖ ≠
$t=$"a b a b"
$j=3$

$i=3$
$s=$"a b a c a b a b"
‖ ≠
$t=$"a b a b"
$j=1$

(a)第一次匹配失败　　　　　　　(b)第二次重新匹配

图 4.2　KMP 模式算法匹配过程

图 4.2(a)中，在 $i=3$ 和 $j=3$ 时，第一次匹配失败。但重新开始第二次匹配时，不必从 $i=1$，$j=0$ 开始，因为此时 $s_1=t_1$，$t_0≠t_1$，所以必有 $s_1≠t_0$，又因为 $t_0=t_2$，$s_2=t_2$，所以必有 $s_2=t_0$。由此可知，第二次匹配可以直接从 $i=3$，$j=1$ 开始，如图 4.2(b)所示。总之，在模式串 t 与主串 s 的匹配过程中，一旦出现 $s_i≠t_j$，主串 s 的指针不必回溯，而是直接与模式串的 $t_k(0≤k<j)$ 进行比较，而 k 的取值与主串 s 无关，只与模式串 t 本身的构成有关，即从模式串 t 可求得 k 值，此时模式串 t 的前 $k-1$ 个字符必然满足

$$t_0t_1\cdots t_{k-1} = s_{i-k}s_{i-(k-1)}s_{i-(k-2)}\cdots s_{i-1} \tag{4.3}$$

而且不可能存在 $k'>k$ 满足式(4.3)。此时已经得到的"部分匹配"的结果为：

$$t_{j-k}t_{j-(k-1)}\cdots t_{j-1} = s_{i-k}s_{i-(k-1)}s_{i-(k-2)}\cdots s_{i-1} \tag{4.4}$$

由式(4.3)和式(4.4)得：

$$t_0t_1\cdots t_{k-1} = t_{j-k}t_{j-(k-1)}\cdots t_{j-1} \tag{4.5}$$

式(4.5)描述了模式串中存在相互重叠的子串的情况，是 KMP 模式匹配算法的关键点。上述推导过程可用图 4.3 形象描述。

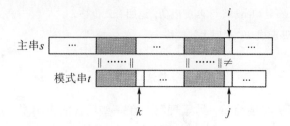

图 4.3 模式串存在相互重叠的子串

需为了进一步说明 KMP 模式匹配算法，可设 $next[j] = k$ 表明当模式串中第 j 个字符与主串中第 i 个字符匹配失败时，在模式串中需要重新和主串中第 i 个字符进行比较的字符位置是 k，由此可引出模式串的 $next[j]$ 函数的定义：

$$next[j] = \begin{cases} -1, & j = 0 \\ \max\{k \mid 0 < k < j \wedge t_0 t_2 \cdots t_{k-1} = t_{j-k} t_{j-(k-1)} \cdots t_{j-1}\}, & \text{此集合非空} \\ 0, & \text{其他} \end{cases}$$

(4.6)

由此定义可以推出模式串"abaabcac"的 next 函数值如表 4.1 所示。

表 4.1 　　　　　　　　　　　　　　　**求 next 函数值**

j	0	1	2	3	4	5	6	7
模式串	a	b	a	a	b	c	a	c
$next[j]$	-1	0	0	1	1	2	0	1

表 4.1 中，例如当 $j=5$ 时，$next[5]=2$，表示模式串位置序号 5 前面的子串"abaab"的前缀后缀最长公共子串的"ab"的长度为 2，即若 $j=5$ 时模式串与主串对应字符不相等，则模式串退回到 $j=2$ 的位置继续与主串对应字符比较（此时主串比较位置不变）；若 $j=2$ 时模式串与主串对应字符仍然不相等，则 $j=next[2]=0$，则模式串退回到 $j=0$ 的位置继续与主串对应字符比较；若 $j=0$ 时模式串与主串对应字符仍然不相等，则 $j=next[0]$ $=-1$，表示模式串中没有任何位置（因为-1 是非法下标）字符能和主串中对应字符匹配了（此时主串比较位置需加 1，可参见 KMP 算法）。

KMP 模式匹配操作的基本思想是：首先计算出模式串 next 数组函数值，然后利用 next 数组函数值进行模式匹配。设目标串为 s，模式串为 t，并设整型指针 i 和 j 分别指示目标串和模式串中正待比较的字符，设 i 为目标串待匹配的起始位置 pos，j 的初值为 0。若有 $s_i = t_j$，则 i 和 j 分别加 1；否则，i 不变，置 $j=next[j]$，即 j 退回到 $next[j]$ 的位置，再比较 s_i 和 t_j，若 $s_i = t_j$ 或 $j=-1$，则 i 和 j 分别加 1；否则，i 不变，置 $j=next[j]$，即 j 再次退回到 $next[j]$ 的位置，以此类推。由此可见，KMP 算法的关键操作是模式串指针 j 的回退操作，j 的回退操作可归纳为两种情况：情况一，j 退回到某个下一个 j 值（$next[next[\cdots next[j]\cdots]]$）时主串和模式串对应字符比较相等，则指针 i 和 j 各自加 1 继续进行匹配；情况二，j 退回到 $j=-1$，将 i 和 j 分别加 1，即从主串的下一个字符 s_{i+1} 模式串的 t_0 重新开始匹配。KMP 模式匹配操作如算法 4.5 所示。

int Index_KMP(StringType s, StringType t, int pos)//利用模式串 t 的 next 函数进行子串定位的 KMP 算法

{//若模式 t 在主串 s 中从第 pos(0≤pos<s.length)位置开始有匹配的子串,返回位置,否则返回−1

int i=pos, j=0;

while (i<s.length && j<t.length)

{

　　if(j==−1 ‖ s.str[i]==t.str[j]){++i; ++j; }//继续比较后继字符

　　else j=next[j];//模式串向右移动

}//end while

if(j>=t.length)return i−t.length;//匹配成功,返回有效位移

else return −1;//匹配成功,返回无效位移

}//end Index_KMP

算法　4.5

很显然,Index_KMP 算法是在已知 next 函数值的基础上执行的,以下讨论如何编程求 next 函数值。由式(4.5)和式(4.6)知,求模式串的 $next[j]$ 值与主串 s 无关,只与模式串 t 本身的构成有关,则可把求 next 函数值的问题也看成是一个模式匹配问题。计算 next 数组的方法可以采用递推法,由 next 函数的定义得知

$$next[0]=-1 \tag{4.7}$$

设 $next[j]=k$,即在模式串中存在:$t_0 t_1 \cdots t_{k-1}=t_{j-k}t_{j-(k-1)} \cdots t_{j-1}$,其中下标 k 满足 $0<k<j$ 的某个最大值,此意味着什么呢? 究其本质,$next[j]=k$ 代表 t_j 之前的模式串子串中,有长度为 k 的相同前缀和后缀。有了这个 next 数组,在 KMP 算法匹配中,当模式串中 j 位置的字符与主串中 i 位置字符"失配"时,下一步用 $next[j]$ 处的字符继续跟主串中 i 位置匹配,相当于模式串向右移动 $j-next[j]$ 位。下面的问题是:已知 $next[0..j]$,如何求出 $next[j+1]$ 呢? 对于模式串 t 的前 $j+1$ 个序列字符,此时求 $next[j+1]$ 的值有两种可能情况:

① 若有 $t_k=t_j$:则表明在模式串中有:

$$t_0 t_1 \cdots t_{k-1}t_k=t_{j-k}t_{j-(k-1)} \cdots t_{j-1}t_j \tag{4.8}$$

且不可能存在 $k'>k$ 满足式(4.8),即

$$next[j+1]=k+1=next[j]+1 \tag{4.9}$$

② 若有 $t_k \neq t_j$:则表明在模式串中有:

$$t_0 t_1 \cdots t_{k-1}t_k \neq t_{j-k}t_{j-(k-1)} \cdots t_{j-1}t_j \tag{4.10}$$

此时可把求 next 函数值的问题看成是一个模式匹配问题,整个模式串既是主串又是模式串,而当前在匹配过程中,已有 $t_0 t_1 \cdots t_{k-1}=t_{j-k}t_{j-(k-1)} \cdots t_{j-1}$,则当 $t_k \neq t_j$ 时应当将模式向右滑动至以模式中的第 $next[k]$ 个字符和主串中的第 j 个字符相比较。若 $next[k]=k'$,且 $t_j=t_{k'}$,则说明在主串中第 $j+1$ 字符之前存在一个长度为 k'(即 $next[k]$)的最长子串,

与模式串中从第一个字符起长度为 k' 的子串相等, 即:

$$next[j+1]=k'+1=next[k]+1 \qquad (4.11)$$

同理, 若 $t_j \neq t_{k'}$, 应将模式继续向右滑动至将模式中的第 $next[k']$ 个字符和 t_j 对齐, …, 以此类推, 直到 t_j 和模式串中的某个字符匹配成功或者不存在任何 $k'(0<k'<j)$ 满足等式 (4.10), 则

$$next[j+1]=0 \qquad (4.12)$$

除了上述递推方法外, 我们还可以使用一种直观的方法求 next 函数值, 该方法首先求模式串的前后缀最大公共子串长度, next 数组相当于 "最大长度值" 整体向右移动一位, 然后 $next[0]$ 赋值为 -1, 其中原理请读者自行分析。例如表 4.1 中的模式串的前后缀最大公共元素长度和 next 函数值如表 4.2 所示。

表 4.2   **利用前后缀最大公共子串长度求 next 函数值**

j	0	1	2	3	4	5	6	7
模式串	a	b	a	a	b	c	a	c
前后缀最大公共子串长度	0	0	1	1	2	0	1	0
$next[j]$	-1	0	0	1	1	2	0	1

根据上述分析, 求 next 函数值操作如算法 4.6 所示。

```
void GetNext(StringType t, int next[ ])
{//求模式串 t 的 next 函数并存入数组 next
    next[0]=-1;
    int j=-1, i=0;
    while(i<t.length-1)
    {
        if(j==-1 || t.str[i] == t.str[j]){++j; ++i; next[i] = j; }
        else j = next[j];
    }//end while
}//end GetNext
```

算法　4.6

4.4　数组

前面讨论的线性结构中的数据元素都是非结构的原子类型, 元素的值是不能再分解的。本节讨论的数组结构的数据元素是可以再分解的非原子类型, 例如: 二维数组可以看作一维数组组成的线性表, $n(n>1)$ 维数组可以看作 $n-1$ 维数组组成的线性表, 因此数组结构可以看作线性结构的扩展结构。

4.4.1　数组的定义

数组是一组偶对(下标值,数据元素值)的集合。在数组中,对于一组有意义的下标,都存在一个与其对应的值。一维数组对应着一个下标值,二维数组对应着两个下标值,依此类推。数组是由 n 个具有相同数据类型的数据元素 a_1,a_2,…,a_n 组成的有序序列,且该序列必须存储在一块地址连续的存储单元中。数组具有以下性质:

1)数组中的数据元素具有相同数据类型。

2)数组是一种随机存取结构,给定一组下标,就可以访问与其对应的数据元素。

3)数组中的数据元素个数是固定的。

以二维数组为例讨论。将二维数组看成是一个定长的线性表,其每个元素又是一个定长的线性表。设二维数组 $\boldsymbol{A}=(a_{ij})_{m \times n}$,如图 4.4(a)所示,则

$$\boldsymbol{A}=(\boldsymbol{\alpha}_1,\boldsymbol{\alpha}_2,\cdots,\boldsymbol{\alpha}_p) \qquad (p=m \text{ 或 } n)$$

其中每个数据元素 $\boldsymbol{\alpha}_j$ 是一个列向量(线性表)

$$\boldsymbol{\alpha}_j=(a_{1j},a_{2j},\cdots,a_{mj})^{\mathrm{T}} \qquad (1 \leqslant j \leqslant n)$$

或是一个行向量

$$\boldsymbol{\alpha}_i=(a_{i1},a_{i2},\cdots,a_{in}) \qquad (1 \leqslant i \leqslant m)$$

4.4.2　数组的顺序表示和实现

数组一般不做插入和删除操作,也就是说,数组一旦建立,结构中的元素个数和元素间的关系就不再发生变化。因此,一般都是采用顺序存储的方法来表示数组。由于计算机的内存结构是一维(线性)地址结构,因此,对于多维数组,将其存放(映射)到内存一维结构时,有个次序约定问题。即必须按某种次序将数组元素排成一列序列,然后将这个线性序列存放到内存中。二维数组是最简单的多维数组,以此为例说明多维数组存放(映射)到内存一维结构时的次序约定问题。二维数组通常有**行主序**(row major order)和**列主序**(column major order)两种顺序存储方式。

1)行主序:将数组元素按行排列,第 $i+1$ 个行向量紧接在第 i 个行向量后面。对于二维数组,按行主序存储的线性序列为:

$$a_{11},a_{12},\cdots,a_{1n},a_{21},a_{22},\cdots,a_{2n},\cdots,a_{m1},a_{m2},\cdots,a_{mn}$$

PASCAL 语言、C 语言是按行主序存储的,如图 4.4(b)所示。以"行主序"存储时,若每个元素占用的存储单元数为 l(个),$\mathrm{LOC}(a_{11})$ 表示元素 a_{11} 的首地址,第 1 行中的每个元素对应的(首)地址是:

$$\mathrm{LOC}(a_{1j})=\mathrm{LOC}(a_{11})+(j-1) \times l \qquad (j=1,2,\cdots,n)$$

第 2 行中的每个元素对应的(首)地址是:

$$\mathrm{LOC}(a_{2j})=\mathrm{LOC}(a_{11})+n \times l+(j-1) \times l \qquad (j=1,2,\cdots,n)$$

以此类推,第 m 行中的每个元素对应的(首)地址是:

$$\mathrm{LOC}(a_{mj})=\mathrm{LOC}(a_{11})+(m-1) \times n \times l+(j-1) \times l \qquad (j=1,2,\cdots,n)$$

由此可知，二维数组中任一元素 a_{ij} 的(首)地址是：

$$\text{LOC}(a_{ij}) = \text{LOC}(a_{11}) + [(i-1) \times n + (j-1)] \times l \quad (i=1, 2, \cdots, m; j=1, 2, \cdots, n)$$

(4.13)

对于三维数组 $A = (a_{ijk})_{m \times n \times p}$，若 $\text{LOC}(a_{111})$ 表示元素 a_{111} 的首地址，即数组的首地址。以"行主序"存储在内存中。则三维数组中任一元素 a_{ijk} 的(首)地址是：

$$\text{LOC}(a_{ijk}) = \text{LOC}(a_{111}) + [(i-1) \times n \times p + (j-1) \times p + (k-1)] \times l \quad (4.14)$$

推而广之，对 n 维数组 $A = (a_{j1j2\cdots jn})_{b1 \times b2 \times \cdots \times bn}$，若 $\text{LOC}(a_{11\cdots1})$ 表示元素 $a_{11\cdots1}$ 的首地址。以"行主序"存储在内存中。则 n 维数组中任一元素 $a_{j1j2\cdots jn}$ 的(首)地址是：

$$\text{LOC}(a_{j1j2\cdots jn}) = \text{LOC}(a_{11\cdots1}) + [(b_2 \times \cdots \times b_n) \times (j_1-1) +$$
$$(b_3 \times \cdots \times b_n) \times (j_2-1) +$$
$$\cdots +$$
$$b_n \times (j_{n-1}-1) + (j_n-1)] \times l \quad (4.15)$$

$$A = \begin{bmatrix} a_{11} & a_{12} & \cdots & a_{1n} \\ a_{21} & a_{22} & \cdots & a_{2n} \\ \vdots & \vdots & & \vdots \\ a_{m1} & a_{m2} & \cdots & a_{mn} \end{bmatrix}$$

(a)二维数组

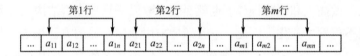

(b)行主序顺序存储

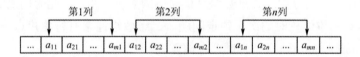

(c)列主序顺序存储

图4.4 二维数组及其顺序存储结构

2)列主序：将数组元素按列向量排列，第 $j+1$ 个列向量紧接在第 j 个列向量之后。对于二维数组，按列主序存储的线性序列为：

$$a_{11}, a_{21}, \cdots, a_{m1}, \quad a_{12}, a_{22}, \cdots, a_{m2}, \cdots, a_{1n}, a_{2n}, \cdots, a_{mn}$$

FORTRAN 语言是按列主序存储的，如图 4.4(c)所示。设有二维数组 $A = (a_{ij})_{m \times n}$，若每个元素占用的存储单元数为 l(个)，$\text{LOC}(a_{11})$ 表示元素 a_{11} 的首地址，以"列主序"存储时，第 1 列中的每个元素对应的(首)地址是：

$$\text{LOC}(a_{i1}) = \text{LOC}(a_{11}) + (i-1) \times l \quad (i=1, 2, \cdots, m)$$

第 2 列中的每个元素对应的(首)地址是：

$$\text{LOC}(a_{i2}) = \text{LOC}(a_{11}) + m \times l + (i-1) \times l \quad (i=1,\,2,\,\cdots,\,m)$$

以此类推，第 n 列中的每个元素对应的（首）地址是：

$$\text{LOC}(a_{in}) = \text{LOC}(a_{11}) + (n-1) \times m \times l + (i-1) \times l \quad (i=1,\,2,\,\cdots,\,m)$$

由此可知，二维数组中任一元素 a_{ij} 的（首）地址是：

$$\text{LOC}(a_{ij}) = \text{LOC}(a_{11}) + \left[(j-1) \times m + (i-1)\right] \times l \quad (i=1,\,2,\,\cdots,\,m;\,j=1,\,2,\,\cdots,\,n)$$

$$(4.16)$$

关于 n 维数组以"列主序"存储时，任一元素 $a_{j_1 j_2 \cdots j_n}$ 的（首）地址可以按照以"行主序"存储得出相似的结论。

4.5　矩阵的压缩存储

在科学与工程计算问题中，矩阵是一种常用的数学对象，在高级语言编程时，通常将一个矩阵描述为一个二维数组。这样，可以对其元素进行随机存取，各种矩阵运算也非常简单。对于高阶矩阵，若其中非零元素呈某种规律分布或者矩阵中有大量的零元素，若仍然用常规方法存储，可能存储重复的非零元素或零元素，将造成存储空间的大量浪费，可对这类矩阵进行**压缩存储**。所谓压缩存储是指：多个相同的非零元素只分配一个存储空间；零元素不分配空间。下面分别讨论**特殊矩阵**（special matrix）和**稀疏矩阵**（sparse matrix）的压缩存储。

4.5.1　特殊矩阵的压缩存储

特殊矩阵是指非零元素或零元素的分布有一定规律的矩阵。下面讨论两种常用的特殊矩阵：**对称矩阵**（symmetric matrix）和**三角矩阵**（triangular matrix）的压缩存储。

1）对称矩阵的压缩存储

若一个 n 阶方阵 $\boldsymbol{A} = (a_{ij})_{n \times n}$ 中的元素满足性质：

$$a_{ij} = a_{ji} \quad (1 \leqslant i,\,j \leqslant n \text{ 且 } i \neq j)$$

则称 $\boldsymbol{A}$ 为对称矩阵。对称矩阵中的元素关于主对角线对称，因此，让每一对对称元素 a_{ij} 和 $a_{ji}(i \neq j)$ 分配一个存储空间，则 n^2 个元素压缩存储到 $n(n+1)/2$ 个存储空间，能节约近一半的存储空间。不失一般性，假设按"行主序"存储下三角形（包括对角线）中的元素。设用一维数组（向量）$sa[0..n(n+1)/2-1]$ 存储 n 阶对称矩阵，如图 4.5 所示。为了便于访问，必须找出矩阵 $\boldsymbol{A}$ 中的元素的下标值 (i,j) 和向量 $sa[k]$ 的下标值 k 之间的对应关系。

① 若 $i \geqslant j$：a_{ij} 在矩阵下三角中，直接保存在 sa 中。a_{ij} 之前的 $i-1$ 行共有元素个数：

$$1+2+\cdots+(i-1) = i \times (i-1)/2$$

而在第 i 行上，a_{ij} 之前恰有 $j-1$ 个元素，因此，元素 a_{ij} 保存在向量 sa 中时的下标值 k 之间的对应关系是：

$$A = \begin{bmatrix} 1 & 2 & 4 & 8 \\ 2 & 2 & 6 & 9 \\ 4 & 6 & 3 & 7 \\ 8 & 9 & 7 & 4 \end{bmatrix} \qquad A = \begin{bmatrix} a_{11} & & & \\ a_{21} & a_{22} & & \\ \vdots & \vdots & \ddots & \\ a_{n1} & a_{n2} & \cdots & a_{nn} \end{bmatrix}$$

（a）对称矩阵示例　　　　　（b）对称矩阵下三角

下标	0	1	2	3	4	5	...	$n(n-1)/2$		...	$n(n+1)/2-1$
sa	a_{11}	a_{21}	a_{22}	a_{31}	a_{32}	a_{33}	...	a_{n1}	a_{n2}	...	a_{nn}

（c）对称矩阵压缩存储

图 4.5　对称矩阵的压缩存储

$$k = i \times (i-1)/2 + j - 1 \quad (i \geqslant j)$$

② 若 $i<j$：则 a_{ij} 是在矩阵上三角中。因为 $a_{ij}=a_{ji}$，在向量 sa 中保存的是 a_{ji}。依上述分析可得：

$$k = j \times (j-1)/2 + i - 1 \quad (i<j)$$

因此，对称矩阵元素 a_{ij} 保存在向量 sa 中时的下标值 k 与 (i,j) 之间的对应关系是：

$$k = \begin{cases} i \times (i-1)/2 + (j-1), & i \geqslant j \\ j \times (j-1)/2 + (i-1), & \text{其他} \end{cases} \quad (1 \leqslant i, j \leqslant n) \tag{4.17}$$

根据上述的下标对应关系，对于矩阵中的任意元素 a_{ij}，均可在一维数组 sa 中唯一确定其位置 k；反之，对所有 $k=0, 1, \cdots, n(n+1)/2-1$，都能确定 $sa[k]$ 中的元素在矩阵中的位置 (i,j)。称 $sa[0..n(n+1)/2-1]$ 为 n 阶对称矩阵 A 的压缩存储。

2）三角矩阵的压缩存储

以主对角线划分，三角矩阵有**上三角矩阵**（upper triangular matrix）和**下三角矩阵**（lower triangular matrix）两种。上三角矩阵的下三角（不包括主对角线）中的元素均为常数 c（一般为 0）。下三角矩阵正好相反，它的主对角线上方均为常数，如图 4.6 所示。

$$A = \begin{bmatrix} a_{11} & a_{12} & \cdots & a_{1n} \\ c & a_{22} & \cdots & a_{2n} \\ c & & \vdots & \vdots \\ c & c & \cdots & a_{nn} \end{bmatrix} \qquad A = \begin{bmatrix} a_{11} & c & \cdots & c \\ a_{21} & a_{22} & \cdots & c \\ \vdots & \vdots & & \vdots \\ a_{n1} & a_{n2} & \cdots & a_{nn} \end{bmatrix}$$

（a）上三角矩阵示例　　　　　（b）下三角矩阵示例

图 4.6　三角矩阵

三角矩阵中的重复元素 c 可共享一个存储空间，其余的元素正好有 $n(n+1)/2$ 个，因此，三角矩阵可压缩存储到向量 $sa[0..n(n+1)/2]$ 中，其中 c 存放在向量的最后一个个分量 $sa[n(n+1)/2]$ 中。上三角矩阵元素 a_{ij} 保存在向量 sa 中时的下标值 k 与 (i,j) 之间的对应关系是：

$$k = \begin{cases} (2n - i + 2) \times (i - 1)/2 + (j - i)\,, & i \leqslant j \\ n \times (n + 1)/2\,, & \text{其他} \end{cases} \quad (1 \leqslant i, j \leqslant n) \quad (4.18)$$

下三角矩阵元素 a_{ij} 保存在向量 sa 中时的下标值 k 与 (i, j) 之间的对应关系是：

$$k = \begin{cases} i \times (i - 1)/2 + (j - 1)\,, & i \geqslant j \\ n \times (n + 1)/2\,, & \text{其他} \end{cases} \quad (1 \leqslant i, j \leqslant n) \quad (4.19)$$

除了对称矩阵、三角矩阵外，还有对角矩阵等数据元素分布有规律的矩阵均可设计相应的压缩存储结构，提高存储空间利用率。

4.5.2 稀疏矩阵的压缩存储

对于稀疏矩阵，目前还没有一个确切的定义。设矩阵 A 是一个 $m \times n$ 的矩阵，其中有 s 个非零元素，设 $\delta = s/(m \times n)$，称 δ 为**稀疏因子**。这里给出稀疏矩阵的一个参考定义：给定一个小正数 δ_0，当某一矩阵的稀疏因子 δ 满足 $\delta \leqslant \delta_0$ 时称为稀疏矩阵。如式(4.20)的矩阵 A 可视为一个稀疏矩阵。

对于稀疏矩阵，采用压缩存储方法时，只存储非零元素。显然必须存储非零元素的行下标值、列下标值、元素值。因此，一个三元组 (i, j, a_{ij}) 唯一确定稀疏矩阵的一个非零元素。如式(4.20)的稀疏矩阵 A 的三元组线性表为：

$((1, 2, 15), (1, 3, 8), (3, 1, -4), (3, 8, 3), (4, 3, 27), (5, 2, -5), (6, 7, -7), (7, 4, -12))$

$$A = \begin{bmatrix} 0 & 15 & 8 & 0 & 0 & 0 & 0 & 0 \\ 0 & 0 & 0 & 0 & 0 & 0 & 0 & 0 \\ -4 & 0 & 0 & 0 & 0 & 0 & 0 & 3 \\ 0 & 0 & 27 & 0 & 0 & 0 & 0 & 0 \\ 0 & -5 & 0 & 0 & 0 & 0 & 0 & 0 \\ 0 & 0 & 0 & 0 & 0 & 0 & -7 & 0 \\ 0 & 0 & 0 & -12 & 0 & 0 & 0 & 0 \end{bmatrix}_{7 \times 8} \quad (4.20)$$

下面介绍稀疏矩阵常用的几种存储结构。

1) 三元组顺序表

不失一般性，以行主序将稀疏矩阵中所有非零元素的三元组存储成一个顺序表，称作三元组顺序表，也可以简称为三元组表。式(4.20)所示的稀疏矩阵及其相应的转置矩阵所对应的三元组顺序表如图 4.7 所示。

三元组表的数据结构定义如下：

```
#define MAX_SIZE 100 //假设非零元个数的最大值为100
typedef struct
{
int row, col; //行下标和列下标
elemtype value; //元素值
```

行数rn	7
列数cn	8
非零元数tn	8

下标	row	col	value
1	1	2	15
2	1	3	8
3	3	1	-4
4	3	8	3
5	4	3	27
6	5	2	-5
7	6	7	-7
8	7	4	-12

行数rn	8
列数cn	7
非零元数tn	8

下标	row	col	value
1	1	3	-4
2	2	1	15
3	2	5	-5
4	3	1	8
5	3	4	27
6	4	7	-12
7	7	6	-7
8	8	3	3

（a）原矩阵的三元组表　　　　（b）转置矩阵的三元组表

图 4.7　稀疏矩阵及其转置矩阵的三元组顺序表

}Triple；//三元组结点类型

typedef struct

{

int rn, cn, tn；//行数、列数和非零元素个数

Triple data[MAX_SIZE+1]；//三元组表，为符合矩阵行列下标从 1 开始的习惯，data[0]未用

}TMatrix；//基于三元组顺序表的稀疏矩阵类型

矩阵的常用运算包括矩阵的转置、矩阵求逆、矩阵的加减、矩阵的乘除等。

下面讨论在基于三元组顺序表的矩阵转置运算算法。设 A 是一个 $m \times n$ 矩阵，它的转置 B 是一个 $n \times m$ 的矩阵，且 $B[i][j] = A[j][i]$（$0 \le i \le n$, $0 \le j \le m$）。设稀疏矩阵 A 是按行主序压缩存储在三元组表 A.data 中，若仅仅是简单地交换 A.data 中行和列的内容，得到的三元组表 B.data 将是一个按列主序存储的稀疏矩阵 B，要得到按行主序存储的 B.data，就必须重新排列三元组表 B.data 中元素的顺序。因此求转置矩阵的基本算法思想是：将三元组表中的行、列位置值相互交换；重排三元组表中元素的顺序，即交换后仍然是按行主序排序的。按照上面的算法思想，下面具体介绍求稀疏矩阵转置的两种方法。

① 方法一的基本思想：按稀疏矩阵 A 的三元组表 A.data 中的列次序依次找到转置后相应的三元组存入 B.data 中。由于 A.data 是按照行主序排列的，由此得到的 B.data 自然就是按行优先的转置矩阵的压缩存储表示。按照方法一，对转置后矩阵的每一个三元组，需从头至尾扫描整个三元组表 A.data。方法一求转置矩阵操作如算法 4.7 所示。

```
void TransMatrix(TMatrix A, TMatrix * B)
{//基于三元组表的稀疏矩阵的转置运算
int p, q, col；
B->rn=A.cn; B->cn=A.rn; B->tn=A.tn；//转置三元组表的行、列数和非 0 元素个数
if(B->tn==0)printf("The Matrix A=0\n")；
else
```

```
        }
        q=1；//转置三元组表下标
        for(col=1；col<=A.cn；col++)//每循环一次找到转置后的一个三元组
            for(p=1；p<=A.tn；p++)//循环次数是非0元素个数
                if （A.data[p].col==col）  //查找原三元组表的元素下标
                {
                    B->data[q].row=A.data[p].col；  B->data[q].col=A.data[p].row；
                    B->data[q].value=A.data[p].value；  q++；
                }//end if
    }//end else
}//end TransMatrix
```

算法   4.7

算法 4.7 的主要操作是在 for(p) 和 for(col) 的两个循环中完成的，故时间复杂度为 $O(cn×tn)$，即矩阵的列数(cn)和非零元素的个数(tn)的乘积成正比。而一般传统矩阵的转置算法为：

```
for(col=1；col<=n；++col)
    for(row=1；row<=m；++row)
        b[col][row]=a[row][col]；
```

其时间复杂度为 $O(n×m)$。当非零元素的个数 tn 和 $m×n$ 同数量级时，算法 4.7 的时间复杂度为 $O(m×n^2)$。由此可见，虽然节省了存储空间，但在矩阵非零元稠密的情况下时间复杂度却显著增加。所以算法 4.7 只适合于稀疏矩阵中非零元素的个数 tn 远远小于 $m×n$ 的情况。

② 方法二(快速转置法)基本思想：按照稀疏矩阵 A 的三元组表 A.data 的次序依次顺序转换，并将转换后的三元组直接放置于三元组表 B.data 的准确位置。为了实现快速转置法，如果能预先确定原矩阵 A 中每一列(即转置后生成的矩阵 B 中每一行)的第一个非零元素在 B.data 中应有的位置，则在转置时就可直接将每一列的第一个非零元放在 B.data 中恰当的位置，同时该列若有其他非零元，也可以依次直接连续存放到最终位置。因此，应先求得 A 中每一列的非零元素个数。为了解决上述问题，可以附设两个辅助向量 num 和 cpot。num[col] 表示 A 中第 col 列中非零元素的个数，cpot[col] 指示 A 中第 col 列中第一个非零元素在 B.data 中的最终位置。显然有：当 col =1 时，cpot[1]=1；当 2≤ col≤A.cn 时，cpot[col]=cpot[col-1]+num[col-1]。例如，式(4.20)中的矩阵 A 和图 4.7(a)的相应的三元组表可以求得 num[col] 和 cpot[col] 的值如表 4.3 所示。

表 4.3   num[col] 和 cpot[col] 的值表

col	1	2	3	4	5	6	7	8
num[col]	1	2	2	1	0	0	1	1
cpot[col]	1	2	4	6	7	7	7	8

快速转置操作如算法 4.8 所示。

```
void FastTransMatrix(TMatrix A, TMatrix* B)
{//基于三元组表的快速转置算法
int p, q, col, k;
int num[MAX_SIZE+1], cpot[MAX_SIZE+1]; //附设两个辅助向量
B->rn=A.cn; B->cn=A.rn; B->tn=A.tn; //置三元组表的行、列数和非 0 元素个数
if(B->tn==0)printf("The Matrix A=0\n");
else
{
    for(col=1; col<=A.cn; ++col)num[col]=0; //向量 num[]初始化为 0
    for(k=1; k<=A.tn; k++)num[A.data[k].col]++; //求原矩阵中每一列非 0 元素个数
    for(cpot[1]=1, col=2; col<=A.cn; ++col)
        cpot[col]=cpot[col-1]+num[col-1]; //求第 col 列中第一个非 0 元在 B.data 中的序号
    for(p=1; p<=A.tn; ++p)
    {
        col=A.data[p].col; q=cpot[col];
        B->data[q].row=A.data[p].col; B->data[q].col=A.data[p].row;
        B->data[q].value=A.data[p].value;
        ++cpot[col]; //为该列存储一个非零元,该列下一个非零元序号必须加 1
    }//end for p
}//end else
}//end FastTransMatrix
```

算法　4.8

2)行逻辑链接的三元组顺序表

如果将上述求转置运算方法二中的辅助向量 cpot 固定在稀疏矩阵的三元组表中,用来指示"行"的信息,即是行逻辑链接的三元组顺序表,也称带行表的三元组表或带行逻辑链接的三元组表,其类型描述如下:

```
#define MAX_ROW 100
typedef struct
{
    Triple data[MAX_SIZE]; //非零元素的三元组表
    int rpos[MAX_ROW]; //各行第一个非零元的位置表
    int rn, cn, tn; //矩阵的行、列数和非零元个数
}RLSMatrix; //行逻辑链接的三元组顺序表
```

其中增加的 rpos[MAX_ROW]即为行逻辑链接表,简称行表。按照表 4.3 中计算 cpot 向量的方法可计算每个三元组表的 rpos 向量,例如,式(4.20)中的矩阵 *A* 和图 4.7(a)的相应的三元组表可以求得 rpos 向量如表 4.4 所示。

表 4.4				num[row] 和 rpos[row] 的值表			
row	1	2	3	4	5	6	7
num[row]	1	0	2	1	1	1	1
rpos[row]	1	2	2	4	5	6	7

下面讨论采用行逻辑链接的三元组顺序表实现两个稀疏矩阵的乘法运算。设有两个矩阵：$A = (a_{ij})_{m \times n}$，$B = (b_{ij})_{n \times p}$，则 A 和 B 的乘积 $C = (c_{ij})_{m \times p} = A \times B$，其中

$$c_{ij} = \sum a_{ik} \times b_{kj} \quad (1 \leqslant i \leqslant m, \ 1 \leqslant j \leqslant p, \ 1 \leqslant k \leqslant n) \tag{4.21}$$

实现矩阵 $C = A \times B$ 元素的经典算法是：

```
for(i=1; i<=m; ++i)
    for(j=1; j<=p; ++j)
    {
        c[i][j]=0;
        for(k=1; k<=n; ++k)
            c[i][j]=c[i][j]+a[i][k]*b[k][j];
    }
```

显然，该算法采用三重 for 循环，其时间复杂度为 $O(m \times p \times n)$。当 A 和 B 是稀疏矩阵并用三元组表作存储结构时，就不能套用上述矩阵相乘算法。

下面讨论在带行表的三元组表上实现矩阵相乘运算的有效算法。在经典矩阵相乘算法中，无论 a_{ik} 和 b_{kj} 的值是否为零，都要进行一次乘法运算，而实际上，这两者有一个值为零时，其乘积也为零。因此，在对稀疏矩阵进行运算时，应免去这种无效操作，即只需在三元组表 A.data 和 B.data 中找到相应的各对元素（即 A.data 的列号和 B.data 的行号相等的各对元素）相乘即可。

下面分析采用带行表三元组存储的矩阵相乘算法的基本过程。对于 A 中的每个元素 A.data[p]（p=1, 2, …, A.tn），找到 B 中所有满足条件 A.data[p].col=B.data[q].row 的元素 B.data[q]，求得 A.data[p].value×B.data[q].value，该乘积可能只是 c_{ij} 中的一部分。为了计算 c_{ij}，应对每个元素设计一个累计和的变量，其初值为零，然后扫描数组 A，求得相应元素的乘积并累加求和就能得到 c_{ij}。为得到非零的乘积，只要对 A.data[1..A.tn] 中每个元素 (i, k, a_{ik})（$1 \leqslant i \leqslant$ A.rn，$1 \leqslant k \leqslant$ A.cn），找到 B.data 中所有相应的元素 (k, j, b_{kj})（$1 \leqslant k \leqslant$ B.rn，$1 \leqslant j \leqslant$ B.cn）相乘即可。为此可使用 B.rpos 向量中提供的信息查找矩阵 B 中第 k 行的所有非零元，B.rpos[row] 指示了矩阵 B 的第 row 行中第一个非零元素在 B.data 中的位置（序号），显然，B.rpos[row+1]−1 指示了第 row 行中最后一个非零元素在 B.data 中的位置（序号），而最后一行中最后一个非零元素在 B.data 中的位置显然就是 B.tn。此外，两个稀疏矩阵相乘的乘积不一定是稀疏矩阵。反之，即使式（4.21）中的每个分量值 $a_{ik} \times b_{kj}$ 不为零，其累加值 c_{ij} 也可能为零。因此乘积结果矩阵 C 中的元素是否为非零元，只有在求得其累加和后才得知。由于 A 中的元素是按行主序排列的，因此可对 A 进行逐行处理，将得到的所有非零元压缩存储到 C 中。两个稀疏矩阵相乘操作如算法

4.9 所示。

```
void MultsMatrix(RLSMatrix A, RLSMatrix B, RLSMatrix * C)
{//求矩阵 A、B 的积 C=A×B, 采用行逻辑链接的顺序表
elemtype ctemp[MAX_COL+1]; //C 中乘积结果的累加器
int p, q, arow, ccol, brow, t, tp, j;
if(A.cn! =B.rn){printf("Error\n"); exit(0); {//两个矩阵不可乘
else
{
    C->rn=A.rn; C->cn=B.cn; C->tn=0; //初始化 C
    if(A.tn * B.tn! =0)//C 是非零矩阵
    {
        for(arow=1; arow<=A.rn; ++arow)//处理矩阵 A 的每一行
        {
            for(j=1; j<=A.cn; j++)ctemp[j]=0; //当前行各元素累加器清零
            C->rpos[arow]=C->tn+1;
            if(arow<A.rn)tp=A.rpos[arow+1]; else tp=A.tn+1;
            for(p=A.rpos[arow]; p<tp; ++p)//对第 arow 行的每一个非零元
            {//求出结果矩阵 C 中第 crow( =arow)行中的非零元
                brow=A.data[p].col; //找到元素在 B.data[ ]中的行号
                if(brow<B.rn)t=B.rpos[brow+1]; else t=B.tn+1;
                for(q=B.rpos[brow]; q<t; ++q)
                {
                    ccol=B.data[q].col; //乘积元素在 C 中的列号
                    ctemp[ccol]+=A.data[p].value * B.data[q].value;
                }//end for q
            }//end for p
            for(ccol=1; ccol<=C->cn; ++ccol)   //压缩存储该行的非零元
                if(ctemp[ccol] ! =0)
                {
                    if(++C->tn>MAX_SIZE){printf("Error\n"); exit(0); }
                    C->data[C->tn].row=arow;
                    C->data[C->tn].col=ccol;
                    C->data[C->tn].value=ctemp[ccol];
                }//end if, end for ccol
        }//end for arow
    }//end if
}//end else
}//end MultsMatrix
```

算法　4.9

3）十字链表

对于稀疏矩阵，当非零元素的个数和位置在操作过程中变化较大时，采用链式存储结构表示比三元组的线性表更方便。十字交叉链表的结点结构如图 4.8 所示。

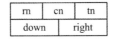

图 4.8　十字链表结点结构

图 4.8 中，rn、cn、tn、down 和 right 分别表示矩阵中非零元素的结点行号、列号、值、列指针（指向同一列的下一个非零元）、行指针（指向同一行的下一个非零元）。此外，还可用两个一维数组分别存储行链表的头指针和列链表的头指针。如图 4.9 所示，对于图 4.9（a）的稀疏矩阵 *A*，对应的十字交叉链表如图 4.9（b）。因此，稀疏矩阵中同一行的非零元素由 right 指针域链接成一个行链表，由 down 指针域链接成一个列链表。每个非零元素既是某个行链表中的一个结点，同时又是某个列链表中的一个结点，所有的非零元素构成一个十字交叉的链表，称为**十字链表**（orthogonal list）。

$$A = \begin{bmatrix} 0 & 12 & 0 & -6 & 0 \\ 0 & 0 & 0 & 0 & -4 \\ 0 & 5 & 0 & 0 & 0 \\ 0 & 0 & 3 & 0 & 0 \end{bmatrix}$$

（a）稀疏矩阵

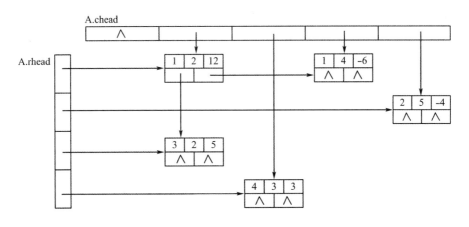

（b）十字交叉链表

图 4.9　稀疏矩阵及其十字链表

十字链表结点类型的描述如下：

```
typedef struct Clnode
{
int row, col; //行号和列号
elemtype value;    //元素值
```

struct Clnode *down，*right；//分别指向同一列、同一行的下一个非零元

}OLNode；//非零元素结点类型

typedef struct

{

int rn，cn，tn；//矩阵的行数、列数和非零元素总数

OLNode *rhead；//行链表头指针数组，长度根据行数 rn 动态分配

OLNode *chead；//列链表头指针数组，长度根据列数 cn 动态分配

}CrossList；//十字链表类型

 ## 4.6 广义表

广义表(lists)是线性表的推广和扩充，在人工智能领域中应用十分广泛。在第 2 章中，我们把线性表定义为 $n(n \geqslant 0)$ 个元素 a_1，a_2，$\cdots$，a_n 的有穷序列。该序列中的所有元素具有相同的数据类型且只能是**原子项**(atom)，所谓原子项可以是一个数或一个结构，是指结构上不可再分的。若放松对元素的这种限制，容许它们具有其自身结构，就产生了广义表的概念。广义表也有人称其为列表，是由 $n(n \geqslant 0)$ 个元素组成的有穷序列，广义表一般记作

$$LS = (a_1，a_2，\cdots，a_n)$$

其中：$a_i(1 \leqslant i \leqslant n)$ 或者是原子项，或者是一个广义表；LS 是广义表的名字，n 为它的长度。若元素 a_i 是广义表，则称其为 LS 的**子表**(sublist)。习惯上，原子用小写字母表示，广义表名称用大写字母表示。若广义表 LS 非空，a_1(表中第一个元素)称为表头(head)，其余元素组成的子表$(a_2，a_3，\cdots，a_n)$ 称为**表尾**(tail)。广义表中所包含的元素(包括原子和子表)的个数称为**表长度**，广义表中括号的最大层数称为**表深度**。有关广义表的这些概念的例子如表 4.5 所示。

表 4.5 广义表及其示例

广义表	表长 n	表深
$A = (\ )$	0	1
$B = (e)$	1	1
$C = (a，(b，c，d))$	2	2
$D = (A，B，C)$	3	3
$E = (a，E)$	2	∞
$F = ((\ ))$	1	2

表 4.5 中的广义表 D 的图形表示如图 4.10 所示。

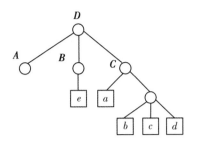

图 4.10 广义表的图形表示

广义表具有如下性质：

① 广义表的元素可以是原子，也可以是子表，子表的元素又可以是子表，……，即广义表是一个多层次的结构。

② 广义表可以被其他广义表所共享，也可以共享其他广义表，广义表共享其他广义表时通过表名引用。

③ 广义表本身可以是一个递归表。

④ 根据对表头、表尾的定义，任何一个非空广义表的表头可以是原子，也可以是子表，而表尾必定是广义表。

由于广义表中的数据元素具有不同的结构，通常用链式存储结构表示，每个数据元素用一个结点表示。因此，广义表中就有两类结点：一类是原子结点，用来表示原子项，由标志域、原子的值域组成；另一类是表结点，用来表示广义表项，由标志域、表头指针域、表尾指针域组成。广义表的链表结点结构如图 4.11 所示。

（a）原子结点　　　　　　　　　　　　　（b）表结点

图 4.11 广义表的链表结点结构

图 4.11 中的广义表的数据结构定义如下：

```
typedef struct GLNode
{
int tag;  //标志域，为 1：子表结点；为 0：原子结点
union
{
    elemtype value;  //原子结点的值域
    struct｛struct GLNode *hp, *tp;｝ptr;  //ptr 和 value 两成员共用
｝Gdata;
｝GLNode;  //广义表结点类型
```

广义表链式存储结构的特点：

① 若广义表为空，表头指针为空；否则，表头指针总是指向一个表结点，其中 hp 指向广义表的表头结点（或为原子结点，或为表结点），tp 指向广义表的表尾（表尾为空时，

指针为空,否则必为表结点)。

② 这种结构求广义表的长度、深度、表头、表尾的操作十分方便。

③ 只要广义表非空,都是由表头和表尾组成,即一个确定的表头和表尾就唯一确定一个广义表。

④ 若表结点太多,将造成空间浪费。例如,对 $A=(\ )$,$B=(e)$,$C=(a,(b,c,d))$,$D=(A,B,C)$,$E=(a,E)$ 的广义表的存储结构如图 4.12 所示。

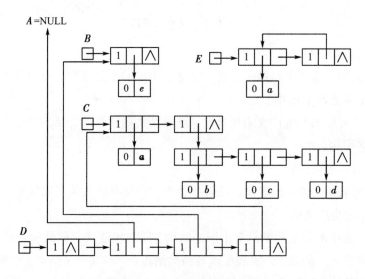

图 4.12 广义表的存储结构

4.7 实验:串和数组及广义表

4.7.1 实验 4.1:定长顺序串的基本操作

定长顺序串的连接、求子串、模式匹配算法的编程实现如下。

```
#include <stdio.h>
#define MAX_STRLEN 256 //定长顺序串的最大长度,这里假设为256
typedef struct
{
char str[MAX_STRLEN]; //存储串的字符数组
int length; //串长度
}StringType; //定长顺序串类型
int next[256]; //KMP算法中的模式串的next数组
//此处加入算法4.1:int StrConcat(StringType *s, StringType t)//串连接
//此处加入算法4.2:int SubString(StringType s, int pos, int len, StringType *sub)//读取子串
//此处加入算法4.4:int IndexString(StringType s, StringType t, int pos)//简单串模式匹配
```

//此处加入算法 4.5：int Index_KMP(StringType s, StringType t, int pos)//KMP 串模式匹配

//此处加入算法 4.6：void GetNext(StringType t, int next[ ])//求模式串的 next 数组

void display(StringType s)//输出字符串

{

for(int j=0; j<s.length; j++)

　　printf("%1c", s.str[j]);

}//end display

void main( )

{

StringType S, T;

S.str[0]='1'; S.str[1]='2'; S.str[2]='3'; S.str[3]='a'; S.str[4]='b'; S.str[5]='c'; S.str[6]='d';

S.length=7;

printf("字符串 S=");　　display(S);

if(SubString(S, 2, 4, &T)==1){printf("\n 子串 T="); display(T); }

if(StrConcat(&S, T)==1){printf("\n 连接后, 字符串 S="); display(S); }

int pos=3, r=IndexString(S, T, pos);

if(r! =-1)printf("\nT 在 S 下标%d 后出现的位置=%d", pos, r);

GetNext(T, next);

r=Index_KMP(S, T, pos);

if(r! =-1)printf("\nT 在 S 下标%d 后出现的位置=%d", pos, r);

}

　程序运行结果：

字符串 S=123abcd

子串 T=3abc

连接后, 字符串 S=123abcd3abc

T 在 S 下标 3 后出现的位置=7

T 在 S 下标 3 后出现的位置=7

　　在测试时还可以输入非法数据和边界数据进行测试, 以检验算法的正确性和健壮性。也可以将存储结构改成其他存储结构实现串的基本操作。

4.7.2　实验 4.2：稀疏矩阵的基本运算

　　采用三元组表求矩阵转置和快速转置以及采用带行逻辑链接三元组表实现矩阵相乘算法的编程实现如下。

#define MAX_SIZE 100 //假设非零元个数的最大值为 100

#define MAX_ROW 100 //矩阵的最大行数

#define MAX_COL 100 //矩阵的最大列数

typedef int elemtype;

typedef struct

```
{
int row, col; //行下标和列下标
elemtype value; //元素值
}Triple; //三元组结点类型
typedef struct
{
int rn, cn, tn; //行数、列数和非零元素个数
Triple data[MAX_SIZE+1]; //三元组表, 为符合矩阵行列下标从 1 开始的习惯, data[0]未用
}TMatrix; //基于三元组顺序表的稀疏矩阵类型
typedef struct
{
Triple data[MAX_SIZE]; //非零元素的三元组表
int rpos[MAX_ROW]; //各行第一个非零元的位置表
int rn, cn, tn; //矩阵的行、列数和非零元个数
}RLSMatrix; //行逻辑链接的三元组顺序表
void Calc_rpos(RLSMatrix* A)
{//计算矩阵 a 的 rpos 位置表
int num[MAX_ROW+1];
int row, k;
for(row=1; row<=A->rn; ++row)num[row]=0; //向量 num[]初始化为 0
for(k=1; k<=A->tn; k++)   num[A->data[k].row]++; //求原矩阵中每一行非零元素个数
for(A->rpos[1]=1, row=2; row<=A->rn; ++row)//求第 col 列中第一个非零元在 b.data 中的序号
    A->rpos[row]=A->rpos[row-1]+num[row-1];
}//end Calc_rpos
//此处加入算法 4.7: void TransMatrix(TMatrix a, TMatrix* b)//稀疏矩阵转置
//此处加入算法 4.8: void FastTransMatrix(TMatrix a, TMatrix* b)//稀疏矩阵快速转置
//此处加入算法 4.9: void MultsMatrix(RLSMatrix a, RLSMatrix b, RLSMatrix* c)//稀疏矩阵相乘
void display(TMatrix A)//输出三元组表
{
for(int i=1; i<=A.tn; i++)
    printf("{%d, %d, %d}", A.data[i].row, A.data[i].col, A.data[i].value);
}//end display
void display_RLSMatrix(RLSMatrix A)//输出三元组表
{
for(int i=1; i<=A.tn; i++)
    printf("{%d, %d, %d}", A.data[i].row, A.data[i].col, A.data[i].value);
}//end display_RLSMatrix
void display_rpos(RLSMatrix A)//输出带行逻辑链接表的三元组表
{
```

```
for( int i=1; i<=A.rn; i++)
    printf("（%d, %d）", i, A.rpos[i]);
}//end display_rpos
void main( )
{
TMatrix A, B;    //基于三元组表的稀疏矩阵
A.rn=7; A.cn=8; A.tn=8;
Triple a[8]={{1, 2, 15}, {1, 3, 8}, {3, 1, -4}, {3, 8, 3}, {4, 3, 27}, {5, 2, -5}, {6, 7, -7}, {7, 4, -12}};
memcpy(A.data+1, a, 8*sizeof(Triple)); //为符合矩阵下标习惯, A.data[0]未用
printf("转置前的三元组表: "); display(A);
TransMatrix(A, &B);
printf("\n 转置后的三元组表: "); display(B);
FastTransMatrix(A, &B);
printf("\n 快速转置后的三元组表: ");
display(B);
RLSMatrix M, N, Q; //基于行逻辑链接三元组表的矩阵
M.rn=3; M.cn=4; M.tn=4;
Triple b[8]={{1, 1, 3}, {1, 4, 5}, {2, 2, -1}, {3, 1, 2}};
memcpy(M.data+1, b, 4*sizeof(Triple)); //为符合矩阵下标习惯, M.data[0]未用
printf("\n 矩阵 M 的三元组表: "); display_RLSMatrix(M);
N.rn=4; N.cn=2; N.tn=4;
Triple c[8]={{1, 2, 2}, {2, 1, 1}, {3, 1, -2}, {3, 2, 4}};
memcpy(N.data+1, c, 4*sizeof(Triple)); //为符合矩阵下标习惯, M.data[0]未用
printf("\n 矩阵 N 的三元组表: "); display_RLSMatrix(N);
printf("\n 矩阵 M 的 rpos 表: "); Calc_rpos(&M); display_rpos(M);
printf("\n 矩阵 N 的 rpos 表: "); Calc_rpos(&N); display_rpos(N);
MultsMatrix(M, N, &Q);
printf("\n 矩阵 Q=M×N 的三元组表: "); display_RLSMatrix(Q);
printf("\n 矩阵 Q 的 rpos 表: "); Calc_rpos(&Q); display_rpos(Q);
}
```

程序运行结果：

转置前的三元组表：{1, 2, 15}{1, 3, 8}{3, 1, -4}{3, 8, 3}{4, 3, 27}{5, 2, -5}{6, 7, -7}{7, 4, -12}

转置后的三元组表：{1, 3, -4}{2, 1, 15}{2, 5, -5}{3, 1, 8}{3, 4, 27}{4, 7, -12}{7, 6, -7}{8, 3, 3}

快速转置后的三元组表：{1, 3, -4}{2, 1, 15}{2, 5, -5}{3, 1, 8}{3, 4, 27}{4, 7, -12}{7, 6, -7}{8, 3, 3}

矩阵 M 的三元组表：{1, 1, 3}{1, 4, 5}{2, 2, -1}{3, 1, 2}

矩阵 N 的三元组表：{1, 2, 2}{2, 1, 1}{3, 1, -2}{3, 2, 4}

矩阵 M 的 rpos 表：(1, 1)(2, 3)(3, 4)

矩阵 N 的 rpos 表：(1, 1)(2, 2)(3, 3)(4, 5)

矩阵 Q=M×N 的三元组表：{1, 2, 6}{2, 1, -1}{3, 2, 4}

矩阵 Q 的 rpos 表: $(1, 1)(2, 2)(3, 3)$

在测试时还可以输入非法数据和边界数据进行测试，以检验算法的正确性和健壮性。也可以将存储结构改成十字交叉链表存储结构实现稀疏矩阵的基本操作。

4.8 习题

一、单选题

1. 如下陈述中正确的是(　　)。

A) 串是一种特殊的线性表 　　　　　　B) 串的长度必须大于零

C) 串中元素只能是字母 　　　　　　　D) 空串就是空白串

2. 与线性表相比，串的插入和删除操作的特点是(　　)。

A) 通常以串整体作为操作对象 　　　　B) 需要更多的辅助空间

C) 算法的时间复杂度较高 　　　　　　D) 涉及移动的元素更多

3. 通常将链串的结点大小设置为大于 1 是为了(　　)。

A) 提高串匹配效率 　　　　　　　　　B) 提高存储密度

C) 便于插入操作 　　　　　　　　　　D) 便于删除操作

4. 设有两个串 T 和 P，求 P 在 T 中首次出现的位置的串运算称作(　　)。

A) 连接 　　　　　B) 求子串 　　　　　C) 字符定位 　　　　D) 子串定位

5. 串的操作函数 str 定义为：

```
int str( char * s)
{
    char * p=s;
    while( *p! ='\0')p++;
    return p-s;
}
```

则 str("abcde") 的返回值是(　　)。

A) 3 　　　　　　　B) 4 　　　　　　　C) 5 　　　　　　　D) 6

6. 三维数组 $a_{000}, a_{001}, \cdots, a_{456}$ 按行优先存储方法存储在内存中，若每个元素占 2 个存储单元，且数组中第一个元素的存储地址为 120，则元素 a_{345} 的存储地址为(　　)。

A) 356 　　　　　　B) 358 　　　　　　C) 360 　　　　　　D) 362

7. A 是一个 10×10 的对称矩阵，若采用行优先的下三角压缩存储，第一个元素 $a_{0, 0}$ 的存储地址为 1，每个元素占一个存储单元，则 $a_{7, 5}$ 的地址为(　　)。

A) 25 　　　　　　　B) 26 　　　　　　C) 33 　　　　　　　D) 34

8. 对稀疏矩阵进行压缩存储的目的是(　　)。

A) 便于运算 　　　　　　　　　　　　B) 节省存储空间

C) 便于输入输出 　　　　　　　　　　D) 降低时间复杂度

9. 稀疏矩阵的三元组表是(　　)。

A)顺序存储结构　　　　　　　　　　B)链式存储结构

C)索引存储结构　　　　　　　　　　D)散列表存储结构

10. 一个非空广义表的表头(　　)。

A)不可能是子表　　　　　　　　　　B)只能是子表

C)只能是原子　　　　　　　　　　　D)可以是子表或原子

11. 广义表 $A=(a, (b), (), (c, d, e))$ 的长度为(　　)。

A)4　　　　　　　　B)5　　　　　　　　C)6　　　　　　　　D)7

12. 已知广义表的表头为 a，表尾为 (b, c)，则此广义表为(　　)。

A)$(a, (b, c))$　　　　　　　　　　B)(a, b, c)

C)$((a), b, c)$　　　　　　　　　　D)$((a, b, c))$

13. 已知广义表 G，head(G)与 tail(G)的深度均为 6，则 G 的深度是(　　)。

A)5　　　　　　　　B)6　　　　　　　　C)7　　　　　　　　D)8

二、填空题

1. 假设一个 9 阶的上三角矩阵 A 按列主序压缩存储在一维数组 B 中，其中 $B[0]$ 存储矩阵中第 1 个元素 $a_{1,1}$，则 $B[31]$ 中存放的元素是_____。

2. 字符串中任意个连续的字符组成的子序列称为该串的_____。

3. 广义表 $G=(a, b, (c, d, (e, f)), G)$ 的长度为_____。

4. 在串匹配中，一般将主串称为目标串，将子串称为_____。

5. 一个块链串的结点大小为 6(即每个块链结点能存储 6 个字符)，如果每个字符占 1 个字节，指针占 2 个字节，该链串的存储密度为_____。

三、简答题

1. 解释下列每对术语的区别：空串和空白串；主串和子串；目标串和模式串。

2. 计算在串的 KMP 算法中，模式串"abcdabd"的 next 数组。

3. 设有二维数组 $a[0..5][0..7]$，每个元素占相邻的 4 个字节，存储器按字节编址，已知 a 的起始地址是 1000，试计算：

1)数组 a 的最后一个元素 $a[5][7]$ 起始地址；

2)按行主序优先时，元素 $a[4][6]$ 起始地址；

3)按列主序优先时，元素 $a[4][6]$ 起始地址。

4. 对于下列稀疏矩阵(注：矩阵元素的行列下标从 1 开始)

$$\begin{bmatrix} 0 & 0 & 0 & 0 & 0 \\ 0 & 7 & -1 & 0 & 0 \\ -8 & 0 & 5 & 0 & 0 \\ 0 & 0 & 0 & 0 & 0 \\ 0 & 0 & 6 & -2 & 9 \end{bmatrix}$$

1)画出三元组表；

2)画出三元组表的行表。

5. 设有稀疏矩阵 **B** 如下图所示，请画出该稀疏矩阵的三元组表和十字链表存储结构。

$$B = \begin{bmatrix} 0 & 0 & 0 & 0 & 0 & 9 & 0 & 0 \\ 0 & 0 & 0 & -3 & 0 & 0 & 0 & 0 \\ 0 & 0 & 0 & 0 & 0 & 0 & 2 & 0 \\ 0 & 0 & 12 & 0 & 0 & 0 & 0 & 0 \\ 0 & 8 & 0 & 0 & 0 & 0 & 0 & 0 \\ 0 & 0 & 0 & 0 & 0 & 0 & -3 & 0 \\ 0 & 0 & 0 & 0 & 0 & 0 & 0 & 0 \end{bmatrix}_{7 \times 8}$$

6. 什么是广义表？请简述广义表与线性表的区别？

7. 一个广义表是 $(a, (a, b), d, e, (a, (i, j), k))$，请画出该广义表的链式存储结构。

8. 已知广义表如下：

$$A = (B, y), \quad B = (x, L), \quad L = (a, b)$$

要求：

1)写出操作 $tail(A)$ 和 $head(B)$ 的结果；

2)画出广义表 A 对应的图形表示。

四、算法设计题

1. 若 x 和 y 是两个采用定长顺序结构存储的串，写一算法，比较这两个字符串是否相等。

2. 写一算法 void StrRelace(char *T, char *P, char *S)，将 *T* 中第一次出现的与 *P* 相等的子串替换为 *S*，串 *S* 和 *P* 的长度不一定相等，并分析时间复杂度。

3. 设 *A* 和 *B* 是稀疏矩阵，都以三元组作为存储结构，请写出矩阵相加的算法，其结果存放在三元组表 *C* 中，并分析时间复杂度。

五、课程设计题

1. 用堆分配存储方式实现串的基本操作

采用堆分配存储方式实现字符串的基本操作，具体要求如下：

1)实现串的拷贝、求串长、串连接、串定位、串插入、串删除等基本操作。

2)不能使用 C 语言本身提供的串函数，必须构造新的函数实现串的基本操作。

2. 串的查找与替换

打开一篇英文文章，在该文章中找出所有给定的单词，然后将所有给定的单词替换为另外一个单词。要求在查找子串时分别采用 BF 模式匹配算法和 KMP 模式匹配算法。

3. 稀疏矩阵操作的设计与实现

以行逻辑链接的三元组顺序表作为稀疏矩阵的存储结构，编程实现矩阵的转置、相加和相乘运算。

4. 广义表操作的设计与实现

选择合适的存储结构表示广义表，编程实现如下功能：

1）用大写字母表示广义表，用小写字母表示原子。

2）实现求广义表 L 的表头和表尾函数 head(L) 和 tail(L)。

3）实现求广义表 L 的长度和深度函数 length(L) 和 depth(L)。

第 5 章　树和二叉树

树形结构是一类非常重要的非线性结构。直观地，树形结构是以分支关系定义的层次结构。树在计算机领域中也有着广泛的应用，例如在编译程序中，用树来表示源程序的语法结构；在数据库系统中，可用树来组织信息；在分析算法的行为时，可用树来描述其执行过程，等等。本章将详细讨论树和二叉树数据结构，主要介绍树和二叉树的概念、术语，二叉树的遍历算法，树和二叉树的各种存储结构以及建立在各种存储结构上的操作及应用等。

◤◥ 5.1　树的定义与存储结构

5.1.1　树的定义与基本术语

树的递归定义：**树**（tree）是 $n(n \geq 0)$ 个结点的有限集合 T。若 $n=0$ 时，称之为空树；若 $n>0$，有且只有一个特殊的称之为树的**根**（root）结点；若 $n>1$，除根结节外其余的结点被分为 $m(m>0)$ 个互不相交的子集 T_1，T_2，$\cdots$，T_m，其中每个子集本身又是一棵树，称之为根的**子树**（subtree）。

树是一种非线性结构。在树结构中，数据元素之间有着明显的层次结构。在树的图形表示中，用直线连接两端的结点，上端点为直接前驱结点，下端点为直接后继结点，如图 5.1 所示。

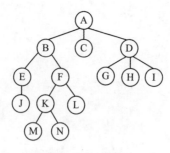

图 5.1　树的基本结构

树的基本术语如下：

1)**结点**（node）：一个数据元素及其若干指向其子树的分支。

2)结点的**度**（degree）、树的度：结点所拥有的子树的棵数称为结点的度。树中结点度的最大值称为树的度。如图 5.1 中结点 A 的度是 3，结点 B 的度是 2，结点 M 的度是 0，树的度是 3。

3）叶子（left）结点、非叶子结点：树中度为 0 的结点称为叶子结点（或**终端结点**）。相对应地，度不为 0 的结点称为非叶子结点（或**非终端结点**或**分支结点**）。除根结点外，分支结点又称为**内部结点**。如图 5.1 中结点 J、M、N、L、C、G、H、I 是叶子结点，而所有其他结点都是分支结点。

4）孩子结点、双亲结点、兄弟结点：一个结点的子树的根称为该结点的**孩子**（child）结点或子结点；相应地，该结点是其孩子结点的**双亲**（parent）结点或父结点。如图 5.1 中结点 B、C、D 是结点 A 的子结点，而结点 A 是结点 B、C、D 的父结点；类似地结点 E、F 是结点 B 的子结点，结点 B 是结点 E、F 的父结点。同一双亲结点的所有子结点互称为**兄弟**（sibling）结点。如图 5.1 中结点 B、C、D 是兄弟结点；结点 E、F 是兄弟结点。

5）层次（level）、堂兄弟结点：规定树中根结点的层次为 1，其余结点的层次等于其双亲结点的层次加 1。若某结点在第 $k(k \geqslant 1)$ 层，则其子结点在第 $k+1$ 层。双亲结点在同一层上的所有结点互称为堂兄弟结点。如图 5.1 中结点 K 在第 4 层，结点 F 和 G 互相称作堂兄弟结点。

6）结点的层次**路径**（path）、**祖先**（ancester）、**子孙**（descent）：从根结点开始，到达某结点 p 所经过的所有结点称为结点 p 的层次路径（有且只有一条）。结点 p 的层次路径上的所有结点（p 除外）称为 p 的祖先。以某一结点为根的子树中的任意结点称为该结点的子孙结点。

7）树的**深度**（depth）：树中结点的最大层次值，又称为树的**高度**，如图 5.1 中树的高度为 5。

8）**有序树和无序树**：对于一棵树，若其中每一个结点的子树（若有）具有一定的次序，则该树称为有序树，否则称为无序树。如图 5.1 中规定兄弟结点间按由左到右排序，则为有序树。

9）**森林**（forest）：是 $m(m \geqslant 0)$ 棵互不相交的树的集合。显然，若将一棵树的根结点删除，剩余的子树就构成了森林，称作根结点的**子树森林**。

树在计算机科学中有着广泛的应用，例如：在计算机中，可以用树来表示算术表达式，规则如下：表达式中每一个运算符在树中对应一个结点，称为运算符结点；运算符的每一个运算对象在树中为该运算符结点的子树（在树中的顺序为从左到右）；运算对象中的单变量均为叶子结点。

5.1.2　树的存储结构

1）双亲表示法（顺序存储结构）

树的双亲表示法用一组连续的存储空间来存储树的结点，同时在每个结点中附加一个指示器（整数域），用以指示双亲结点的位置（下标值）。图 5.2 所示为图 5.1 中树的双亲表示法的存储结构。其中约定根结点 A 的数组下标为零，即 root＝0，结点数 num＝14，结点数据连续地存储在 0~13 数组空间中，根结点 A 的双亲 parent = -1，由于 -1 不是一个合法的数组下标，因此这里表示根结点 A 没有双亲。这种存储结构利用了任一结点的父结点唯一的性质，可以方便地直接找到任一结点的父结点，但求结点的子结点时需要扫描整个数组。

0	1	2	3	4	5	6	7	8	9	10	11	12	13
A	B	C	D	E	F	G	H	I	J	K	L	M	N
-1	0	0	0	1	1	3	3	3	4	5	5	10	10

图 5.2　树的双亲表示法存储结构

双亲表示法描述如下：

```
#define MAX_SIZE 100 //树的结点数的最大值
typedef struct PTNode
{
ElemType data; //数据域
int parent; //双亲域
}PTNode; //双亲表示法结点类型
typedef struct
{
PTNode Nodes[MAX_SIZE]; //结点数组
int root; //根结点位置
int num; //结点数
}Ptree; //树的双亲表示法类型
```

2) 孩子兄弟表示法（链式存储结构）

树的孩子兄弟表示法又称孩子兄弟链表，其结点类型定义如下：

```
typedef struct node
{
ElemType data; //数据域
struct node *firstchild, *nextsibling; //第一个孩子指针和下一个兄弟指针
}CSNode; //树的孩子兄弟结点类型
```

上述定义中，孩子兄弟链表的每个结点有一个数据域 data 和两个指针域 firstchild 和 nextsibling 组成，指针域 firstchild 指向结点的第一个子结点，指针域 nextsibling 指向结点的下一个兄弟结点。图 5.1 中树的孩子兄弟表示法的存储结构如图 5.3 所示。

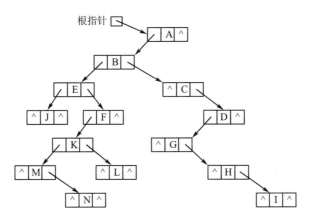

图 5.3 树的孩子兄弟存储结构

5.2 二叉树

5.2.1 二叉树的定义与性质

二叉树是一种最常用的树形结构。二叉树的递归定义：**二叉树**（binary tree）是 $n(n \geqslant 0)$ 个结点的有限集合。若 $n=0$ 时称为空树。若 $n>0$，有且只有一个特殊的称为二叉树根的结点。若 $n>1$，其余的结点被分成为两个互不相交的子集 T_1 和 T_2，分别称为左子树和右子树，并且左子树、右子树也都是二叉树。由定义可以得出二叉树有 5 种基本形态，如图 5.4 所示。

（a）空二叉树　　（b）单根结点二叉树　　（c）右子树为空　　（d）左子树为空　　（e）左、右子树都不空

图 5.4 二叉树的五种基本形态

由二叉树的定义可知二叉树有以下特点：在二叉树中，每一个结点的度最大为 2，即二叉树的度最大为 2；任何的子树也均为二叉树；每一个结点的子树被分为左子树和右子树，允许某一个结点只有左子树或只有右子树，如果一个结点既没有左子树，也没有右子树，则该结点为叶子结点。

因为二叉树结构简单，存储效率高，操作算法相对简单，且树都很容易转化成二叉树结构，所以二叉树在树形结构中起着非常重要的作用。5.1 节中引入的有关树的术语也都适用于二叉树。

下面介绍两种常用的二叉树：满二叉树与完全二叉树。

满二叉树（full binary tree）：在满二叉树中，每一层上的结点数都达到最大值，即在满二叉树上的第 k 层上有 $2^{k-1}(k \geqslant 1)$ 个结点。如图 5.5 即为一棵满二叉树，该图有 4 层，第 4 层上有 $2^{4-1}=8$ 个结点。可对满二叉树的结点进行连续编号，一般规定编号从根结点开始，按"自上而下，自左至右"的顺序进行，例如图 5.5 中结点 A，B，…，O 的编号依次为 1，2，…，15。

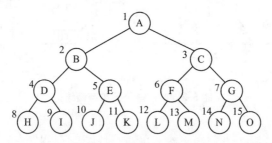

图 5.5　满二叉树及其结点编号

完全二叉树（complete binary tree）：除最后一层外，每一层上的结点数均达到最大值，在最后一层上只缺少右边的连续若干个结点。如果从根结点开始，对某二叉树的结点自上而下，自左而右用自然数进行连续编号，则深度为 m、结点数为 n 的二叉树，当且仅当其每一个结点都与深度为 m 的满二叉树中编号从 1 到 n 的结点在位置上一致对应，则该二叉树是完全二叉树。图 5.6 即为一棵完全二叉树，该二叉树的顶点编号与对应的图 5.5 中的满二叉树顶点编号在位置上一一对应。

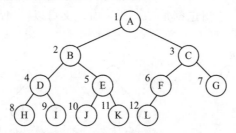

图 5.6　完全二叉树及其结点编号

显然，满二叉树是完全二叉树的特例。对于完全二叉树，叶子结点只可能在层次最大的两层中出现；对于任何一个结点，若其右分支下的子树结点的最大层次为 k，则其左分支下的子树结点的最大层次为 k 或 $k+1$。

下面介绍二叉树和完全二叉树的基本性质。

性质 5.1：在二叉树的第 k 层上，最多有 $2^{k-1}(k \geqslant 1)$ 个结点。

证明：用数学归纳法证明。当 $k=1$ 时，由于二叉树只有一个根结点，且 $2^{1-1}=2^0=1$，命题成立。现假设当 $k>1$ 时，处在第 $k-1$ 层上至多有 $2^{(k-1)-1}=2^{k-2}$ 个结点。由于二叉树每个结点的度最大为 2，故在第 k 层上最大结点数为第 $k-1$ 层上最大结点数的 2 倍，即在二叉树的第 k 层上，最多有 $2 \times 2^{k-2}=2^{k-1}(k \geqslant 1)$ 个结点。

性质 5.2：深度为 k 的二叉树最多有 $2^k - 1 (k \geqslant 1)$ 个结点。

证明：显然，深度为 k 的二叉树的最大的结点数为二叉树中每层上的最大结点数之和。由性质 5.1 知，二叉树的第 1 层、第 2 层、…、第 k 层上的结点数至多有：2^0、2^1、…、2^{k-1}，所以，总的结点数至多有：

$$2^0 + 2^1 + \cdots + 2^{k-1} = 2^k - 1$$

可以用性质 5.2 定义满二叉树，即：一棵深度为 k 且有 2^k-1 个结点的二叉树称为满二叉树。

性质 5.3：在任意一棵二叉树中，度为 0 的结点（即叶子结点）总比度为 2 的结点多一个。

证明：设二叉树中度为 0 的结点数为 n_0，度为 1 的结点数为 n_1，度为 2 的结点数为 n_2，二叉树中总结点数为 n，因为二叉树中所有结点度数均小于或等于 2，则有：

$$n = n_0 + n_1 + n_2 \tag{5.1}$$

设 B 为二叉树中的分支总数，因为除根结点外的每个结点都有唯一的进入分支，因此

$$B = n - 1 \tag{5.2}$$

而所有这些分支都是由度为 1 和 2 的结点射出的，因此分支总数 B 还可以这样计算：

$$B = n_1 + 2 \times n_2 \tag{5.3}$$

联合式(5.1)、式(5.2)和式(5.3)可得

$$n_0 = n_2 + 1 \tag{5.4}$$

性质 5.4：具有 n 个结点的完全二叉树的深度为 $\lfloor \log_2 n \rfloor + 1$。（符号"$\lfloor . \rfloor$"表示下取整运算，下取整表示得到不大于该数的最大整数）

证明：假设完全二叉树的深度为 k，则根据性质 5.2 及完全二叉树的定义有：

$$2^{k-1} - 1 < n \leqslant 2^k - 1 \text{ 或 } 2^{k-1} \leqslant n < 2^k \tag{5.5}$$

成立。将式(5.5)取对数得：

$$k - 1 \leqslant \log_2 n < k \tag{5.6}$$

因为 k 是整数，所以，

$$k = \lfloor \log_2 n \rfloor + 1 \tag{5.7}$$

性质 5.5：具有 n 个结点的二叉树，其深度至少为 $\lfloor \log_2 n \rfloor + 1$。

证明：显然，具有 n 个结点的二叉树，其结点排列最紧密的方式构成的二叉树为完全二叉树，因此由性质 5.5，其深度至少为 $\lfloor \log_2 n \rfloor + 1$。

性质 5.6：对一棵共有 $n(n \geqslant 1)$ 个结点的完全二叉树，如果从根结点开始按层次（每一层从左到右）顺序结点编号，将编号为 $i(i = 1, 2, \cdots, n)$ 的结点记作 a_i，则 a_i 具有如下性质：

① 若 $i = 1$，则 a_i 为根结点；若 $i > 1$，则 a_i 存在编号为 $\lfloor i / \rfloor$ 的双亲结点。

② 若 $2i \leqslant n$，则 a_i 存在编号为 $2i$ 的左孩子；若 $2i > n$，则 a_i 没有左孩子（当然 a_i 也没有右孩子）。

③ 若 $2i + 1 \leqslant n$，则 a_i 存在编号为 $2i+1$ 的右孩子；若 $2i+1 > n$，则 a_i 没有右孩子。

证明：用数学归纳法证明。首先证明②和③成立，由②和③可以很容易导出①。

对于 $i=1$，由完全二叉树定义，a_i 的左孩子编号为 2。若 $2>n$，即不存在编号为 2 的结点，此时 a_i 无左孩子。结点 i 的右孩子编号也只能是 3，若编号为 3 的结点不存在，即 $3>n$，此时 a_i 无右孩子。

对于 $i>1$ 可分为两种情况讨论：情况 1：假设第 $j(1\leqslant j\leqslant \log_2 n)$ 层的第一个结点编号为 i（由完全二叉树的定义和性质 5.2 可知 $i=2^{j-1}$），则其左孩子必为第 $j+1$ 层的第一个结点，其标号为 $2^j=2(2^{j-1})=2i$，若 $2i>n$，则无左孩子；其右孩子必为第 $j+1$ 层的第二个结点，其编号为 $2i+1$，若 $2i+1>n$，则无右孩子。情况 2：假设第 $j(1\leqslant j\leqslant \log_2 n)$ 层上某个结点的编号为 $i(2^{j-1}\leqslant i\leqslant 2^j-1)$，且 $2i+1<n$，则其左孩子编号为 $2i$，右孩子编号为 $2i+1$，又编号为 $i+1$ 的结点是编号为 i 的结点的右兄弟或堂兄弟，若它有左孩子，则编号必为 $2i+2=2(i+1)$，若它有右孩子，则其编号必为 $2i+3=2(i+1)+1$。

5.2.2　二叉树的存储结构

1）顺序存储结构

首先介绍完全二叉树的顺序存储结构。完全二叉树的顺序存储结构是指采用一组地址连续的存储单元依次"自上而下、自左至右"存储完全二叉树的数据元素。如图 5.7 所示，对于完全二叉树上编号为 i 的结点元素存储在一维数组的下标值为 i 的分量中，为了处理方便，下标 0 的元素为空。

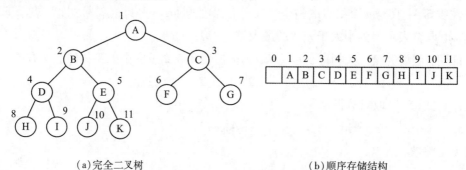

（a）完全二叉树　　　　　　　　　　（b）顺序存储结构

图 5.7　完全二叉树的顺序存储结构

将完全二叉树的顺序存储结构拓展到普通的二叉树。将一个普通二叉树的每个结点与其对应的完全二叉树的结点相对照，并假设存在虚拟结点，按照完全二叉树的方式存储在一维数组中，即为普通二叉树的顺序存储结构，如图 5.8 所示。图 5.8（b）即为图 5.8（a）补全虚拟结点的完全二叉树，图 5.8（c）为其对应的顺序存储结构，空字符∅表示虚拟结点。显然，如果虚拟结点过多，则二叉树的顺序存储结构将造成存储空间浪费。

二叉树顺序存储结构的类型定义如下：

```
typedef telemtype sqbitree[MAX_SIZE];  // telemtype 为二叉树结点元素类型
```

2）链式存储结构

二叉树的存储常采用链式存储结构。在二叉树中，由于每个结点可能有两个孩子结

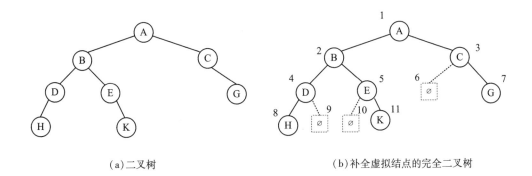

(a)二叉树 　　　　　　　　　　　　(b)补全虚拟结点的完全二叉树

0	1	2	3	4	5	6	7	8	9	10	11
	A	B	C	D	E	∅	G	H	∅	∅	K

(c)顺序存储结构

图 5.8　二叉树的顺序存储结构

点，因此设置两个指针域：一个用于存储该结点的左孩子结点的存储地址，称为左指针域；另一个用于存储该结点的右孩子结点的存储地址，称为右指针域。这样每个结点包含两个指针域的链表也称为**二叉链表**（binary linked list），它是二叉树最常用的链式存储结构。二叉链表结点结构如图 5.9（a）所示，其中，lchild 表示指向左孩子的指针域，rchild 表示指向右孩子的指针域，data 表示数据域。二叉链表结点类型定义如下：

　　typedef struct node

　　{

　　struct node * lchild；//左孩子指针域

　　ElemType data；//数据域

　　struct node * rchild；//右孩子指针域

　　}binnode，* bintree；//二叉链表结点类型和指针类型

　　在二叉链表结点的基础上，可以再增加指向结点的父结点的指针域，以方便对父结点（即直接前驱结点）的访问，由这样结点结构构成的链表称为**三叉链表**（trifurcate linked list），如图 5.9（b）所示，其中，parent 表示指向双亲的指针域。

lchild	data	rchild

lchild	data	rchild	parent

（a）二叉链表结点结构 　　　　　　　（b）三叉链表结点结构

图 5.9　二叉链表和三叉链表结点结构

　三叉链表结点类型定义如下：

typedef struct BTNode3

{

struct BTNode3 * lchild；//左孩子指针域

ElemType data；//数据域

struct BTNode3 * rchild；//右孩子指针域

struct BTNode3 ˚parent；//双亲结点指针域

}BTNode3；//三叉链表结点类型

二叉树及其二叉链表和三叉链表存储结构如图 5.10 所示。

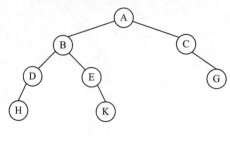

（a）二叉树

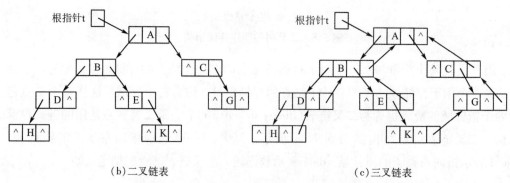

（b）二叉链表　　　　　　　　　　　　　（c）三叉链表

图 5.10　二叉树及其二叉链表、三叉链表存储结构

5.3　二叉树遍历和线索

遍历二叉树（traversing binary tree）是指按指定的规律对二叉树中的每个结点访问一次且仅访问一次。所谓访问是指对结点做某种处理，如：输出信息、修改结点的值等。二叉树是一种非线性结构，每个结点都可能有左、右两棵子树，因此，需要寻找一种规律，使二叉树上的结点能排列在一个线性序列上，从而便于遍历。二叉树由根结点、左子树、右子树三部分组成，若能依次遍历这三部分，就遍历了二叉树。若以 L、D、R 分别表示遍历左子树、访问根结点和遍历右子树，则它们的全排列形成了 6 种遍历方案：DLR、LDR、LRD、DRL、RDL、RLD。不失一般性，为简化分析，若规定先左后右，则只有前 3 种情况，分别是：DLR，通常称作先（根）序遍历或前（根）序遍历；LDR，通常称作中（根）序遍历；LRD，通常称作后（根）序遍历。

对于二叉树的遍历，下面分别讨论递归遍历算法和非递归遍历算法。递归遍历算法具有非常清晰的结构，但初学者往往难以接受或怀疑，不敢使用。实际上，递归算法是由系统通过使用堆栈来实现控制的，虽然易于理解，但是算法效率较低。使用栈结构能够将递归算法转换成非递归算法，非递归算法中的控制是由设计者自行定义和使用堆栈来实现的，虽然理解起来较困难，但是算法效率较高。下面的遍历算法中，二叉树采用二叉链表的存储结构，用指针变量 T 来指向根结点。

5.3.1　二叉树遍历的递归算法

1）先序遍历二叉树的递归算法

先序遍历二叉树的递归算法的步骤如下：

若二叉树为空，则空操作；否则：访问根结点；先序遍历根结点的左子树（递归调用本操作）；先序遍历根结点的右子树（递归调用本操作）。

先序遍历二叉链表的递归操作如算法 5.1 所示。

```
void preorder(bintree T)
{/*先序递归遍历二叉树*/
if(T)
{
    printf("%d", T->data);
    preorder(T->lchild);
    preorder(T->rchild);
}//end if
}//end preorder
```

算法　5.1

2）中序遍历二叉树的递归算法

中序遍历二叉树的递归算法的步骤如下：

若二叉树为空，则空操作；否则：中序遍历根结点的左子树（递归调用本操作）；访问根结点；中序遍历根结点的右子树（递归调用本操作）。

中序遍历二叉链表的递归操作如算法 5.2 所示。

```
void inorder(bintree T)
{/*中序递归遍历二叉树*/
if(T)
{
    inorder(T->lchild);
    printf("%d", T->data);
    inorder(T->rchild);
}//end if
}//end inorder
```

算法　5.2

3）后序遍历二叉树的递归算法

后序遍历二叉树的递归算法的步骤如下：

若二叉树为空，则空操作；否则：后序遍历根结点的左子树（递归调用本操作）；后序遍历根结点的右子树（递归调用本操作）；访问根结点。

后序遍历二叉链表的递归操作如算法5.3所示。

```
void postorder(bintree T)
{/*后序递归遍历二叉树*/
if(T)
{
    postorder(T->lchild);
    postorder(T->rchild);
    printf("%d", T->data);
}//end if
}//end postorder
```

算法 5.3

递归遍历二叉树的算法中基本操作是访问结点，无论是哪种次序的遍历，对有 n 个结点的二叉树，递归的深度最多为 n，因此递归遍历二叉树算法的时间复杂度均为 $O(n)$。

5.3.2 二叉树遍历的非递归算法

1）先序遍历二叉树的非递归算法

先序遍历二叉树的非递归算法的基本步骤如下：

初始化设置工作栈 Stack 为空，若二叉树为空，则遍历结束；否则，令工作指针 p=T（根指针），进行以下操作：

① 访问 p 所指向的结点；q=p->rchild，若 q 不为空，则 q 进栈；p=p->lchild，若 p ==NULL 且栈 Stack 不为空，则退栈到 p。

② 若 p==NULL，则遍历结束，否则转①。

先序遍历二叉链表的非递归操作如算法5.4所示。

```
void PreorderTraverse(binnode *T)
{/*先序遍历二叉树的非递归算法*/
binnode *Stack[MAX_NODE], *p=T, *q;
int top=0; //顺序栈，栈顶指针为空
if(T==NULL)printf("Binary Tree is Empty! \n"); //空树
else
{
    do
    {
        printf("%c", p->data); //输出结点值
        q=p->rchild; if(q! =NULL)Stack[++top]=q; //右孩子指针q进栈，为将来出栈访问做准备
```

　　　　p=p->lchild; //p 指向左孩子

　　　　if(p= =NULL && top>0){p=Stack[top]; top--; }//当前结点左孩子不存在且栈不为空时出栈

　　　}while(p! =NULL); //p 为空表示栈为空

　}//end else

}//end PreorderTraverse

算法　5.4

2)中序遍历二叉树的非递归算法

中序遍历二叉树的非递归算法的基本步骤如下：

初始化设置工作栈 Stack 为空,标志变量 flag=1,工作指针 p=T(根指针)。若二叉树为空,则遍历结束;否则,进行以下操作：

①　若 p 不为空,则 p 进栈,执行 p=p->lchild,转①;否则转②。

②　如果栈为空,置 flag=0;否则转③。

③　退栈到 p,访问 p 所指向的结点,p=p->rchild。若 flag! =0,转①,否则,遍历结束。

中序遍历二叉链表的非递归操作如算法 5.5 所示。

```
void InorderTraverse( binnode *T)
{/* 中序遍历二叉树的非递归算法*/
binnode *Stack[MAX_NODE], *p=T;
int top=0, flag=1; //栈为空, 标志为 1
if( T= =NULL) printf(" Binary Tree is Empty! \n" );
else
{
    do
    {
        while( p! =NULL){Stack[++top]=p; p=p->lchild; }//一直沿根向左下走的所有指针入栈
        if( top= =0) flag=0; //栈为空
        else
        {
            p=Stack[top]; top--; //出栈
            printf("%c", p->data); //输出栈顶元素
            p=p->rchild; // p 指向右孩子指针入栈
        }//end else
    }while( flag! =0); //栈为空时结束循环
}//end else
}//end InorderTraverse
```

算法　5.5

3)后序遍历二叉树的非递归算法

在后序遍历中，根结点是最后被访问的，因此，在遍历过程中，当搜索指针指向某一根结点时，不能立即访问，而要先遍历其左子树，此时需将根结点进栈；当其左子树遍历完后再搜索到该根结点时，还不能访问根结点，还需遍历其右子树，此根结点还需再次进栈；当其右子树遍历完后再退栈到该根结点时，才能访问根结点。因此，设立两个堆栈 S1 和 S2，S1 保存结点，S2 保存结点的访问状态，S1 和 S2 共用一个栈顶指针。

后序遍历二叉树非递归算法的基本步骤如下：

初始化设置工作栈 S1、S2 为空，工作指针 p=T(根指针)。若二叉树为空，则遍历结束；否则，进行以下操作：

① 若 p 不为空，则 p 进栈 S1，S2[top]=0，执行 p=p->lchild，转①；否则转②。

② 如果栈为空(top==0)，遍历结束；否则转③。

③ 若 S2[top]==0，p 指向栈 S1 的栈顶元素指向的右孩子，置 S2[top]=1，否则转④。

④ 退栈 S1 到 p，访问 p 所指向的结点，置 p=NULL。

重复执行步骤①、②、③、④，直至遍历结束。后序遍历二叉链表的非递归操作如算法 5.6 所示。

```
void PostorderTraverse( binnode * T)
{/* 后序遍历二叉树的非递归算法 */
binnode * S1[MAX_NODE], * p=T;
int S2[MAX_NODE], top=0; //S2 标识结点当前的访问状态
if(T==NULL)printf("Binary Tree is Empty! \n");
else
{
    do
    {
        while(p! =NULL){S1[++top]=p; S2[top]=0; p=p->lchild; }
        if(top==0)return; //遍历结束
        else if(S2[top]==0){p=S1[top]->rchild; S2[top]=1; }
        else{p=S1[top]; top--; printf("%c", p->data); p=NULL; }
    }while(1);
}//end else
}//end PostorderTraverse
```

算法 5.6

4)层次遍历二叉树的非递归算法

层次遍历二叉树，是从根结点开始遍历，按层次次序"自上而下，从左至右"访问树中的各结点。为实现按层次遍历，一般采用队列作为辅助结构。

层次遍历二叉的非递归算法的步骤如下：

初始化设置工作队列 Queue 为空，工作指针 p=T(根指针)，若二叉树为空，则遍历结束，否则，进行以下操作：

① 指针 p 入队，若队列为空，则遍历结束，否则转②。

② 出队到 p，访问 p 所指向的结点，若 p->lchild! =NULL，则指针 p->lchild 入队，若 p->rchild! =NULL，则指针 p->rchild 入队，转①。

层次遍历二叉链表的非递归操作如算法 5.7 所示。

```
void LevelorderTraverse( binnode *T)
{/*层次遍历二叉树*/
binnode *Queue[MAX_NODE], *p=T; //Queue 为顺序队列
int front=0, rear=0; //队首和队尾指针
if( p! =NULL)
{
    Queue[++rear]=p; //指针 p 入队
    while( front<rear)
    {
        p=Queue[++front]; //出队到 p
        printf("%c", p->data); //输出 p 指向的结点值
        if( p->lchild! =NULL) Queue[++rear]=p->lchild; //*p 的左孩子指针入队
        if( p->rchild! =NULL) Queue[++rear]=p->rchild; //*p 的右孩子指针入队
    }//end while
}//end if
}//end LevelorderTraverse
```

算法 5.7

5.3.3 线索二叉树

遍历二叉树的操作是二叉树其他操作的基础，提高二叉树遍历操作的效率具有重要意义。如何提高二叉树遍历操作的效率？我们观察，遍历二叉树实际上是按一定的规则将树中的结点排列成一个线性序列，即是对非线性结构的线性化操作。那么怎样能够高效地找到遍历序列中每个结点的直接前驱和直接后继？如何保存这些信息？**线索二叉树**(threaded binary tree)就是为了提高二叉树遍历操作效率而提出的。

设一棵二叉树有 n 个结点，则有 $n-1$ 条边。若采用二叉链表存储结构，则 n 个结点共有 $2n$ 个指针域，显然有 $n+1$ 个空闲指针域未用，则可以利用 $n+1$ 个空闲指针域来存放结点的直接前驱和直接后继信息。如何将 $n+1$ 个空闲指针域利用起来？可对结点的指针域作如下规定：若结点有左孩子，则左指针域 lchild 指向其左孩子，否则，指向其直接前驱；若结点有右孩子，则右指针域 rchild 指向其右孩子，否则，指向其直接后继。上面的规定会使指针域的信息产生歧义，我们将无法区分指针是指向孩子的指针还是指向遍历序列前驱或后继指针，为避免混淆，对结点结构加以改进，增加两个标志域，如图 5.11 所示。

图 5.11 中，增加两个标志域 ltag 和 rtag，ltag=0，表示 lchild 域指向结点的左孩子，ltag=1，表示 lchild 域指向结点的直接前驱；rtag=0，表示 rchild 域指向结点的右孩子，

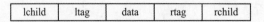

| lchild | ltag | data | rtag | rchild |

图 5.11 线索二叉树的结点结构

rtag=1，表示 rchild 域指向结点的直接后继，用这种结点结构构成的二叉树的存储结构，叫作**线索二叉链表**，指向结点直接前驱和直接后继的指针叫作**线索**（thread），按照某种次序遍历加上线索的二叉树称为线索二叉树。线索二叉树的结点结构定义如下：

    typedef struct BiTreeNode
    {
    ElemType data; //数据域
    struct BiTreeNode *lchild, *rchild; //指针域
    int ltag, rtag; //标志域
    }BiThrNode; //线索二叉链表结点类型

在画线索二叉树时，一般采用实线表示指针，指向其左、右孩子；虚线表示线索，指向其直接前驱或直接后继，二叉树及相应的各种线索树如图 5.12 所示。

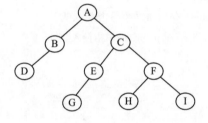

（a）二叉树

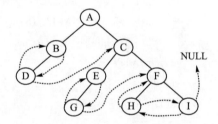

（b）先序线索二叉树（先序序列：ABDCEGFHI）

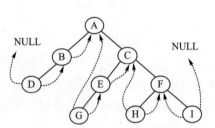

（c）中序线索二叉树（中序序列：DBAGECHFI）

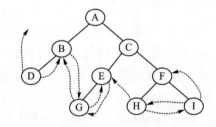

（d）后序线索二叉树（后序序列：DBGEHIFCA）

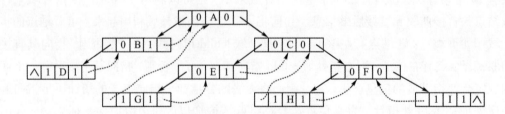

（e）中序线索二叉链表

图 5.12 线索二叉树及其存储结构

在线索二叉树上进行遍历,显然可以利用线索来搜索当前结点的直接前驱和直接后继,只要先找到序列中的第一个结点,然后依次找当前结点的直接后继就可以遍历二叉树,如此将显著提高二叉树遍历的效率。

如何在线索树中找结点的直接后继?下面以图 5.12(c)和图 5.12(e)所示的中序线索树为例进行说明。我们观察图 5.12(c)和图 5.12(e)可知:第一,树中所有叶子结点的右链都是线索。右链直接指示了结点的直接后继,如结点 G 的直接后继是结点 E。第二,树中所有非叶子结点的大部分右链都是指针,则无法由此得到后继的信息。根据中序遍历的规律,非叶子结点的直接后继是遍历其右子树时访问的第一个结点,即右子树中最左下的结点。如结点 C 的直接后继:沿右指针找到右子树的根结点 F,然后沿左链往下直到 ltag=1 的结点即为 C 的直接后继结点 H。如何在线索树中找结点的直接前驱?若结点的 ltag=1,则左链是线索,指示其直接前驱;否则,遍历左子树时访问的最后一个结点(即左子树中最右下的结点,其 rtag=1)为其直接前驱结点。在中序线索二叉树上遍历二叉树,虽然时间复杂度也为 $O(n)$,但常数因子要比遍历普通二叉树的算法小,且不需要栈。

对于后序遍历的线索树中找结点的直接后继比较复杂,可分以下三种情况:若结点是二叉树的根结点,则其直接后继为空;若结点是其父结点的右孩子,或是父结点的左孩子且其父结点没有右子树,则直接后继为其父结点;若结点是其父结点的左孩子,且其父结点有右子树,则直接后继是对其父结点的右子树按后序遍历的第一个结点。

线索存储结构在增加少量空间下(标志域可用一位二进制存储),能够提高二叉链表的遍历效率,因此,若在某程序中所用的二叉树经常遍历或查找结点在遍历所得线性序列中的前驱或后继,则应采用线索链表作为存储结构。关于怎样将二叉链表线索化以及在线索二叉树遍历的具体算法这里不再论述。

5.4 树、森林和二叉树的转换与遍历

由于树和二叉树都可用二叉链表(树的二叉链表是树的孩子兄弟链表)作为存储结构,对比各自的结点结构可以看出,以二叉链表作为媒介可以导出树和二叉树之间的一个对应关系,即:从物理结构来看,树和二叉树的二叉链表相同,只是对指针的逻辑解释不同而已。

5.4.1 树转换成二叉树

对于一棵树,可以方便地转换成一棵唯一的与之对应的二叉树,其转换步骤是:

1)建立树的孩子兄弟链表存储结构。

2)将树的孩子兄弟链表存储结构当作二叉树的二叉链表存储结构,从该二叉链表存储结构画出一棵二叉树即为由该树转换成的二叉树。

树转换成二叉树的过程如图 5.13 所示。

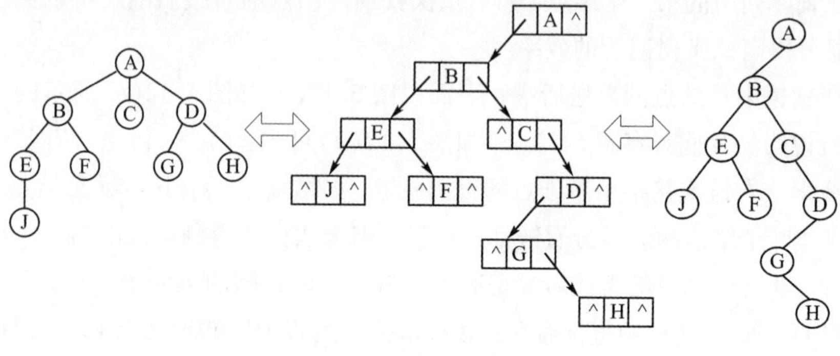

（a）树　　　　　　（b）树的孩子兄弟链表/二叉树的二叉链表　　　　　（c）二叉树

图 5.13　树转换成二叉树

从图 5.13 中可以看出，由于树根结点 A 一定没有右兄弟，因此在其孩子兄弟链表存储结构中，根结点 A 的右指针域为空，将树的孩子兄弟链表看作二叉树的二叉链表时，其含义为根结点 A 的右孩子为空，因此任何一棵与树对应的二叉树，其右子树一定为空。图 5.13 中的转换过程是可逆的，当一棵二叉树的根的右子树为空时，也可以画出二叉树的二叉链表存储结构，并把它看作树的孩子兄弟链表存储结构，进而转换成一棵树。当一棵二叉树的根的右子树不为空时，显然就不能直接转换成一棵树了，可以转化成森林。

5.4.2　二叉树转换成森林

若 $BT=(root,LB,RB)$ 是一棵二叉树，其中 $root$ 为根结点，LB 为左子树，RB 为右子树。则可以将其转换成由若干棵树构成的森林 $F=(T_1,T_2,\cdots,T_n)$。转换方法：若 BT 是空树，则 F 为空；若 BT 非空，则 F 中第一棵树 T_1 的根就是二叉树的根 $root$，T_1 中根结点的子树森林 F_1 是由树 BT 的左子树 LB 转换而成的森林，F 中除 T_1 外其余树组成的森林 $F'=(T_2,T_3,\cdots,T_n)$ 是由 BT 右子树 RB 转换得到的森林。

上述转换规则是递归的，可以写出其非递归方法，具体的转换方法是：如图 5.14 所示，将二叉树 BT 的根结点沿着右孩子向右下方一直到最右下结点的所有右链都断开，得到 3 棵孤立的二叉树 BT_1，BT_2，BT_3，如图 5.14（b）所示，然后将二叉树 BT_1，BT_2，BT_3 依次分别转换成树 T_1，T_2，T_3，最终得到森林 $F=(T_1,T_2,T_3)$，如图 5.14（c）所示。

5.4.3　森林转换成二叉树

将二叉树转换成森林的方法逆操作，就可以得到森林转换成二叉树的方法。如图 5.15 所示，由一棵树转换成的二叉树，其根的右子树必为空，因此，若把森林中的第二棵树转换成的二叉树作为第一棵树转换成的二叉树的根结点的右子树，同理将第三棵转换的二叉树作为第二棵二叉树根的右子树，以此类推，则可以将森林转换成一棵二叉树。

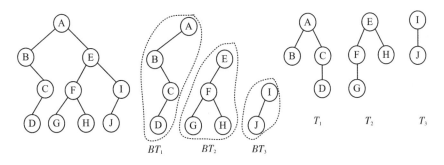

(a)二叉树 BT   (b)断开根结点 A 的右分支后的三部分   (c)转换成森林(T_1，T_2，T_3)

图 5.14　二叉树转换成森林

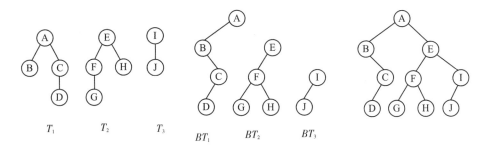

(a)森林 $F=(T_1$，T_2，$T_3)$ (b)森林 F 每棵树对应的二叉树   (c)森林 F 对应的二叉树 BT

图 5.15　森林转换成二叉树

5.4.4　树和森林的遍历

1）树的遍历

树的遍历有两种方法：先序遍历和后序遍历。

① 树的先序遍历递归定义是：先访问根结点，然后依次先序遍历根的每棵子树。如图 5.16(a)的树，先序遍历的次序是：ABEJFCDGH。

② 树的后序遍历递归定义是：先依次后序遍历根的每棵子树，然后访问根结点。如图 5.16(a)的树，后序遍历的次序是：JEFBCGHDA。

树的先序遍历序列与将该树转换成的二叉树的先序遍历序列相同，树的后序遍历序列与将该树转换成的二叉树的中序遍历序列相同。例如，若将图 5.16(a)的树 T 转换成如图 5.16(b)所示的二叉树 BT，则二叉树 BT 的先序遍历序列为：ABEJFCDGH，与对应树 T 的先序遍历序列相同；二叉树 BT 的中序遍历序列为：JEFBCGHDA，与对应树 T 的中序遍历序列相同。

2）森林的遍历

森林的遍历有两种方法：先序遍历和后序遍历。

① 先序遍历：按先序遍历树的方式依次遍历森林中的每棵树。如图 5.17(a)所示的森林 F 先序遍历的次序是：ABCDEFGDHIJ。

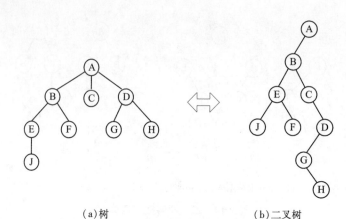

（a）树　　　　　　　　　　　（b）二叉树

图 5.16　树与对应的二叉树

② 后序遍历：按后序遍历树的方式依次遍历森林中的每棵树。如图 5.17（a）所示的森林 F 后序遍历的次序是：BDCAGFHEJI。

森林的先序遍历序列与将该森林转换成的二叉树的先序遍历序列相同，森林的后序遍历序列与将该森林转换成的二叉树的中序遍历序列相同。例如，将图 5.17（a）的森林 F 转换成如图 5.17（b）所示的二叉树 BT，则二叉树 BT 的先序遍历序列为：ABCDEFG-DHIJ，与对应森林 F 的先序遍历序列相同；二叉树 BT 的中序遍历序列为：BDCAGFHEJI，与对应森林 F 的后序遍历序列相同。

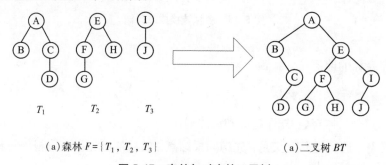

（a）森林 $F = \{T_1, T_2, T_3\}$　　　　　　　　　（a）二叉树 BT

图 5.17　森林与对应的二叉树

5.5　赫夫曼树

赫夫曼树（Huffman tree）又称**最优树**（二叉树），也有翻译成哈夫曼树，是一种带权路径长度最短的树。构造这种树的算法最早是由赫夫曼（Huffman）在 1952 年提出，该算法有着广泛的应用。

5.5.1　赫夫曼树的定义与构造

下面介绍与赫夫曼树相关的基本概念。

1）**结点路径**（node path）：从树中一个结点到另一个结点的之间的分支序列构成这两

个结点之间的路径。

2）**路径长度**（path length）：结点路径上的分支数目称为路径长度。

3）**树的路径长度**：从树的根结点到每一个结点的路径长度之和。

如图 5.18 所示树，A 到 G 的结点路径为 A→C→G，路径长度（即边的数目）等于 2，树的路径长度：3×1+3×2＝9。

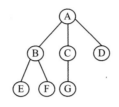

图 5.18　树的路径长度

4）**结点的带权路径长度**：从该结点到树的根结点之间的路径长度与结点的权（值）的乘积。权（值）是各种开销、代价、频度等抽象概念的度量。

5）**树的带权路径长度**（WPL，Weighted Path Length）：树中所有叶子结点的带权路径长度之和，记作：

$$\text{WPL} = w_1 l_1 + w_2 l_2 + \cdots + w_n l_n = \sum w_i l_i \quad (i=1, 2, \cdots, n) \tag{5.8}$$

其中：n 为叶子结点的个数；w_i 为第 i 个结点的权值；l_i 为根结点到第 i 个结点的路径长度。

6）**赫夫曼树**：具有 n 个叶子结点（每个结点的权值为 w_i）的二叉树一般不止一棵，但在所有的这些二叉树中，必定存在一种 WPL 值最小的树，称这种树为赫夫曼树（或称最优树）。在许多判定问题时，利用赫夫曼树可以得到最佳判断算法。

例 5.1：权值分别为 $\{2, 3, 6, 7\}$、具有 4 个叶子结点的二叉树 T_1，T_2，T_3 如图 5.19 所示：

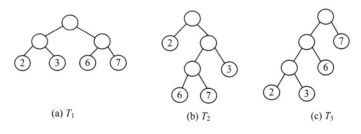

(a) T_1　　　　　　　(b) T_2　　　　　　　(c) T_3

图 5.19　具有相同叶子结点、不同带权路径长度的二叉树

它们的带权路径长度分别为：

$$\text{WPL}(T_1) = 2×2+3×2+6×2+7×2 = 36$$

$$\text{WPL}(T_2) = 2×1+3×2+6×3+7×3 = 47$$

$$\text{WPL}(T_3) = 7×1+6×2+2×3+3×3 = 34$$

其中：T_3 的 WPL 值最小，可以证明 T_3 是赫夫曼树。

下面介绍构造一棵赫夫曼树的方法：

给定 n 个权值集合 $\{w_1, w_2, \cdots, w_n\}$，将它们作为叶子结点的权值，执行以下步骤：

① 根据给定的 n 个权值 $\{w_1, w_2, \cdots, w_n\}$，构造成 n 棵二叉树的集合 $F = \{T_1, T_2, \cdots, T_n\}$，其中二叉树 T_i 只有一个权值为 w_i 的根结点。

② 在 F 中任意选取两棵根结点权值最小的树 T_i 和 T_j（可能不唯一），将 T_i 和 T_j 分别作为左、右子树构造一棵新的二叉树 $T_{i,j}$，$T_{i,j}$ 根结点权值等于其左、右子树根结点的权值之和。

③ 在 F 中删除② 中参与构造的二叉树 T_i 和 T_j，同时将新得到的二叉树 $T_{i,j}$ 加入 F 中。

④ 如果 F 中只剩一棵树，则构造结束，该树即为赫夫曼树；否则转② 。

显然，在构造过程中可能出现根结点权值最小的二叉树不止两棵的情况，这时构造的赫夫曼树的结构会有所不同，因此，赫夫曼树可能并不是唯一的。

例 5.2：权值集合 $\{7, 3, 4, 5, 6, 2\}$ 构造赫夫曼树的过程如图 5.20 所示。

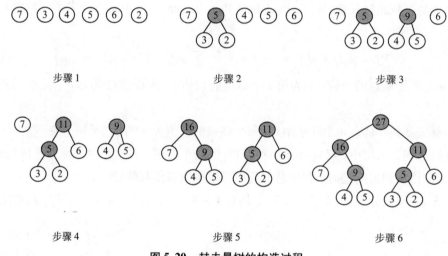

图 5.20　赫夫曼树的构造过程

所构造赫夫曼树的 WPL 是：

$$WPL = 7 \times 2 + 4 \times 3 + 5 \times 3 + 3 \times 3 + 2 \times 3 + 6 \times 2 = 68$$

5.5.2　赫夫曼编码及其算法

在电报收发等数据通信中，常需要将传送的文字转换成由二进制字符0、1组成的字符串来传输。为了使收发的速度提高，就要求电文编码要尽可能地短。此外，要设计长短不等的编码，还必须保证任意字符的编码都不是另一个字符编码的前缀，这种编码称为**前缀编码**。

赫夫曼树可以用来构造编码长度不等且译码不产生二义性的编码，采用赫夫曼树进行编码的方法如下：设电文中的字符集 $C = \{c_1, c_2, \cdots, c_i, \cdots, c_n\}$，各个字符出现的次数或频度集 $W = \{w_1, w_2, \cdots, w_i, \cdots, w_n\}$，以字符集 C 作为叶子结点，次数或频度集 W

作为结点的权值来构造赫夫曼树，规定赫夫曼树中左分支代表"0"，右分支代表"1"，按照从根结点到每个叶子结点所经历的路径分支上的"0"或"1"顺序组成字符串为该结点所对应的编码，称之为**赫夫曼编码**（Huffman coding）。由于每个字符都是叶子结点，不可能出现在根结点到其他字符结点的路径上，所以一个字符的赫夫曼编码不可能是另一个字符的赫夫曼编码的前缀。

例 5.3：若字符集 $C = \{a, b, c, d, e, f\}$ 所对应的权值集合为 $W = \{7, 3, 4, 6, 5, 2\}$，如图 5.21 所示，则字符 a，b，c，d，e，f 所对应的赫夫曼编码分别是：00，100，010，11，011，101。

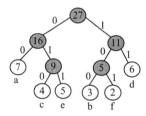

图 5.21　赫夫曼编码示例

下面介绍赫夫曼编码算法设计。通过赫夫曼树的构造和赫夫曼编码的求解过程可知，求赫夫曼编码和译码均需从根结点出发走一条从根到叶子的路径。由赫夫曼树的构造过程可知，赫夫曼树中没有度为 1 的结点，因此一棵有 n 个叶子结点的赫夫曼树共有 $2n-1$ 个结点，为此设计赫夫曼树的存储结构，将赫夫曼树存储在大小为 $2n-1$ 的一维数组中，赫夫曼树的结点结构及其含义如图 5.22 所示。

weight	parernt	lchild	rchild

weight：权值域　　　　　　parent：双亲指针域
lchild：左孩子指针域　　　rchild：右孩子指针域

图 5.22　赫夫曼树的结点结构及其含义

赫夫曼树的结点类型定义：

```
#define MAX_NODE 200 //最大结点数>2n-1

typedef struct
{
int weight; //权值域
int parent, lchild, rchild; //指示双亲、左孩子、右孩子的位置
}HTNode; //赫夫曼树结点类型
```

为了实现赫夫曼编码，首先需要根据字符集的权值构造一棵赫夫曼树，赫夫曼树的创建操作如算法 5.8 所示。

```
void Create_Huffman( int n, HTNode HT[ ] )
{/*创建一棵叶子结点数为 n 的 Huffman 树*/
int w, k, j, m=2*n-1;
```

```
for(k=1; k<=m; k++)//初始化向量 HT
{
    if(k<=n)//输入时，所有叶子结点都有权值
    {
        printf("Please Input Weight：w=");
        scanf("%d"，&w); HT[k].weight=w;
    }//end if
    else HT[k].weight=0；//非叶子结点没有权值
    HT[k].parent=HT[k].lchild=HT[k].rchild=0;
}//end for k
for(k=n+1; k<=m; k++)//建 Huffman 树
{
    int w1=32767，w2=w1；//w1，w2 分别保存权值最小的两个权值，初值为最大整数
    int p1=0，p2=0；//p1，p2 保存两个最小权值的下标
    for(j=1; j<=k-1; j++)//找到权值最小的两个值及其下标
    {
        if(HT[j].parent==0)//结点尚未合并
        {
            if(HT[j].weight<w1){w2=w1; p2=p1; w1=HT[j].weight; p1=j; }
            else if(HT[j].weight<w2){w2=HT[j].weight; p2=j; }
        }//end if
    }//end for j
    HT[p1].parent=k; HT[p2].parent=k; //更新两个结点的双亲
    HT[k].lchild=p1; HT[k].rchild=p2; //更新新生成结点的孩子
    HT[k].weight=w1+w2;//新树根结点的权值等于左、右子树根结点权值和
}//end for k
}//end Create_Huffman
```

算法 5.8

下面介绍由赫夫曼树生成赫夫曼编码的算法。根据叶子结点出现频度（权值），对其赫夫曼编码有两种方式：

①从叶子结点到根逆向处理，求得每个叶子结点对应字符的赫夫曼编码。

②从根结点开始遍历整棵二叉树，求得每个叶子结点对应字符的赫夫曼编码。

下面介绍方式①。由赫夫曼树的生成知，n 个叶子结点的树共有 $2n-1$ 个结点，叶子结点存储在数组 HT 中的下标值为 $1\sim n$。由于赫夫曼编码是叶子结点的编码，因此只需对数组 $HT[1\cdots n]$ 的 n 个结点权值进行编码，每个字符编码的最大长度是 $n-1$。

再将例 5.3 的问题采用上面的两个算法求解赫夫曼编码，如图 5.23 所示。其存储结构 HT 的初始状态如图 5.23(a)所示，其终结状态如图 5.23(b)所示，所得赫夫曼编码如图 5.23(c)所示。从图 5.23 中可以看出，最终的赫夫曼编码与例 5.3 的编码不一致，是

因为赫夫曼树形状不是唯一的，因此编码并不是唯一的，但是它们的 WPL 值相等。

	weight	parent	lchild	rchild
1	7	0	0	0
2	3	0	0	0
3	4	0	0	0
4	6	0	0	0
5	5	0	0	0
6	2	0	0	0
7		0	0	0
8		0	0	0
9		0	0	0
10		0	0	0
11		0	0	0

（a）HT 的初态

	weight	parent	lchild	rchild
1	7	10	0	0
2	3	7	0	0
3	4	8	0	0
4	6	9	0	0
5	5	8	0	0
6	2	7	0	0
7	5	9	6	2
8	9	10	3	5
9	11	11	7	4
10	16	11	1	8
11	27	0	9	10

（b）HT 的终态

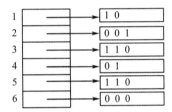

（c）赫夫曼编码 HG

图 5.23　赫夫曼编码示例的存储结构

如算法 5.9 所示，采用从叶子结点到根逆向处理的方法求赫夫曼编码，其中求编码时需先设一个通用的指向字符的指针变量 cd，求得编码后再复制到数组 HC 中。

```
//从叶子到根逆向求每个字符的赫夫曼编码
void Huffman_coding(int n, HTNode HT[], char * HC[])
{//n:字符个数, HT[]:赫夫曼树, HC[]:赫夫曼编码表
    int k, sp, fp, p;
    char * cd=(char *)malloc(n*sizeof(char)); //动态分配求编码的工作空间
    cd[n-1]='\0'; //编码的结束标志
    for(k=1; k<=n; k++)//逐个求字符的编码
    {
        sp=n-1; //编码结束标志位置
        p=k; //待编码字符下标
        fp=HT[p].parent; //待编码双亲下标
        for(; fp! =0; p=fp, fp=HT[fp].parent)//从叶子结点到根逆向求编码
            if(HT[fp].lchild==p)cd[--sp]='0'; else cd[--sp]='1';
        HC[k]=(char *)malloc((n-sp)*sizeof(char)); //为第 k 个字符分配保存编码的空间
```

```
        strcpy(HC[k], &cd[sp]);
    }//end for k
    free(cd);//释放通用的指向字符的指针指向的内存
}//end Huffman_coding
```

算法 5.9

5.6 实验：树和二叉树

5.6.1 实验 5.1：二叉树遍历的递归算法

以前序遍历方式建立二叉树的二叉链表存储结构，二叉树结点数据类型为整型，采用递归算法实现二叉树的建树、前序、中序、后序遍历和求二叉树深度算法的编程实现如下。

```
#include <stdio.h>
#include <stdlib.h>
typedef int ElemType;
typedef struct node
{
struct node * lchild;//左孩子指针域
ElemType data;    //数据域
struct node * rchild;//右孩子指针域
}binnode, * bintree;//二叉链表结点类型和指针类型
void createBintree(bintree * t)
{/* 以前序遍历方式建立二叉树 t 的链式存储结构*/
int data;
scanf("%d", &data);
if(data==0) * t=NULL;
else
{
    * t=(bintree)malloc(sizeof(binnode));
    (* t)->data=data;//赋值根结点
    createBintree(&(* t)->lchild);//前序遍历建立根的左子树(递归)
    createBintree(&(* t)->rchild);//前序遍历建立根的右子树(递归)
}//end else
}//end createBintree
//此处加入算法 5.1：void preorder(bintree t)//递归前序遍历二叉链表
```

//此处加入算法 5.2：void inorder(bintree t)//递归中序遍历二叉链表

//此处加入算法 5.3：void postorder(bintree t)//递归后序遍历二叉链表

int depth(bintree T)

{/* 后序递归遍历求二叉树深度*/

int l_depth, r_depth; //分别存储左、右子树的深度

if(T)

{

　　l_depth = depth(T->lchild);

　　r_depth = depth(T->rchild);

　　return l_depth> r_depth ? l_depth+1：r_depth+1;

}

else return 0;

}//end depth

void main( )

{

bintree T;

printf("请输入一棵二叉树的前序序列，数据域为整数，空指针输入 0\n"); createBintree(&T);

printf("该二叉树的前序序列是："); preorder(T);

printf("\n 该二叉树的中序序列是："); inorder(T);

printf("\n 该二叉树的后序序列是："); postorder(T);

printf("\n 该二叉树的深度是：%d\n", depth(T));

}

　程序运行结果：

请输入一棵二叉树的前序序列，数据域为整数，空指针输入 0

1 2 4 0 0 0 3 5 7 0 0 0 6 0 0

该二叉树的前序序列是：1243576

该二叉树的中序序列是：4217536

该二叉树的后序序列是：4275631

该二叉树的深度是：4

　　程序中，输入前序序列建立的二叉树如图 5.24 所示。其中为了唯一确定一棵二叉树，在前序序列中遍历过程中，输入 0 表示该子树为空二叉树，即输入数字 0 代表空指针。

5.6.2 实验 5.2：二叉树遍历的非递归算法

　　以输入前序遍历序列和中序遍历序列方式建立二叉树的二叉链表存储结构，二叉树结点数据类型为字符型，采用非递归算法分别实现二叉树的前序遍历、中序遍历、后序遍历、层次遍历和求结点数算法的编程实现如下。

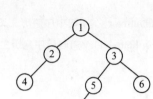

图 5.24　输入前序序列建立的二叉树

```
#include <stdio.h>
#include <stdlib.h>
#include <string.h>
#define MAX_NODE 50   //二叉树的最大结点数
typedef char ElemType;
typedef struct node
{
struct node *lchild; //左孩子指针域
ElemType data;   //数据域
struct node *rchild; //右孩子指针域
}binnode, *bintree; //二叉链表结点类型和指针类型
bintree creatBintree(int len, char pre[], char mid[])//输入前序序列和中序序列建立二叉树
{//len: 序列长度, pre[]: 前序序列, mid[]: 中序序列。假设树中结点值为整数, 各不相同
int i;
if(len==0) return NULL; //空二叉树
bintree root=(bintree)malloc(sizeof(binnode));
root->data=pre[0];
for(i=0; i<len; i++){if(mid[i]==pre[0])break; }
if(i>=len)root=NULL;
else
{
    root->lchild=creatBintree(i, pre+1, mid);
    root->rchild=creatBintree(len-1-i, pre+1+i, mid+1+i);
}//end else
return root;
}//end creatBintree
//此处加入算法 5.4: void PreorderTraverse(binnode *T)//非递归前序遍历二叉链表
//此处加入算法 5.5: void InorderTraverse(binnode *T)//非递归中序遍历二叉链表
//此处加入算法 5.6: void PostorderTraverse(binnode *T)//非递归后序遍历二叉链表
//此处加入算法 5.7: void LevelorderTraverse(binnode *T)//非递归层次遍历二叉链表
int NodeNum(binnode *T)
{/*前序遍历二叉树的非递归算法求结点数*/
```

```
binnode *Stack[MAX_NODE], *p=T, *q;
int top=0, num=0;    //num 为结点数
if(T==NULL)printf("Binary Tree is Empty! \n");
else
{
    do
     {
        num++; //结点数加 1
        q=p->rchild;
        if(q! =NULL)Stack[++top]=q;
        p=p->lchild;
        if(p==NULL && top>0){p=Stack[top]; top--;}
     }while(p! =NULL);
}
return num;
}
void main()
{
bintree t;
char pre[MAX_NODE], mid[MAX_NODE];
int len;
printf("输入某二叉树先序遍历序列及中序遍历序列\n");
scanf("%s %s", pre, mid);
len=strlen(pre);    t=creatBintree(len, pre, mid);
printf("该二叉树的前序序列是: ");    PreorderTraverse(t);
printf("\n 该二叉树的中序序列是: ");    InorderTraverse(t);
printf("\n 该二叉树的后序序列是: ");    PostorderTraverse(t);
printf("\n 该二叉树的层次遍历序列是: ");    LevelorderTraverse(t);
printf("\n 该二叉树的结点总数是: %d\n", NodeNum(t));
}
```

程序运行结果：

输入某二叉树先序遍历序列及中序遍历序列

1243576

4217536

该二叉树的前序序列是：1243576

该二叉树的中序序列是：4217536

该二叉树的后序序列是：4275631

该二叉树的层次遍历序列是：1234567

该二叉树的结点总数是：7

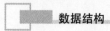

程序中所建立的二叉树同样如图 5.24 所示。注意：图中的数据类型为字符型，因此在输入先序序列和中序序列时不要输入空格，因为空格也是字符。

5.6.3 实验 5.3：赫夫曼编码

输入字符结点的个数和权值，建立赫夫曼树以及输出赫夫曼编码算法的编程实现如下。

```c
#include <stdio.h>
#include <stdlib.h>
#include <string.h>
#define MAX_NODE 200 //最大结点数>2n-1
typedef struct
{
int weight; //权值域
int parent, lchild, rchild; //指示双亲、左孩子、右孩子的位置
}HTNode; //赫夫曼树结点类型
//此处加入算法5.8：void Create_Huffman(int n, HTNode HT[ ])//创建赫夫曼树
//此处加入算法5.9：void Huffman_coding(int n, HTNode HT[], char * HC[])//生成赫夫曼编码
void main( )
{
HTNode HT[MAX_NODE]; char * HC[MAX_NODE]; int n, p;
printf("Please Input the number of leaf node：n="); scanf("%d", &n);
Create_Huffman(n, HT); Huffman_coding(n, HT, HC);
printf("Huffman Code is：\n");
for(p=1; p<=n; p++)   printf("   %s\n", HC[p]);
}
```

程序运行结果：

Please Input the number of leaf node：n=6

Please Input Weight：w=7

Please Input Weight：w=3

Please Input Weight：w=4

Please Input Weight：w=6

Please Input Weight：w=5

Please Input Weight：w=2

Huffman Code is：

10

001

110

01

111

000

程序输入的数据为例 5.3 的数据，在输入了结点个数 6 和相应的结点权值后，输出了所对应的赫夫曼编码。

5.7　习题

一、单选题

1. 已知某二叉树的后序遍历序列是 DACBE，中序遍历序列是 DEBAC，则它的前序遍历序列是(　　)。

A) ACBED

B) DEABC

C) DECAB

D) EDBCA

2. 树最适合用来表示(　　)。

A) 有序数据元素

B) 无序数据元素

C) 元素之间具有分支层次关系的数据

D) 元素之间无联系的数据

3. 二叉树的第 k 层的结点数最多为(　　)。

A) 2^k-1

B) $2k+1$

C) $2k-1$

D) 2^{k-1}

4. 设一棵二叉树的深度为 k，则该二叉树中最多有(　　)个结点。

A) $2k-1$

B) 2^k

C) 2^{k-1}

D) 2^k-1

5. 设某棵二叉树中有 2000 个结点，则该二叉树的最小高度为(　　)。

A) 9

B) 10

C) 11

D) 12

6. 设某二叉树中度数为 0 的结点数为 N_0，度数为 1 的结点数为 N_1，度数为 2 的结点数为 N_2，则下列等式成立的是(　　)。

A) $N_0=N_1+1$

B) $N_0=N_1+N_2$

C) $N_0=N_2+1$

D) $N_0=2N_1+1$

7. 设二叉树的先序遍历序列和后序遍历序列正好相反，则该二叉树满足的条件是(　　)。

A) 空或只有一个结点

B) 高度等于其结点数

C) 任一结点无左孩子

D) 任一结点无右孩子

8. 设某棵三叉树中有 40 个结点，则该三叉树的最小高度为(　　)。

A) 3

B) 4

C) 5

D) 6

9. 设按照从上到下、从左到右的顺序从 1 开始对完全二叉树进行顺序编号，则编号为 i 结点的左孩子结点的编号为(　　)。

A) $2i+1$

B) $2i$

C) $i/2$

D) $2i-1$

10. 设一棵三叉树中有 2 个度数为 1 的结点，2 个度数为 2 的结点，2 个度数为 3 的结点，则该三叉链树中有(　　)个度数为 0 的结点。

A)5   B)6   C)7   D)8

11. 设 F 是由 T_1、T_2 和 T_3 三棵树组成的森林，与 F 对应的二叉树为 B，T_1、T_2 和 T_3 的结点数分别为 N_1、N_2 和 N_3，则二叉树 B 的根结点的左子树的结点数为（   ）。

A)N_1-1 B)N_2-1 C)N_2+N_3 D)N_1+N_3

12. 设一棵 m 叉树中有 N_1 个度数为 1 的结点，N_2 个度数为 2 的结点，$\cdots$，N_m 个度数为 m 的结点，则该树中共有（   ）个叶子结点。

A)$\sum\limits_{i=1}^{m}(i-1)N_i$ B)$\sum\limits_{i=1}^{m}N_i$ C)$\sum\limits_{i=2}^{m}N_i$ D)$1+\sum\limits_{i=2}^{m}(i-1)N_i$

13. 设一组权值集合 $W=(15,3,14,2,6,9,16,17)$，要求根据这些权值集合构造一棵赫夫曼树，则这棵赫夫曼树的带权路径长度为（   ）。

A)129   B)219   C)189   D)229

二、填空题

1. 若用链表存储一棵二叉树时，每个结点除数据域外，还有指向左孩子和右孩子的两个指针。在这种存储结构中，n 个结点的二叉树共有＿＿＿＿个指针域，其中有＿＿＿＿个指针域存储的是空指针。

2. 设赫夫曼树中共有 n 个结点，则该赫夫曼树中有＿＿＿＿个度数为 1 的结点。

3. 设有 n 个结点的完全二叉树，如果按照从上到下、从左到右从 1 开始顺序编号，则第 i 个结点的双亲结点编号为＿＿＿＿，右孩子结点的编号为＿＿＿＿。

4. 高度为 k 的完全二叉树中最少有＿＿＿＿个结点，最多有＿＿＿＿个结点。

5. 设一棵完全二叉树有 128 个结点，则该完全二叉树的深度为＿＿＿＿，有＿＿＿＿个叶子结点。

6. 设二叉树中度数为 0 的结点数为 50，度数为 1 的结点数为 30，则该二叉树中总共有＿＿＿＿个结点数。

7. 设二叉树中结点的两个指针域分别为 lchild 和 rchild，则判断指针变量 p 所指向的结点为叶子结点的条件是＿＿＿＿＿＿＿＿＿＿＿＿＿＿＿＿＿＿＿＿＿＿＿＿＿＿＿＿＿＿＿＿＿。

8. 设一棵二叉树的前序序列为 ABC，则有＿＿＿＿种不同的二叉树可以得到这种序列。

9. 设一棵三叉树中有 50 个度数为 0 的结点，21 个度数为 2 的结点，则该三叉树中度数为 3 的结点数有＿＿＿＿个。

10. 设用于通信的电文仅由 8 个字母组成，字母在电文中出现的频率分别为 7、19、2、6、32、3、21、10，根据这些频率作为权值构造赫夫曼树，则这棵赫夫曼树的高度为＿＿＿＿，这棵赫夫曼树的带权路径长度为＿＿＿＿。

三、简答题

1. 下面算法的功能是什么？

```
void ABC(BTNode * BT)//BT 是一棵二叉树的根指针
{
```

```
if(BT)
{
    ABC(BT->lchild);
    ABC(BT->rchild);
    printf(BT->data);
    printf(" ");
}
}
```

2. 设一棵树 T 中边的集合为 $\{<A, B>, <A, C>, <A, D>, <B, E>, <C, F>, <C, G>\}$, 要求用孩子兄弟表示法(二叉链表)表示出该树的存储结构并将该树转化成对应的二叉树。

3. 已知二叉树的前序遍历序列是 AEFBGCDHIKJ, 中序遍历序列是 EFAGBCHKIJD, 写出此二叉树的后序遍历序列。

4. 如图 5.25 所示的森林:

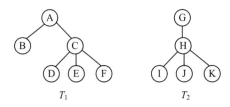

图 5.25 森林示例

1)求树 T_1 的先根序列和后根序列;

2)求森林先序序列和中序序列;

3)将此森林转换为相应的二叉树。

5. 可以采用二叉树来表示表达式。以二叉树表示表达式的递归定义如下: 若表达式为数或简单变量, 则相应二叉树中仅有一个根结点, 其数据域存放该表达式信息; 若表达式=(第一操作数)(运算符)(第二操作数), 则相应的二叉树中以左子树表示第一操作数, 右子树表示第二操作数, 根结点的数据域存放运算符(若为一元运算符, 则左子树为空)。操作数本身又为表达式。根据上述定义回答下列问题:

1)画出表达式: a+b*(c-d)-e/f 对应的二叉树;

2)对1)的二叉树进行前序遍历, 输出的表达式称作前缀表示(波兰式);

3)对1)的二叉树进行中序遍历, 输出的表达式称作中缀表示;

4)对1)的二叉树进行后序遍历, 输出的表达式称作后缀表示(逆波兰式)。

四、算法设计题

1. 设计在二叉树的二叉链表存储结构上求结点 x 的双亲结点的递归和非递归算法。

2. 设计在二叉树的二叉链表存储结构上交换所有结点左、右子树的递归和非递归算法。

3. 设计在二叉树的二叉链表存储结构上判断两个二叉树是否相同的递归和非递归算法。

4. 设计在二叉树的二叉链表存储结构上统计二叉树中结点个数的递归和非递归算法。

5. 设计在二叉树的二叉链表存储结构上计算所有结点值之和的递归和非递归算法。

6. 设计在二叉树的二叉链表存储结构上统计一度结点个数的递归和非递归算法。

7. 设计在二叉树的二叉链表存储结构上求二叉树深度的递归和非递归算法。

8. 设计一个在二叉树的二叉链表存储结构上返回中序遍历下的最后一个结点的算法。

9. 设计一个在二叉树的二叉链表存储结构上返回前序遍历下的最后一个结点的算法。

10. 假设二叉树采用二叉链表存储，root 为其根结点，p 指向二叉树中的任意一个结点，设计一个求从根结点 root 到 p 所指结点之间路径长度的算法。

11. 假设二叉树采用二叉链表存储，root 为其根结点，p 和 q 分别指向二叉树中任意两个结点，设计一个算法，返回 p 和 q 最近的共同祖先。

五、课程设计题

1. 二叉树顺序存储结构及递归操作的实现

采用顺序存储结构表示二叉树，要求完成以下操作：

1）以顺序存储结构创建一棵二叉树。

2）进行二叉树的前序、中序、后序递归遍历。

3）写递归程序求二叉树的结点总数、结点最大值和树的深度。

2. 二叉树顺序存储结构及非递归操作的实现

采用顺序存储结构表示二叉树，要求完成以下操作：

1）以顺序存储结构创建一棵二叉树。

2）进行二叉树的前序、中序、后序非递归遍历和层次遍历。

3）写非递归程序求二叉树的结点总数、结点最大值和树的深度。

3. 二叉树链式存储结构及递归操作的实现

采用链式存储结构表示二叉树，链式存储结构采用二叉链表实现，要求完成以下操作：

1）以链式存储结构创建一棵二叉树。

2）进行二叉树的前序、中序、后序递归遍历。

3）写递归程序求二叉树的结点总数、结点最大值和树的深度。

4. 二叉树链式存储结构及非递归操作的实现

采用链式存储结构表示二叉树，链式存储结构采用二叉链表实现，要求完成以下操作：

1）以链式存储结构创建一棵二叉树。

2) 进行二叉树的前序、中序、后序非递归遍历。

3) 写非递归程序求二叉树的结点总数、结点最大值和树的深度。

5. 赫夫曼编码和译码

从键盘输入若干字符及其权值，构造一棵赫夫曼树，编程实现赫夫曼编码，并用赫夫曼编码生成的代码串进行译码。例如：假设有四个字符 A、B、C、D，它们的权值分别是 7、6、2、4，输出的赫夫曼编码：A：00，B：10，C：110，D：111，测试时在键盘输入编码序列：01011001110101111100，输出的赫夫曼编码：ABCADABDCA。

第6章 图

图（graph）是一种比线性表和树更为复杂的数据结构。回顾前面的数据结构，可以知道线性结构是研究数据元素之间的一对一关系，在这种结构中，除第一个和最后一个元素外，任何一个元素都有唯一的直接前驱和直接后继；树结构是研究数据元素之间的一对多的关系，在这种结构中，每个元素对下层可以有 0 个或多个元素相联系，对上层只有唯一的一个元素相关，数据元素之间有明显的层次关系。图状结构是研究数据元素之间的多对多的关系，在这种结构中，任意两个元素之间可能存在关系，即结点之间的关系可以是任意的，图中任意元素之间都可能相关。图的应用极为广泛，已渗入诸如语言学、逻辑学、物理、化学、电信、计算机科学以及数学的其他分支。

6.1 图的基本概念

一个图 G 可以定义为一个二元组

$$G = (V, E)$$

其中：V 是顶点（vertex）的非空有限集合，记为 $V(G)$，将顶点集合为空的图称为**空图**；E 是无序集 $V \times V$ 的一个子集，记为 $E(G)$，其元素是图的**弧**（arc）或**边**（edge），集合 E 也可以表示为

$$E = \{<v, w>或(v, w) \mid v, w \in V 且 p(v, w)\}$$

其中：$<v, w>$ 表示有序偶对；(v, w) 表示无序偶对；$p(v, w)$ 表示从顶点 v 到顶点 w 有一条直接通路。

下面介绍图的常用术语和概念。

1）**弧**与**有向图**（digraph）。弧（有向边）是图中两个顶点 v 和 w 之间存在的一个有序关系，用顶点偶对 $<v, w>$ 表示。若图 G 的关系集合 $E(G)$ 中，所有顶点间的关系均是有序的，称图 G 是有向图。在有向图中，若 $<v, w> \in E(G)$，表示从顶点 v 到顶点 w 有一条弧，其中：v 称为**弧尾**（tail）或**起点**（initial node）；w 称为**弧头**（head）或**终点**（terminal node）。

2）**边**与**无向图**（undigraph）。边是图中两个顶点 v 和 w 之间存在的一个无序关系，用顶点偶对 (v, w) 表示。若图 G 的关系集合 $E(G)$ 中，所有顶点间的关系均是无序的，称图 G 是无向图。在无向图中，对任意 $(v, w) \in E(G)$，必有 $(w, v) \in E(G)$，即 $E(G)$ 是对称

的，(v, w) 和 (w, v) 代表同一条边。

例 6.1：设有有向图 G_1 和无向图 G_2，形式化定义分别是：

$G_1 = (V_1, E_1)$，$V_1 = \{a, b, c, d, e\}$，$E_1 = \{<a, d>, <b, a>, <c, b>, <c, e>, <d, c>, <e, b>, <e, d>\}$

$G_2 = (V_2, E_2)$，$V_2 = \{a, b, c, d\}$，$E_2 = \{(a, b), (a, d), (b, c), (b, d), (c, d)\}$

有向图 G_1 和无向图 G_2 所对应的图如图 6.1 所示。

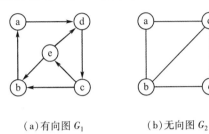

（a）有向图 G_1　　　　　　（b）无向图 G_2

图 6.1　有向图和无向图

3）**无向完全图**（undirected complete graph）：对于无向图，若图中顶点数为 n，边数为 e，则 $e \in [0..n(n-1)/2]$。具有 $n(n-1)/2$ 条边的无向图称为无向完全图。无向完全图的另一种定义是：对于无向图 $G = (V, E)$，若 $\forall v_i, v_j \in V$，当 $v_i \neq v_j$ 时，有 $(v_i, v_j) \in E$，即图中任意两个不同的顶点间都有一条无向边，这样的无向图称为无向完全图。

4）**有向完全图**（directed complete graph）：对于有向图，若图中顶点数为 n，弧数为 e，则 $e \in [0..n(n-1)]$。具有 $n(n-1)$ 条弧的有向图称为有向完全图。有向完全图的另一种定义是：对于有向图 $G = (V, E)$，若 $\forall v_i, v_j \in V$，当 $v_i \neq v_j$ 时，有 $<v_i, v_j> \in E$ 且 $<v_j, v_i> \in E$，即图中任意两个不同的顶点间都有方向相反的两条弧，这样的有向图称为有向完全图。

5）**稀疏图和稠密图**：有很少边或弧的图（如：$e < n\log n$）称为稀疏图，反之称为稠密图。

6）**权**（weight）：与图的边或弧相关的数。例如：权可以表示从一个顶点到另一个顶点的距离或耗费。

7）**子图**（subgraph）和**生成子图**（spanning subgraph）：设有图 $G = (V, E)$ 和 $G' = (V', E')$，若 $V' \subseteq V$ 且 $E' \subseteq E$，则称图 G' 是 G 的子图；若 $V' = V$ 且 $E' \subseteq E$，则称图 G' 是 G 的一个生成子图。

8）**顶点的邻接**（adjacent）：对于无向图 $G = (V, E)$，若边 $(v, w) \in E$，则称顶点 v 和 w 互为邻接点，也称 v 和 w 相邻接，或称边 (v, w) 依附于顶点 v 和 w。对于有向图 $G = (V, E)$，若弧 $<v, w> \in E$，则称顶点 v "邻接到"顶点 w，顶点 w "邻接自"顶点 v，弧 $<v, w>$ 与顶点 v 和 w "相关联"。

9）**顶点的度**（degree）、**入度**（indegree）和**出度**（outdegree）：对于无向图 $G = (V, E)$，$\forall v_i \in V$，图 G 中依附于 v_i 的边的数目称为顶点 v_i 的度，记为 $TD(v_i)$。显然，在无向图中，所有顶点度的和是图中边的 2 倍。即

$$\sum TD(v_i) = 2e \quad (i = 1, 2, \cdots, n) \tag{6.1}$$

其中：e 为图的边数。对有向图 $G=(V, E)$，若 $\forall v_i \in V$，图 G 中以 v_i 作为起点的弧数称为顶点 v_i 的出度，记为 $OD(v_i)$；以 v_i 作为终点的弧数称为顶点 v_i 的入度，记为 $ID(v_i)$；顶点 v_i 的出度与入度之和称为 v_i 的度，记为 $TD(v_i)$，即：

$$TD(v_i) = OD(v_i) + ID(v_i) \tag{6.2}$$

10) **路径**(path)、**路径长度**、**回路**(cycle)：对无向图 $G=(V, E)$，若从顶点 v_i 经过若干条边能到达 v_j，称顶点 v_i 和 v_j 是**连通的**，又称顶点 v_i 到 v_j 有路径。对有向图 $G=(V, E)$，从顶点 v_i 到 v_j 存在有向路径，指的是从顶点 v_i 经过若干条弧能到达 v_j，即对于无向图，路径

$$\text{path} = v_{i,0} v_{i,1} \cdots v_{i,m}, \ v_{ij} \in V \text{ 且 } (v_{i,j-1}, v_{ij}) \in E \quad (j=1, 2, \cdots, m) \tag{6.3}$$

对于有向图，路径

$$\text{path} = v_{i,0} v_{i,1} \cdots v_{i,m}, \ v_{ij} \in V \text{ 且 } <v_{i,j-1}, v_{ij}> \in E \quad (j=1, 2, \cdots, m) \tag{6.4}$$

路径上边或弧的数目称为该路径的长度。在一条路径中，若没有重复相同的顶点，该路径称为**简单路径**；第一个顶点和最后一个顶点相同的路径称为**回路(环)**；在一个回路中，若除第一个与最后一个顶点外，其余顶点不重复出现的回路称为**简单回路(简单环)**。

11) **连通图、图的连通分量**：对无向图 $G=(V, E)$，若 $\forall v_i, v_j \in V$，v_i 和 v_j 都是连通的，则称图 G 是连通图，否则称之为**非连通图**。若 G 为非连通图，则 G 的极大连通子图称为 G 的**连通分量**。对有向图 $G=(V, E)$，若 $\forall v_i, v_j \in V$，都有以 v_i 为起点，v_j 为终点以及以 v_j 为起点，v_i 为终点的有向路径，称图 G 为**强连通图**，否则称之为**非强连通图**。若 G 是非强连通图，则 G 的极大强连通子图称为 G 的**强连通分量**。这里"极大"的含义指的是对子图再增加图 G 中的其他顶点，子图就不再连通或强连通。

12) **生成树**(spanning tree)：一个连通图(无向图)的生成树是一个极小连通子图，它含有图中全部 n 个顶点和构成一棵树的 $n-1$ 条边，称为图的生成树，如图 6.2 所示。

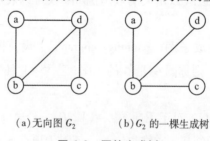

(a)无向图 G_2　　(b)G_2 的一棵生成树

图 6.2　图的生成树

关于无向图的生成树的几个结论：

① 一棵有 n 个顶点的生成树有且仅有 $n-1$ 条边。

② 如果一个无向图有 n 个顶点并且边数小于 $n-1$，则是非连通图。

③ 如果一个无向图多于 $n-1$ 条边，则一定有环。

④ 有 $n-1$ 条边的无向图不一定是生成树。

13）**带权图**（weighted graph）和**网**（network）：若图的边（或弧）都附加一个权值的图，该图称为带权图。带权的连通图称为**网**或**网络**。**网络**是工程上常用的一个概念，可用来表示一个工程或某种流程，如图 6.3 所示。

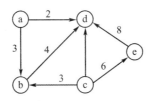

图 6.3　带权有向图

6.2　图的存储结构

图的存储结构比较复杂，其复杂性主要表现在：任意顶点之间可能存在联系，无法以数据元素在存储区中的物理位置来表示元素之间的关系；图中顶点的度不一样，有的可能相差很大，若按度数最大的顶点预留存储空间，则会浪费很多存储单元，反之按每个顶点自己的度设计不同的结构，又会影响操作。因此，和树类似，在实际应用中应根据具体图和需要进行的操作设计图恰当的存储结构。图的常用的存储结构有：邻接矩阵、邻接链表、十字链表、邻接多重表和边表。

6.2.1　邻接矩阵

邻接矩阵存储结构又称图的数组表示法。例如，对于有 n 个顶点的图，用一维数组 vexs[n] 存储顶点信息，用二维数组 $A[n][n]$ 存储顶点之间关系的信息，该二维数组称为**邻接矩阵**（adjacent matrix），在邻接矩阵中，以顶点在 vexs 数组中的下标代表顶点，邻接矩阵中的元素 $A[i][j]$ 存放的是顶点 i 到顶点 j 之间关系的信息。

1）无向图的数组表示法

常用的无向图的数组表示法包括无权图的邻接矩阵和带权图的邻接矩阵。

若无向无权图 $G=(V,E)$ 有 $n(n \geq 1)$ 个顶点，其邻接矩阵是 n 阶对称方阵，如图 6.4 所示，其元素的定义如下：

$$A[i][j]=\begin{cases}1, & (v_i,v_j)\in E，即 v_i,v_j 邻接 \\ 0, & (v_i,v_j)\notin E，即 v_i,v_j 不邻接\end{cases}$$

若无向带权图 $G=(V,E)$ 有 $n(n \geq 1)$ 个顶点，其邻接矩阵也是 n 阶对称方阵，如图 6.5 所示。其元素的定义如下：

$$A[i][j] = \begin{cases} 0, & i = j \\ w_{ij}, & (v_i, v_j) \in E,\ \text{即}\ v_i,\ v_j\ \text{邻接，权值为}\ w_{ij} \\ \infty, & (v_i, v_j) \notin E,\ \text{即}\ v_i,\ v_j\ \text{不邻接} \end{cases}$$

（a）无向图 G　　　　（b）G 的顶点数组　　　　（c）G 的邻接矩阵

图 6.4　无向无权图的邻接矩阵存储结构

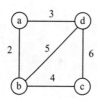

（a）无向带权图 G　　　（b）G 的顶点数组　　　（c）G 的邻接矩阵

图 6.5　无向带权图的邻接矩阵存储结构

　　无向图邻接矩阵的特性：邻接矩阵是对称方阵；对于顶点 v_i，其度是第 i 行或第 i 列的非 0 元素的个数；无向图的边数是上（或下）三角形矩阵中非 0 元素个数。

　　2）有向图的数组表示法

　　下面介绍有向无权图和有向带权图的邻接矩阵。若有向无权图 $G = (V, E)$ 有 $n(n \geqslant 1)$ 个顶点，则其邻接矩阵是 n 阶对称方阵，如图 6.6 所示，有向无权图邻接矩阵元素定义如下：

$$A[i][j] = \begin{cases} 1, & <v_i, v_j> \in E,\ \text{即}\ v_i\ \text{到}\ v_j\ \text{有弧} \\ 0, & <v_i, v_j> \notin E,\ \text{即}\ v_i\ \text{到}\ v_j\ \text{无弧} \end{cases}$$

（a）有向图 G　　　　（b）顶点数组　　　　（c）邻接矩阵

图 6.6　有向无权图的邻接矩阵存储结构

　　有向带权图如图 6.7 所示，其元素的定义如下：

$$A[i][j] = \begin{cases} 0, & i = j \\ w_{ij}, & <v_i, v_j> \in E,\ \text{即}\ v_i\ \text{到}\ v_j\ \text{有弧，权值为}\ w_{ij} \\ \infty, & <v_i, v_j> \notin E,\ \text{即}\ v_i\ \text{到}\ v_j\ \text{无弧} \end{cases}$$

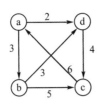

$$A = \begin{bmatrix} 0 & 2 & \infty & 3 \\ \infty & 0 & 5 & 3 \\ 6 & \infty & 0 & \infty \\ \infty & \infty & 4 & 0 \end{bmatrix}$$

（a）有向图 G　　　　（b）顶点数组　　　　（c）邻接矩阵

图 6.7　有向带权图的邻接矩阵存储结构

有向图邻接矩阵的特性：对于顶点 v_i，第 i 行的非 0 元素的个数是 v_i 的出度 $OD(v_i)$；第 i 列的非 0 元素的个数是其入度 $ID(v_i)$。邻接矩阵中非 0 元素的个数就是图的弧的数目。

3）图的邻接矩阵数据类型定义

图的邻接矩阵的实现比较容易，定义两个数组分别存储顶点信息（数据元素）和边或弧的信息（数据元素之间的关系），其存储结构定义如下：

```
#define INFINITY 32767 //假设最大整数为 32767
#define MAX_VEX 30 //假设的最大顶点数目
typedef enum{DG，AG，WDG，WAG}GraphKind；//{有向图，无向图，带权有向图，带权无向图}
typedef char VexType；//顶点类型
typedef int ArcValType；//弧或边的权值类型
typedef struct ArcType
{
VexType vex1，vex2；//弧或边所依附的两个顶点
ArcValType ArcVal；//弧或边的权值
}ArcType；//弧或边的结构定义
typedef struct
{
GraphKind kind；//图的种类标志
int vexnum，arcnum；//图的当前顶点数和弧数
VexType vexs[MAX_VEX]；//顶点向量
ArcType adj[MAX_VEX][MAX_VEX]；//邻接矩阵
}MGraph；//基于邻接矩阵的图类型
```

6.2.2　邻接表

邻接表（adjacent list）又称邻接链表，是图最常用的链式存储结构之一，其存储基本思想是：对图的每个顶点建立一个单链表，存储该顶点所有邻接顶点及其相关信息，每一个单链表设一个表头结点，第 i 个单链表表示依附于顶点 v_i 的边（对有向图是以顶点 v_i 为头或尾的弧）。邻接表结点存储结构如图 6.8 所示。

邻接表中的结点称为表结点，每个结点由 3 个域组成，如图 6.8（a）所示，其中邻接

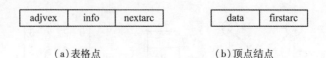

（a）表格点 　　　　　　　　　　　　　（b）顶点结点

图 6.8　邻接表结点存储结构

点域（adjvex）指示与顶点 v_i 邻接的顶点在图中的位置（顶点编号），链域（nextarc）指向下一个与顶点 v_i 邻接的表结点，数据域（info）存储和边或弧相关的信息，如权值等。对于无权图，如果没有与边相关的其他信息，可省略此域。每个链表设一个表头结点（称为顶点结点），由 2 个域组成，如图 6.8（b）所示，表头结点的链域（firstarc）指向链表中的第一个表结点，数据域（data）存储顶点名或其他信息。在图的邻接链表表示中，所有顶点结点用一个向量以顺序结构形式存储，可以随机访问任意顶点的链表，该向量称为表头向量，向量的下标指示顶点的序号。

用邻接链表存储图时，对无向图，其邻接链表是唯一的，如图 6.9 所示。对有向图，其邻接链表有两种形式：**正邻接表**（邻接表）和**逆邻接表**（inverse adjacent list）。有向图邻接表的表结点表示顶点结点出发的弧；有向图逆邻接表的表结点表示指向顶点结点的弧，如图 6.10 所示，其中在表结点结构中省略了 info 域的值。

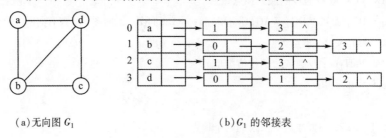

（a）无向图 G_1 　　　　　　　　　　（b）G_1 的邻接表

图 6.9　无向图及其邻接表

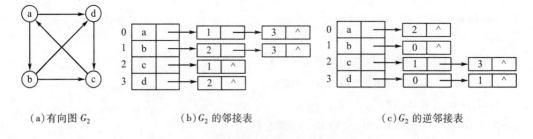

（a）有向图 G_2 　　　　（b）G_2 的邻接表 　　　　（c）G_2 的逆邻接表

图 6.10　有向图及其邻接表和逆邻接表

图的邻接表表示法具有如下的特点：

1）表头向量中每个分量就是一个单链表的头结点，分量个数就是图中的顶点数目。

2）在边或弧稀疏的条件下，用邻接表表示比用邻接矩阵表示节省存储空间。

3）对于无向图，顶点 v_i 的度是第 i 个链表的结点数。

4）对于有向图可以建立正邻接表或逆邻接表。正邻接表是以顶点 v_i 为出度（即为弧的起点）而建立的邻接表；逆邻接表是以顶点 v_i 为入度（即为弧的终点）而建立的邻接表。

5）对于有向图，第 i 个链表中的结点数是顶点 v_i 的出（或入）度，求入（或出）度，须遍历整个邻接表。

邻接表结点类型定义如下：

```
typedef struct Node
{
int adjvex; //邻接点在头结点数组中的位置（下标）
InfoType info; //与边或弧相关的信息，如权值
struct Node * nextarc; //指向下一个表结点
}LinkNode; //表结点类型定义
typedef struct VexNode
{
VexType data; //顶点信息
int degree; //顶点的度，有向图是入度或出度或没有
LinkNode * firstarc; //指向第一个表结点
}VexNode; //顶点结点类型定义
typedef struct
{
GraphKind kind; //图的种类标志
int vexnum, arcnum; //图的顶点数和边数
VexNode adjlist[MAX_VEX]; //邻接表
}ALGraph; //基于邻接表的图类型定义
```

6.2.3　十字链表

十字链表（orthogonal list）是有向图的另一种链式存储结构，是将有向图的正邻接表和逆邻接表结合起来得到的一种链表。在十字链表存储结构中，每个弧结点分别被组织到**弧尾顶点**（tail vertex）相同和**弧头顶点**（head vertex）相同的两个十字交叉的链表中，十字链表结点存储结构如图 6.11 所示，有向图的十字链表存储结构如图 6.12 所示。

（a）顶点结点　　　　　　　　　　　　　　　　（b）弧结点

图 6.11　有向图的十字链表结点结构

图 6.11 中的顶点结点由 3 个域组成：data 域存储和顶点相关的信息；指针域 firstin 指向以该顶点为弧头的第一条弧所对应的弧结点；指针域 firstout 指向以该顶点为弧尾的第一条弧所对应的弧结点。图 6.11 中的弧结点由 5 个域组成：弧尾域 tailvex 指示弧尾顶点在图中的位置；弧头域 headvex 指示弧头顶点在图中的位置；指针域 hlink 指向弧头相同的下一个弧结点；指针域 tlink 指向弧尾相同的下一个弧结点；info 域存储与该弧相关的信息（在图 6.12 中被省略）。从图 6.11 中可以看出，从一个顶点结点的 firstout 指针

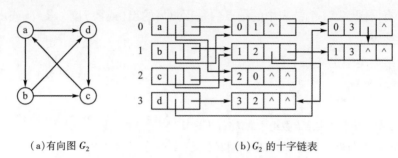

(a)有向图 G_2 (b) G_2 的十字链表

图 6.12　有向图的十字链表存储结构

域出发，沿表结点的 tlink 指针域构成了正邻接表的链表结构；而从一个顶点结点的 firstin 指针域出发，沿表结点的 hlink 域指针构成了逆邻接表的链表结构。十字链表的结点类型定义如下：

    typedef struct ArcNode

    {

    int tailvex, headvex；//尾结点和头结点在图中的位置

    InfoType info；//与弧相关的信息，如权值

    struct ArcNode *hlink, *tlink；//弧头和弧尾指针

    }ArcNode；//弧结点类型定义

    typedef struct VexNode

    {

    VexType data；//顶点信息

    ArcNode *firstin, *firstout；//第一条出发和进入的弧

    }VexNode；//顶点结点类型定义

    typedef struct

    {

    int vexnum；//顶点数

    VexNode xlist[MAX_VEX]；//顶点结点数组

    }OLGraph；//基于十字链表的图的类型

6.2.4　邻接多重表

邻接多重表(adjacency multilist)是无向图的另一种链式存储结构。在前面的无向图邻接表中，一条边 (v, w) 的两个表结点分别存储在以 v 和 w 为头结点的两个链表中，在涉及边的操作时可能需要两次操作，从而带来不便。邻接多重表中每条边用一个边结点表示，顶点结点结构与邻接表中的完全相同，邻接多重表结点存储结构和示例分别如图 6.13 和图 6.14 所示。

图 6.13 中的顶点结点由两个域组成，数据 data 存储和顶点相关的信息，指针域 firstedge 指向依附于该顶点的第一条边所对应的边结点。图 6.13 中的弧结点由 5 个域组成：标志域 mark 用以标识该条边是否被访问过；ivex 和 jvex 域分别保存该边所依附的两

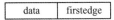

data	firstedge

mark	ivex	ilink	info	jvex	jlink

（a）顶点结点　　　　　　　　　　　　（b）边结点

图 6.13　无向图的邻接多重表结点结构

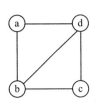

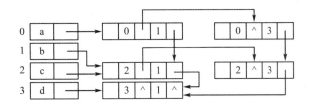

（a）无向图 *G*　　　　　　　　　　　　（b）*G* 的邻接多重表

图 6.14　无向图的邻接多重表存储结构

个顶点在图中的位置；指针域 ilink 指向下一条依附于顶点 ivex 的边；指针域 jlink 指向下一条依附于顶点 jvex 的边；信息域 info 保存该边的相关信息（在图 6.14 中被省略）。邻接多重表与邻接表的区别是：后者同一条边用两个表结点表示，而前者只用一个边结点表示。除标志域外，邻接多重表与邻接表表达的信息是相同的，因此，操作的实现也基本相似。邻接多重表的结点类型定义如下：

typedef enum｛unvisited，visited｝Visitting；//定义访问标记枚举类型

typedef struct EdgeNode

｛

Visitting mark；//访问标记

int ivex，jvex；//该边依附的两个结点在图中的位置

InfoType info；//与边相关的信息，如权值

struct EdgeNode ﹡ilink，﹡jlink；//分别指向依附于这两个顶点的下一条边

｝EdgeNode；//弧边结点类型定义

typedef struct VexNode

｛

VexType data；//顶点信息

EdgeNode ﹡firstedge；//指向依附于该顶点的第一条边

｝VexNode；//顶点结点类型定义

typedef struct

｛

int vexnum；//顶点数

VexNode mullist［MAX_VEX］；//顶点数组

｝AMGraph；//图的邻接多重表类型定义

6.2.5　边表

在某些应用中，有时主要考察图中各个边的权值以及所依附的两个顶点，即图的结

构主要由边来表示，称为**边表**（edge table）存储结构。在边表结构中，边结点采用顺序存储方式，每个边结点由三部分组成：边所依附的两个顶点存储位置和边的权值。图的顶点用另一个顺序结构的顶点表存储。边表结构既可以存储无向图，也可以存储有向图。边表存储结构如图 6.15 所示。

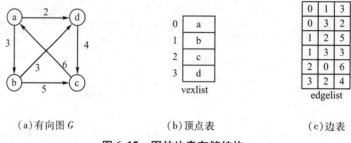

（a）有向图 G   （b）顶点表   （c）边表

图 6.15 图的边表存储结构

边表的类型定义如下：

```
#define INFINITY 32767 //边上权值的最大值
#define MAX_VEX 30 //最大顶点数
#define MAX_EDGE 100 //最大边数
typedef char VexType; //顶点类型
typedef int WeightType; //权值类型
typedef struct ENode
{
int ivex, jvex; //边所依附的两个顶点
WeightType weight; //边的权值
}ENode; //边表元素类型定义
typedef struct
{
int vexnum, edgenum; //顶点数和边数
VexType vexlist[MAX_VEX]; //顶点表
ENode edgelist[MAX_EDGE]; //边表
}ELGraph; //图的边表类型定义
```

6.3 图的遍历

图的遍历（travering graph）是指从图的某一顶点出发，访问图中的所有顶点，且每个顶点仅被访问一次。图的遍历操作是图最基本、最重要的操作，许多有关图的其他操作都是在图的遍历基础之上加以变化来实现的。图的遍历的复杂性表现为：图的任意顶点可能和其余的顶点相邻接，可能在访问了某个顶点后，沿某条路径搜索后又回到原顶点。一般的解决办法是：在遍历过程中记下已被访问过的顶点，例如：设置一个辅助向量

Visited[1..n](n 为顶点数),其初值为假(FALSE),表示顶点 v_i 尚未被访问;一旦访问了顶点 v_i 后,置访问标志 Visited[i]为真(TRUE),表示顶点 v_i 已被访问。图的遍历算法主要有**深度优先搜索**(Depth First Search,简称 DFS)遍历算法和**广度优先搜索**(Breadth First Search,简称 BFS)遍历算法。

6.3.1 深度优先搜索遍历

图的深度优先搜索遍历类似树的先序遍历,可以理解为树先序遍历的推广。图的深度优先搜索遍历算法的基本思想是:设初始状态时图中的所有顶点未被访问,则从图中任选某顶点 v 出发,访问顶点 v;然后从 v 的未被访问的邻接点出发,对图进行深度优先搜索遍历,直至图中和 v 有路径相通的所有顶点都被访问;若此时图中尚有顶点未被访问,则从一个未被访问的顶点出发,重新进行深度优先搜索遍历,直到图中所有顶点均被访问为止。对无向图的邻接表进行 DFS 遍历如图 6.16 所示,其中虚线代表搜索路径,基于图 G 邻接表存储结构的 DFS 遍历序列是:a→d→b→c→e→f。显然,如果图 6.16 中的存储结构改变了,图的深度优先搜索遍历序列也可能会改变,因此,针对图的逻辑结构的 DFS 遍历序列一般不是唯一的。

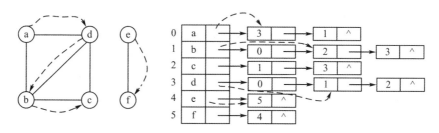

(a)无向图 G 含有两个连通分量　　　　(b)G 的邻接表存储结构及其 DFS 遍历

图 6.16　图的深度优先搜索遍历

由图的深度优先搜索遍历算法的基本思想可知,这是一个递归过程,因此,首先设计一个从顶点 v_0(也可以是其他顶点)出发进行深度优先搜索遍历的算法,实现对包含顶点 v_0 的连通分量中所有顶点的访问。深度优先搜索遍历图的一个连通分量的操作如算法 6.1 所示。

```
void DFS(ALGraph G, int v)
{//从顶点 v 出发深度优先搜索图 G 的一个连通分量
LinkNode *p; //工作指针
Visited[v]=TRUE; printf("%c", G.adjlist[v].data); //置访问标志为 TRUE,访问顶点 v
p=G.adjlist[v].firstarc; //链表的第一个结点
while(p! =NULL)//从 v 的未访问过的邻接顶点出发深度优先搜索
{
    if(! Visited[p->adjvex])DFS(G, p->adjvex); //递归调用
    p=p->nextarc; //指向 p 的下一个邻接点
```

```
}//end while
}//end DFS
```

算法 6.1

算法 6.1 只实现了对一个连通分量的遍历，在遍历整个图时，可以对图中的每一个未被访问的顶点分别执行算法 6.1，因此，深度优先搜索遍历整个图的操作如算法 6.2 所示。

```
void DFS_traverse_Graph( ALGraph G)
{//图的深度优先搜索遍历算法
for( int v = 0; v<G.vexnum; v++) Visited[ v] = FALSE; //所有顶点访问标志初始化为 FALSE
for( v = 0; v<G.vexnum; v++)//每个顶点都出发一次，进行 DFS 操作
    if( ! Visited[ v] ) DFS(G, v); //调用 DFS 算法
}//end DFS_traverse_Graph
```

算法 6.2

深度优先搜索遍历时，对图的每个顶点至多调用一次 DFS 算法，本质上就是对每个顶点查找邻接顶点的过程，其算法的时间复杂度取决于存储结构。若图采用邻接表存储，图的遍历过程相当于对邻接表中所有结点按照某种顺序访问一遍的过程，由于有向图的邻接表有 n 个顶点结点和 e 个表结点（无向图为 $2e$ 个表结点），因此图的 DFS 遍历算法的时间复杂度为 $O(n+e)$[无向图为 $O(n+2e)$]；若图采用邻接矩阵存储，则 DFS 算法的时间复杂度为 $O(n^2)$。

6.3.2 广度优先搜索遍历

广度优先搜索遍历过程类似树的按层次遍历过程。广度优先搜索遍历算法的基本思想是：设初始状态时图中的所有顶点未被访问，则从图中某个顶点 v_i 出发，访问 v_i；然后访问 v_i 的所有未被访问的所有邻接点 v_{i1}，v_{i2}，…，v_{im}；然后再依次从 v_{i1}，v_{i2}，…，v_{im} 出发访问它们的邻接点，即"先被访问的顶点的邻接点"先于"后被访问的顶点的邻接点"被访问，直至图的当前连通分量的所有结点被访问为止；若此时尚有顶点未被访问，选取图中未被访问顶点作为起始顶点，继续进行广度优先搜索，直到图中所有顶点都被访问为止。无向图的邻接表进行广度优先搜索遍历如图 6.17 所示，其搜索路径用虚线箭头表示，基于图 G 邻接表存储结构的广度优先搜索遍历序列是：a→d→b→c→e→f。显然，如果图 6.17 中的存储结构改变了，图的广度优先搜索遍历序列也可能会改变，因此，针对图的逻辑结构的广度优先搜索遍历序列一般不是唯一的。

从广度优先搜索过程可知，"先被访问顶点的邻接点"一定先于"后被访问顶点的邻接点被访问"，这种操作次序正好符合队列结构先进先出的特点，因此，可以附加一个队列 Q，在访问了 v_i 之后，可以将 v_i 未被访问的邻接点依次入队 Q，然后再出队队首元素继续进行访问，这样就保证了先入先出的访问顺序。此外，同样需要一个访问标记数组 Visited 标记图中顶点是否被访问过。采用队列辅助进行图的广度优先搜索遍历操作如算

法 6.3 所示。

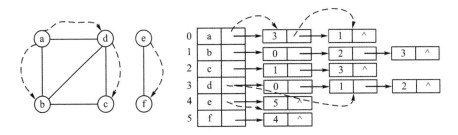

(a)无向图 G 含有两个连通分量　　　　　(b) G 的邻接表存储结构及其 BFS 遍历

图 6.17　图的广度优先搜索遍历

```
void BFS_traverse_Graph( ALGraph G)
{//采用队列辅助实现图的广度优先搜索遍历非递归算法,图采用邻接表存储
int k, v, w; LinkNode *p; Queue *Q; BOOLEAN Visited[ MAX_VEX];
Q=( Queue * )malloc( sizeof( Queue)); Q->front=Q->rear=0; //建立空顺序队列
for( k=0; k<G.vexnum; k++)Visited[ k]=FALSE; //访问标志初始化为 FALSE
for( k=0; k<G.vexnum; k++)
{
    v=k; //邻接表的第 k 个头顶点
    if( Visited[ v]==FALSE)//v 尚未访问
    {
        Visited[ v]=TRUE; //置访问标志为 TRUE
        printf( "%c", G.adjlist[ v].data); //输出结点值
        Q->elem[ ++Q->rear]=v; //顶点 v 入队
        while( Q->front! =Q->rear)//队非空,出队访问
        {
            w=Q->elem[ ++Q->front]; //出队
            p=G.adjlist[ w].firstarc; //p 指示顶点 w 的第一个邻接点
            while( p! =NULL)
            {
                if( Visited[ p->adjvex] == FALSE)//p 指示的邻接点未被访问
                {
                    Visited[ p->adjvex]=TRUE; //置访问标志为 TRUE
                    printf( "%c", G.adjlist[ p->adjvex].data); //访问元素
                    Q->elem[ ++Q->rear]=p->adjvex; //p 指示结点出队
                }//end if
                p=p->nextarc; // p 指示顶点 w 的下一个邻接点
            }//end while p
        }//end while Q
```

```
            }//end if
     }//end for k
     }// end BFS_traverse_Graph
```

算法　6.3

图的广度优先搜索遍历算法与图的深度优先搜索遍历算法主要区别在于邻接点搜索次序不同，因此，基于邻接表的有向图 BFS 算法的总时间复杂度为 $O(n+e)$（无向图为 $O(n+2e)$），若图采用邻接矩阵存储，则 BFS 算法的时间复杂度为 $O(n^2)$。

6.4　最小生成树

如果连通图是一个带权图，则其生成树中所有边的权值之和称为生成**树的代价**。带权连通图中代价最小的生成树称为**最小生成树**（Minimum Spanning Tree，简称 MST）。最小生成树在实际中具有重要用途，比如设计城市间的通信网问题：设图的顶点表示城市，边表示两个城市之间的通信线路，边的权值表示建造通信线路的费用，则 n 个城市之间最多可以建 $n \times (n-1)/2$ 条线路，如何选择其中的 $n-1$ 条，使总的建造费用最低？该问题就可以通过求城市间通信网的最小生成树来解决。

构造最小生成树的基本原则是：尽可能选取权值最小的边，但不能构成回路；选择 $n-1$ 条边构成最小生成树。最小生成树具有以下定理。

定理 6.1：设 $G=(V, E)$ 是一个带权连通图，U 是顶点集 V 的一个非空子集。若 $u \in U$，$v \in V-U$，且 (u, v) 是集合 U 到集合 $V-U$ 的权值最小的边，则必存在一棵包含边 (u, v) 的最小生成树。

证明：用反证法证明。假设图 G 的任何一棵最小生成树都不包含边 (u, v)。设 T 是 G 的一棵生成树，则 T 是连通的，必有一条从 u 到 v 的路径 $(u, \cdots, v)$，将边 (u, v) 再加入到 T 中，显然就构成了回路，那么路径 $(u, \cdots, v)$ 中必存在一条边 (u', v')，满足 $u' \in U$，$v' \in V-U$，我们删去边 (u', v') 便可消除回路，同时得到另一棵生成树 T'。由于 (u, v) 是 U 到 $V-U$ 的权值最小的边，故 (u, v) 的权值不大于 (u', v') 的权值，T' 的代价也不大于 T，因此 T' 是包含 (u, v) 的一棵最小生成树，与假设矛盾。

6.4.1　普里姆算法

普里姆（Prim）算法是求最小生成树的常用算法，于 1930 年由捷克数学家沃伊捷赫·亚尔尼克发现，并在 1957 年由美国计算机科学家罗伯特·普里姆独立发现，1959 年艾兹格·迪科斯彻再次发现了该算法，因此，在某些场合，普里姆算法又被称为 DJP 算法、亚尔尼克算法或普里姆-亚尔尼克算法，下面介绍普里姆算法。

普里姆算法从连通图 $G=(V, E)$ 中求最小生成树 $T=(U, TE)$，其步骤如下：

① 初始化：若从顶点 v_0 出发构造最小生成树，则初始化顶点集 $U=\{v_0\}$，边集 $TE=$

{}。

② 先找权值最小的边 (u, v)，其中 $u \in U$ 且 $v \in V-U$，执行操作：$U = U \cup \{v\}$，$TE = TE \cup \{(u, v)\}$。

③ 重复②，直到 $U = V$ 为止。则 $T = (U, TE)$ 就是一棵最小生成树。

下面讨论算法的具体实现。设用邻接矩阵表示连通图 G，为便于算法实现，可设置一个一维辅助数组 closedge$[0..n-1]$ 用来保存当前集合 $V-U$ 中各顶点到集合 U 中各顶点之间权值最小的边，n 为图 G 的顶点数，数组元素 closedge 的类型定义如下：

```
#define MAX_EDGE 100 //假设的最大边数
struct
{
int adjvex; //边所依附于 U 中的顶点
int lowcost; //该边的权值
}closedge[MAX_EDGE]; //顶点集 V-U 到 U 中权值最小的边
```

其中：closedge$[j]$.adjvex$=k$ 表示边 (v_j, v_k) 是 $V-U$ 到 U 的一条边，其中 $v_j \in V-U$，$v_k \in U$；closedge$[j]$.lowcost 存放该边 (v_j, v_k) 的权值。假设图 G 采用邻接矩阵存储，所构造的最小生成树采用边表存储，边表存储结构定义如下：

```
typedef struct MSTEdge
{
int vex1, vex2; //边所依附的图中两个顶点
WeightType weight; //边的权值
}MSTEdge; //最小生成树边表类型
```

普里姆算法的具体步骤如下：

① 初始化：设 n 为图 G 的顶点数，从顶点 v_u 开始构造最小生成树，令 closedge$[j]$.adjvex$=u$，表示边 $(v_j, v_u)(j=0, 1, \cdots, n)$ 是 $V-U$ 到 U 的一条边；closedge$[j]$.lowcost$=G$->adj$[j][u]$.ArcVal，其中 G->adj$[j][u]$.ArcVal 表示边 (v_j, v_u) 权值，若边 (v_j, v_u) 不存在，G->adj$[j][u]$.ArcVal$= \infty$ 。初始时令 closedge$[u]$.lowcost$=0$，表明顶点 v_u 首先加入到 U 中，即 $U = \{v_u\}$；初始化存储最终生成的最小生成树的边表 TE 为空。

② 为了依次求最小生成树的 $n-1$ 条边，重复执行以下操作 $n-1$ 次：首先求 $V-U$ 到 U 诸边中权值最小的边 (v_k, v_u)，其中 $v_k \in V-U$，$v_u \in U$，将最小边 (v_k, v_u) 及其权值存储至边表数组 TE 中。然后置 closedge$[k]$.lowcost$=0$，表示将顶点 v_k 加入集合 U 中。最后根据 v_k 更新辅助数组 closedge 中每个元素：$\forall v_v \in V-U$，若 G->adj$[v][k]$.ArcVal<closedge$[v]$.lowcost，则 (v_v, v_k) 成为 v_v 到 U 中当前权值最小的边，置 closedge$[v]$.lowcost$=G$->adj$[v][k]$.ArcVal；closedge$[v]$.adjvex$=k$。

例 6.2： 普里姆算法的构造过程如图 6.18 所示，具体操作如算法 6.4 所示。

```
MSTEdge * Prim_MST(MGraph *G, int u) //求最小生成树的普里姆算法
{//从第 u 个顶点开始构造图 G 的最小生成树，返回最小生成树的边表
MSTEdge* TE; //存放最小生成树 n-1 条边的边表数组
```

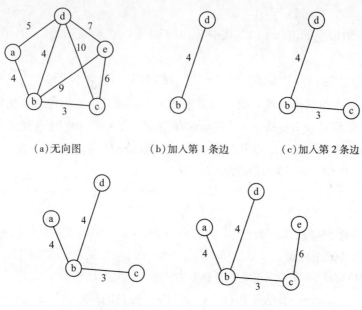

(a)无向图   (b)加入第 1 条边   (c)加入第 2 条边

(d)加入第 3 条边   (e)加入第 4 条边

图 6.18　按普里姆算法从顶点 d 出发构造最小生成树

```
int j, k, v, min, n=G->vexnum;  //工作变量, 其中 n 表示图 G 的顶点数
for(j=0; j<n; j++)//初始化数组 closedge
{
    closedge[j].adjvex=u;  //由于从顶点 u 出发, 初始时边集为(u, 0), (u, 1), …, (u, n-1)
    closedge[j].lowcost=G->adj[j][u].ArcVal;  //初始化为边(u, 0), (u, 1), …, (u, n-1)的权值
}//end for j
closedge[u].lowcost=0;  //初始时置 U={u}
TE=(MSTEdge *)malloc((n-1)*sizeof(MSTEdge));  //为边表 TE 分配堆内存
for(j=0; j<n-1; j++)//依次求最小生成树的 n-1 条边
{
    min=INFINITY;  //INFINITY 为 int 类型的最大整数
    for(v=0; v<n; v++)//遍历数组 closedge 求权值最小边(closedge[k].adjvex, k)
    {
        if(closedge[v].lowcost!=0 && closedge[v].lowcost<min)//lowcost=0 表示顶点 v 已加入 U 中
        {min=closedge[v].lowcost; k=v; }    //k 为 V-U 中当前权值的最小边的顶点
    }//end for v
    TE[j].vex1=closedge[k].adjvex; TE[j].vex2=k; TE[j].weight=closedge[k].lowcost;  //记录最小边
    closedge[k].lowcost=0;  //将顶点 k 加入顶点集 U 中
    for(v=0; v<n; v++)//修改因 k 加入顶点集后需改变的数组 closedge 数组相关元素的值
    {
        //边(v, k)权值小于(v, closedge[v].adjvex)权值
        if(G->adj[v][k].ArcVal<closedge[v].lowcost)
```

}closedge[v].lowcost=G->adj[v][k].ArcVal; closedge[v].adjvex=k; }//更新权值

　　}//end for v

}//end for j

return TE; //返回最小生成树的边表

}//end Prim_MST

算法　6.4

设带权连通图有 n 个顶点，则普里姆算法的主要操作是二重循环：依次求最小生成树的 $n-1$ 条边，频度为 $n-1$；更新 closedge 数组，频度为 n，因此，整个算法的时间复杂度是 $O(n^2)$。

6.4.2　克鲁斯卡尔算法

克鲁斯卡尔(Kruskal)算法是另一种常用的构造最小生成树的算法，其基本思想是：对图的边按权值非递减顺序依次选取，即在剩下的所有未选取的边中，搜索新的权值最小边，如果该权值最小边和已选取的边不构成回路，则将该最小边作为最终的最小生成树的边，否则，放弃改边，接着选取权值次小的边…，以此类推，直至最后生成最小生成树。

设 $G=(V,E)$ 是具有 n 个顶点的连通图，$T=(U,TE)$ 是其最小生成树。**克鲁斯卡尔**(Kruskal)算法的步骤如下：

① 初始化：$U=V$，$TE=\{\}$。

② 选取权值最小的边 (v_i,v_j)，若将边 (v_i,v_j) 加入 TE 中会形成回路，则舍弃边 (v_i,v_j)；否则，将 (v_i,v_j) 并入 TE 中，即 $TE=TE\cup\{(v_i,v_j)\}$。

③ 若 TE 中的边数为 $n-1$，则 $T=(U,TE)$ 是最小生成树，算法结束，否则转②。

当一条边加入到边集 TE 的集合后，如何判断是否构成回路？下面介绍解决方法。

定义一个一维数组 Vset[0..n-1] 存放边集 TE 中每个顶点所在的连通分量的编号，n 为图的顶点数。设初值：Vset[j]=j(j=0,1,…,n-1) 表示每个顶点各自组成一个连通分量，连通分量的编号为 j。当往边集 TE 中增加一条边 (v_i,v_j) 时，先检查 Vset[i] 和 Vset[j] 值，若 Vset[i]==Vset[j]，表明 v_i 和 v_j 处在同一个连通分量中，加入 (v_i,v_j) 会形成回路；若 Vset[i]≠Vset[j]，则加入 (v_i,v_j) 不会形成回路，将 (v_i,v_j) 加入到生成树的边集 TE 中。在加入一条新边 (v_i,v_j) 后，将两个不同的连通分量合并，即，将一个连通分量的编号换成另一个连通分量的编号。

例 6.3：克鲁斯卡尔算法构造最小生成树的过程如图 6.19 所示。

求最小生成树操作的克鲁斯卡尔算法如算法 6.5 所示。

MSTEdge* Kruskal_MST(ELGraph *G)

}//用 Kruskal 算法构造图 G 的最小生成树

MSTEdge* TE; int j, k, v, s1, s2, n=G->vexnum, *Vset;

Vset=(int*)malloc(n*sizeof(int)); //分配 Vset 数组长度为 n

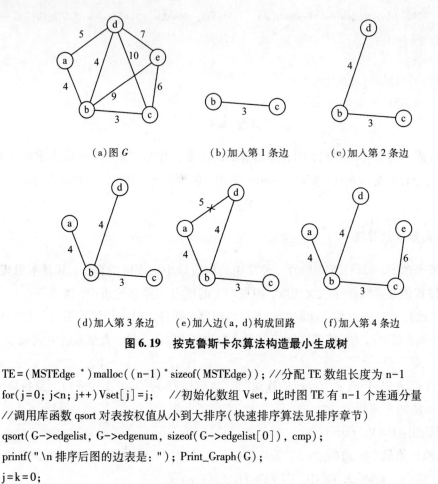

(a)图 G   (b)加入第 1 条边   (c)加入第 2 条边

(d)加入第 3 条边   (e)加入边(a, d)构成回路   (f)加入第 4 条边

图 6.19　按克鲁斯卡尔算法构造最小生成树

```
TE=(MSTEdge＊)malloc((n-1)＊sizeof(MSTEdge));//分配 TE 数组长度为 n-1
for(j=0; j<n; j++)Vset[j]=j;　　//初始化数组 Vset,此时图 TE 有 n-1 个连通分量
//调用库函数 qsort 对表按权值从小到大排序(快速排序算法见排序章节)
qsort(G->edgelist, G->edgenum, sizeof(G->edgelist[0]), cmp);
printf("\n 排序后图的边表是: "); Print_Graph(G);
j=k=0;
while(k<n-1 && j<G->edgenum)//j 指示图 G 中当前边,k 指示最小生成树 TE 中的当前边
{
    s1=Vset[G->edgelist[j].ivex];　　s2=Vset[G->edgelist[j].jvex];//读取连通分量编号
    if(s1!=s2)　//若边的两个顶点的连通分量编号 s1 和 s2 不同,将边加入 TE 中
    {
        TE[k].vex1=G->edgelist[j].ivex; TE[k].vex2=G->edgelist[j].jvex;
        TE[k].weight=G->edgelist[j].weight; k++; //将边加入边表 TE 中
        for(v=0; v<n; v++)
            if(Vset[v]==s2)Vset[v]=s1; //合并两个连通分量
    }//end if
    j++; //指示图 G 中的下一条边
}//end while
free(Vset);　　return TE; //返回最小生成树的边表
}//end Kruskal_MST
```

算法　6.5

　　设带权连通图 G 有 n 个顶点，e 条边，则克鲁斯卡尔算法执行频度最高的操作是：将图 G 的边表按权值排序，若采用堆排序或快速排序（详见第 8 章：排序），时间复杂度是 $O(eloge)$；while 循环的最大执行频度是 $O(n)$，其中包含内层 for 循环用于更新 Vset 数组，共执行 $n-1$ 次，时间复杂度是 $O(n^2)$。因此，整个算法的时间复杂度是 $O(eloge+n^2)$。

6.5　有向无环图及其应用

　　有向无环图（Directed Acycling Graph，简称 DAG）是图中没有环的有向图。有向无环图是一类具有代表性的图，主要用于研究工程项目的工序问题、工程时间进度问题等。一个工程（project）都可分为若干个称为活动（active）的子工程（或工序），各个子工程受到一定的条件约束，如：某个子工程必须开始于另一个子工程完成之后；整个工程有一个起点和一个终点。人们往往关心这样的问题：工程能否顺利完成？影响工程的关键活动是什么？估算整个工程完成所必须的最短时间是多少？为了解决与有向无环图有关的问题，下面介绍有向无环图的两个经典算法：拓扑排序和关键路径。

6.5.1　拓扑排序

　　拓扑排序（topological sort）是指由某个集合上的一个**偏序**（partial order）得到该集合上的一个**全序**（total order）的操作。下面是与拓扑排序有关的术语。

　　1）集合的**笛卡儿积**（Cartesian product）：在数学中，两个集合 A 和 B 的笛卡儿积，又称直积，表示为 $A×B$，是其第一个对象是 A 的成员而第二个对象是 B 的一个成员的所有可能的有序对。假设集合 $A=\{a, b\}$，集合 $B=\{0, 1, 2\}$，则两个集合的笛卡儿积为

$$\{(a, 0), (a, 1), (a, 2), (b, 0), (b, 1), (b, 2)\}$$

　　2）集合上的**关系**（relationship）：集合 A 中任意两个元素的笛卡儿积 $A×A$ 的一个子集。若 a, b $\in A$，且 a, b 之间存在关系 R，记作 $(a, b) \in R$。

　　3）关系的**自反性**（reflexivity）：若 $\forall a \in A$ 有 $(a, a) \in R$，称集合 A 上的关系 R 是自反的。

　　4）关系的**对称性**（symmetry）：如果对于 a, b $\in A$，只要有 $(a, b) \in R$ 就有 $(b, a) \in R$，称集合 A 上的关系 R 是对称的。

　　5）关系的**反对称性**（antisymmetry）：如果对于 a, b $\in A$，仅当 a=b 时有 $(a, b) \in R$ 和 $(b, a) \in R$，称集合 A 上的关系 R 是反对称的。

　　6）关系的**传递性**（transitivity）：若 a, b, c $\in A$，若 $(a, b) \in R$ 且 $(b, c) \in R$，则 $(a, c) \in R$，称集合 A 上的关系 R 是传递的。

　　7）偏序：若集合 A 上的关系 R 是自反的、反对称的和传递的，则称 R 是集合 A 上的偏序关系。

　　8）全序：设 R 是集合 A 上的偏序关系，$\forall a, b \in A$，必有 $(a, b) \in R$ 或 $(b, a) \in R$，则

称 R 是集合 A 上的全序关系。即偏序是指集合中仅有部分元素之间可以比较，而全序是指集合中任意两个元素之间都可以比较。由偏序得到全序的操作称为拓扑排序，得到的这个全序称为**拓扑有序**(topological order)。

我们对工程的活动用图表示：图中顶点**表示活动**，弧表示活动之间的优先关系，这样的有向图称为顶点**表示活动**(Activity On Vertex)的网，简称**AOV 网**。在 AOV 网中，有向边 $<i, j>$ 表示 i 是 j 的直接前驱，j 是 i 的直接后继；若从顶点 i 到顶点 j 有有向路径，则 i 是 j 的前驱，j 是 i 的后继。对 AOV 网的顶点进行拓扑排序，若能得到包含全部顶点的线性序列，则称该序列为拓扑有序序列。在 AOV 网中，不能有环，否则，某项活动能否进行是以自身的完成作为前提条件，因此，对给定的 AOV 网应该首先判定网中是否存在环，检测的办法是对有向图构造其拓扑有序序列，若网中所有结点都在它的拓扑有序序列中，则 AOV 网必定不存在环。也可以这样定义有向图的拓扑排序：构造 AOV 网中顶点的一个拓扑有序线性序列，使得该线性序列不仅保持原来有向图中顶点之间的优先关系，而且对原图中没有优先关系的顶点之间也人为地建立一种优先关系。拓扑排序算法的基本思想如下：

① 在 AOV 网中选择一个没有前驱的顶点且输出。

② 在 AOV 网中删除该顶点以及从该顶点出发的所有弧。

重复①、②，直到图中全部顶点都已输出，表示图中无环；若没有输出图中的全部顶点，且图中不存在无前驱的顶点，表示图中必有环。

例 6.4：一个有向图的拓扑排序过程如图 6.20 所示，其一种拓扑有序序列是：(a, e, c, d, b, f)。

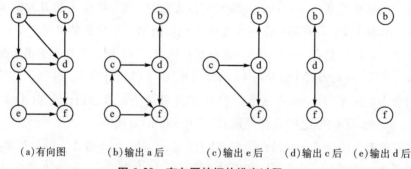

(a)有向图　　(b)输出 a 后　　(c)输出 e 后　　(d)输出 c 后　(e)输出 d 后

图 6.20　有向图的拓扑排序过程

为实现拓扑排序算法，可设立堆栈，用来暂存入度为 0 的顶点，然后删除该入度为 0 的顶点和以它为尾的弧，并将弧头顶点的入度减 1。拓扑排序算法由两部分组成：统计各顶点入度操作如算法 6.6 所示；拓扑排序操作如算法 6.7 所示。

```
void count_indegree(ALGraph *G)
{//在图 G 的邻接表中统计各顶点入度
LinkNode *p; //工作指针
for(int k=0; k<G->vexnum; k++)G->adjlist[k].degree=0; //所有顶点入度初始化为 0
for(k =0; k<G->vexnum; k++)
```

```
        p=G->adjlist[k].firstarc; //p 指向第一个邻接点
        while(p! =NULL)//顶点入度统计
        {
            G->adjlist[p->adjvex].degree++; //将弧尾顶点的入度加 1
            p=p->nextarc; // p 指向下一个邻接点
            }//end while
}//end for
}//end count_indegree
```

算法　6.6

```
int Topologic_Sort(ALGraph *G, int* topol)//拓扑排序算法
{//顶点的拓扑序列保存在一维数组 topol 中
int k, no, vex_no, top=0, count=0, boolean=1; //标志变量初始为 1
int stack[MAX_VEX]; //辅助堆栈
LinkNode *p; //工作指针
count_indegree(G); //统计各顶点的入度
for(k =0; k<G->vexnum; k++)
        if(G->adjlist[k].degree==0)stack[++top]=k; //所有入度为 0 顶点入栈
do
{
    if(top==0)boolean=0; //空栈, 置标志变量 boolean=0
    else
    {
        no=stack[top--]; //栈顶元素出栈
        topol[count++]=no; //记录已出栈的顶点元素
        p=G->adjlist[no].firstarc; //p 指向已出栈栈顶元素的第一个邻接点
        while(p! =NULL)//依次删除以顶点为尾的弧
        {
            vex_no=p->adjvex; //记录顶点序号
            G->adjlist[vex_no].degree--; //将弧尾顶点的入度减 1
            if(G->adjlist[vex_no].degree==0)stack[++top]=vex_no; //入度为 0 的顶点入栈
            p=p->nextarc; //p 指向下一个邻接点
        }//end while
    }//end else
}while(boolean! =0); //栈非空, 则继续循环
if(count<G->vexnum)return -1; //没有输出全部顶点, 则图中必有环, 返回-1
else return 1; //拓扑排序成功, 返回 1
}//end Topologic_Sort
```

算法　6.7

设 AOV 网有 n 个顶点，e 条边，则算法 6.7 频度最高的操作如下。

① 统计各顶点的入度：时间复杂度是 $O(n+e)$；

② 入度为 0 的顶点入栈：时间复杂度是 $O(n)$；

③ 拓扑排序过程：顶点入栈和出栈操作执行 n 次，入度减 1 的操作共执行 e 次，时间复杂度是 $O(n+e)$。

因此，整个算法的时间复杂度是 $O(n+e)$。

6.5.2 关键路径

AOE（Activity On Edge）网是边表示活动的有向无环图，如图 6.21 所示，图中顶点表示**事件**（event），每个事件表示在其前的所有活动已经完成，其后的活动可以开始；弧表示活动；弧上的权值表示相应活动所需的时间。通常 AOE 网可用来估算工程的完成时间。

在工程规划和设计时，经常会问两个问题：完成整个工程至少需要多少时间？哪些活动是影响工程进度的关键？这两个问题可通过计算关键路径来解决。工程完成最短时间是 AOE 网中从起点（源点）到终点（宿点）的最长路径长度。这里 AOE 网中从起点到终点最长路径称为**关键路径**（critical path），关键路径上的活动称为**关键活动**，关键活动是影响整个工程进度的关键。下面介绍求关键路径的方法。

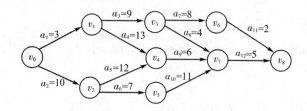

图 6.21　一个 AOE 网

设 v_0 是 AOE 网的起点，从 v_0 到 v_j 的最长路径长度称为事件 v_j 的最早发生时间，也是以 v_j 为弧头的所有活动的最早开始时间。设 $e(i)$ 表示活动 a_i 的最早开始时间；$l(i)$ 表示在不影响工程进度的前提下，活动 a_i 的最晚开始时间；则 $l(i)-e(i)$ 表示活动 a_i 的时间余量，若 $l(i)-e(i)=0$，则活动 a_i 是关键活动，因为若活动 a_i 延时，则必然拖延工程的工期，因此，求关键路径问题就转换成计算所有 $l(i)-e(i)=0$ 的关键活动问题。设 $ve(i)$ 表示事件 v_i 的最早发生时间，即从起点 v_0 到顶点 v_i 的最长路径长度，设 $vl(i)$ 表示事件 v_i 的最晚发生时间，若活动 a_i 是弧 $<j, k>$，设持续时间是 $dut(<j, k>)$，则有以下关系：

$$e(i)= ve(j) \tag{6.5}$$

$$l(i)= vl(k) - dut(<j, k>) \tag{6.6}$$

下面计算 $ve(j)$ 和 $vl(j)$，需分两步进行。

1）当 $j=0$，表示 v_j 是起点，不失一般性，从 $ve(0)=0$ 开始向前递推：

$$ve(j) = \max_i \{ve(i) + dut(<i, j>)\} \quad (j=1, 2, \cdots, n-1) \tag{6.7}$$

其中：$<i, j> \in T$，T 是所有以顶点 v_j 为弧头的弧的集合。式（6.7）的含义是：源点事件的最早发生时间设为 0；除源点外，只有进入顶点 v_j 的所有弧所代表的活动全部结束后，事件 v_j 才能发生。即只有 v_j 的所有直接前驱事件 v_i 的最早发生时间 $ve(i)$ 计算出来后，才能计算 $ve(j)$。

2）从 $vl(n-1)=ve(n-1)$ 起向后递推：

$$vl(j)=\min_{k}\{vl(k)-dut(<j,k>)\} \quad (j=n-2, n-1, \cdots, 0) \qquad (6.8)$$

其中：$<j,k> \in S$，S 是所有以顶点 v_k 为弧尾的弧的集合。式（6.8）的含义是：宿点事件的最晚发生时间等于最早发生时间（这样才能不拖延工程进度）；除宿点外，只有 v_j 的所有后继事件 v_k 的最晚发生时间 $vl(k)$ 计算出来后，才能计算 $vl(j)$。

这两个递推公式的计算必须分别在拓扑有序和逆拓扑有序的前提下进行，因此可在拓扑排序的基础上计算 $ve(j)$ 和 $vl(j)$。

例 6.5：计算图 6.21 中 AOE 网的关键活动和关键路径。

首先对图 6.21 进行拓扑排序，其拓扑有序序列是：（v_0, v_1, v_2, v_3, v_4, v_5, v_6, v_7, v_8）。然后根据式（6.3）式（6.4）计算各个事件的 $ve(j)$ 和 $vl(j)$ 值，如表 6.1 所示。

表 6.1　　　　　　　　　　图 6.21 的 AOE 网的 $ve(j)$ 和 $vl(j)$ 的值

顶点	v_0	v_1	v_2	v_3	v_4	v_5	v_6	v_7	v_8
$ve(j)$	0	3	10	12	22	17	20	28	33
$vl(j)$	0	9	10	23	22	17	31	28	33

接着由 $ve(j)$ 和 $vl(j)$ 计算 $l(i)$ 和 $e(i)$，如表 6.2 所示，加粗数字为关键活动的 $l(i)$ 和 $e(i)$ 值。

表 6.2　　　　　　　　　　图 6.21 的 AOE 网的 $e(i)$ 和 $l(i)$ 的值

弧	a_1	a_2	a_3	a_4	a_5	a_6	a_7	a_8	a_9	a_{10}	a_{11}	a_{12}
$e(i)$	0	**0**	3	3	**10**	**10**	12	12	**22**	**17**	20	**28**
$l(i)$	6	**0**	14	9	**10**	**10**	23	24	**22**	**17**	31	**28**

由 $l(i)=e(i)$ 判定关键活动为 a_2, a_5, a_6, a_9, a_{10}, a_{12}，在图 6.21 中将关键活动连接起来，可得到两条关键路径：（v_0, v_2, v_4, v_7, v_8）和（v_0, v_2, v_5, v_7, v_8）。由此可见，关键路径不一定唯一。

求 AOE 网关键活动操作如算法 6.8 所示。

```
void critical_path(ALGraph *G)
{//求出 AOE 网 G 的关键活动
int j, k, m, weight;
LinkNode *p; //工作指针
int ve[100], vl[100]; //在不影响工期的前提下，事件 vi 的最早和最晚发生时间 ve(i) 和 vl(i)
int *topol=(int *)malloc(sizeof(int)*G->vexnum); //拓扑排序用的数组
//调用算法 6.7 实现拓扑排序
if(Topologic_Sort(G, topol)==-1)printf("\nAOE 网中存在回路，错误!! \n\n");
else //AOE 网是拓扑有序的
```

```
{
    for(j=0; j<G->vexnum; j++)ve[j]=0; //事件最早发生时间初始化
    for(m=0; m<G->vexnum; m++)//计算每个事件的最早发生时间 ve(m)
    {
        j=topol[m]; p=G->adjlist[j].firstarc; //取拓扑线性序列的第一个顶点及其第一条弧
        for(; p! =NULL; p=p->nextarc)
        {
            k=p->adjvex; weight=p->info; //边上的权值
            if(ve[j]+weight>ve[k])ve[k]=ve[j]+weight; //采用式(6.3)计算 ve(k)
        }
    }//end for m
    m=topol[G->vexnum-1]; //获取拓扑序列中最后一个结点(宿点)
    for(j=0; j<G->vexnum; j++)vl[j]=ve[m]; //事件最晚发生时间初始化
    for(m=G->vexnum-1; m>=0; m--)//计算每个事件的最晚发生时间 vl 值
    {
        k=topol[m];
        for(int j=0; j<G->vexnum; j++)//在邻接表中寻找指向结点 k 的全部结点
        {
            p=G->adjlist[j].firstarc;
            for(; p! =NULL; p=p->nextarc)
                if(p->adjvex = =k)
                {
                    weight=p->info; //边上的权值
                    if(vl[k]-weight<vl[j])vl[j]=vl[k]-weight; //采用式(6.4)计算 vl(k)
                }//end if
        }//end for j
    }//end for m
    for(j=0; j<G->vexnum; j++)//遍历图 G 的邻接表,输出所有的关键活动
    {
        p=G->adjlist[j].firstarc;
        for(; p! =NULL; p=p->nextarc)
        {
            k=p->adjvex; weight=p->info; //边上的权值
            if((ve[j]+weight)= =vl[k])  printf("<%d, %d>", j, k);
        }//end for p
    }//end for j
}//end for else
free(topol);
}//end critical_path
```

算法　6.8

设 AOE 网有 n 个事件(顶点)，e 个活动(边)，则算法执行频度最高的操作是：① 进行拓扑排序：时间复杂度是 $O(n+e)$；② 求每个事件的 ve 值和 vl 值：时间复杂度是 $O(n+e)$；③ 根据 ve 值和 vl 值输出关键活动：时间复杂度是 $O(n+e)$。因此，整个算法的时间复杂度是 $O(n+e)$。

6.6　最短路径

若用带权图表示交通网，图中顶点表示地点，边代表两地之间有直接道路，边上的权值表示路程(或所花费用或时间)，从一个地方到另一个地方的**路径长度**表示该路径上各边的权值之和。我们经常会问两个问题：两地之间是否有通路？在有多条通路的情况下，哪条最短？最短路径算法将解决上面问题。考虑到交通网的有向性，下面讨论的是带权有向图的最短路径问题，但解决问题的算法也适用于无向图。我们一般将一个路径的起始顶点称为**源点**，最后一个顶点称为**终点**。

6.6.1　单源顶点出发的最短路径

单源顶点出发的最短路径是指对于给定的有向图 $G=(V, E)$ 及单个源点 v_s，求 v_s 到 G 的其余各顶点的最短路径。针对单源点的最短路径问题，迪杰斯特拉(Dijkstra)提出了一种按路径长度递增次序产生最短路径的算法，称作迪杰斯特拉算法。

迪杰斯特拉算法的基本思想是：从图的给定源点到其他各个顶点之间客观上应存在一条最短路径，在这组最短路径中，按其长度的递增次序，以此求出到不同顶点的最短路径和路径长度，即：按长度递增的次序生成各顶点的最短路径，首先求出长度最小的一条最短路径，然后求出长度第二小的最短路径，以此类推，直到求出长度最长的最短路径。最短路径具有如下定理。

定理 6.2：设给定源点为 v_s，S 为已求得最短路径的终点集，初始化 $S=\{v_s\}$，则第一条最短路径是以 v_s 为弧尾的所有弧权值的最小者，记作 $<v_s, v_i>$，将顶点 v_i 加入 S，$S=\{v_s, v_i\}$。设下一条最短路径终点为 v_j，则 v_j 一定满足以下两种情况之一：

① 源点到终点有直接的弧 $<v_s, v_j>$；

② 从 v_s 出发到 v_j 的这条最短路径所经过的所有中间顶点必定在 S 中，即只有这条最短路径的最后一条弧才是从 S 内某个顶点连接到 S 外的顶点 v_j。

定理 6.2 的证明从略。由定理 6.2 可知，若定义一个数组 $\text{dist}[0..n-1]$，其每个 $\text{dist}[i]$ 分量保存从 v_s 出发中间只经过集合 S 中的顶点而到达 v_i 的所有路径中长度最小的路径长度值，则下一条最短路径的终点 v_j 必定是不在 S 中且 $\text{dist}[j]$ 值最小的顶点，即：

$$\text{dist}[j] = \min\{\text{dist}[k] \mid v_k \in V-S\} \tag{6.9}$$

利用上述公式就可以依次找出下一条最短路径。

迪杰斯特拉算法的步骤如下：

① 令 $S=\{v_s\}$，假设有向图采用邻接矩阵存储，则对图中每个顶点 v_i 的 dist[i] 数组设置：

$$\text{dist}[i]=\begin{cases}0, & i=s \\ w_{si}, & i\neq s\ \text{且} <v_s,v_i>\in E \\ \infty, & i\neq s\ \text{且} <v_s,v_i>\notin E\end{cases} \qquad (6.10)$$

其中：w_{si} 为弧上的权值。

② 根据式(6.9)选择一个顶点 v_j，则 v_j 就是求得的下一条最短路径终点，将 v_j 并入 S 中，即 $S=S\cup\{v_j\}$。对 $V-S$ 中的每个顶点 v_k，若 $\text{dist}[j]+w_{jk}<\text{dist}[k]$，则将 $\text{dist}[k]$ 修改为

$$\text{dist}[k]=\text{dist}[j]+w_{jk}$$

重复②，直到 $S=V$ 为止。

下面讨论迪杰斯特拉算法的具体实现。可以借鉴求最小生成树的普里姆算法，对普里姆算法略加改动就成了迪杰斯特拉算法，即：将普里姆算法中求每个顶点 v_k 的 lowcost 值用 dist[k] 代替即可。在实现中需使用两个数组：数组 pre[0..$n-1$] 保存从 v_s 到其他顶点的最短路径，若 pre[i]=k，表示从 v_s 到 v_i 的最短路径中，v_i 的前一个顶点是 v_k，即最短路径序列是 $(v_s,\cdots,v_k,v_i)$。数组 final[0..$n-1$] 用来标识一个顶点是否已加入 S 中。求单源顶点出发的最短路径的迪杰斯特拉算法如算法 6.9 所示。

```
void Dijkstra_path( MGraph *G, int v)//单源点最短路径的 Dijkstra 算法
{//从图 G 中的顶点 v 出发到其余各顶点的最短路径
int i, j, k, m, min;
int pre[ MAX_VEX]; //存储最短路径的前驱顶点
int dist[ MAX_VEX]; //存储最短路径长度
//各数组初始化
for(j=0; j<G->vexnum; j++){pre[j]=v; final[j]=FALSE; dist[j]=G->adj[v][j].ArcVal; }
dist[v]=0; final[v]=TRUE; //设置 S={v}
for(i=0; i<G->vexnum-1; i++)//处理其余 n-1 个顶点
{
    m=0;
    while(final[m])m++; //必定存在不属于 S 的顶点 vm
    min=INFINITY;
    for(k=0; k<G->vexnum; k++)//求出当前最小的 dist[m]值
        if(! final[k] && dist[k]<min){min=dist[k]; m=k; }
    final[m]=TRUE;   //将第 m 个顶点并入 S 中
    if(dist[m]<INFINITY)//最小值 dist[m]小于∞
        for(j=0; j<G->vexnum; j++)//修改 dist 和 pre 数组的值
            if(G->adj[m][j].ArcVal! =INFINITY)
```

$$\text{if}(\,!\,\text{final}[\,j\,]\,\&\&(\text{dist}[\,m\,]+G\text{->adj}[\,m\,][\,j\,].\text{ArcVal}<\text{dist}[\,j\,]))$$

$$\{\text{dist}[\,j\,]=\text{dist}[\,m\,]+G\text{->adj}[\,m\,][\,j\,].\text{ArcVal};\;\text{pre}[\,j\,]=m;\,\}$$

}//end for i

printf("最短路径及其长度：\n");

for(j=0; j<G->vexnum; j++)

{

    if(dist[j]==INFINITY)printf("%d->%d 最短路径：不连通，长度=∞ \n", v, j);

    else

    {

        printf("%d->%d 最短路径(逆序)：(", v, j);

        for(i=j; i!=v; i=pre[i])printf("%d, ", i);

        printf("%d), 长度：%d\n", v, dist[j]);

    }//end if

}//end for j

}//end Dijkstra_path

算法 6.9

例 6.6： 一个带权有向图如图 6.22 所示，用迪杰斯特拉算法求从顶点 0 到其余各顶点的最短路径，数组 dist 和 pre 的各分量的变化如表 6.3 所示。

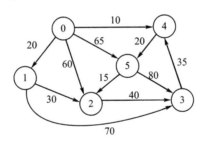

图 6.22 一个带权有向图

表 6.3   求图 6.22 的最短路径时数组 **dist** 和 **pre** 的各分量的变化情况

步骤	顶点	1	2	3	4	5	S
初态	dist	20	60	∞	10	65	{0}
	pre	0	0	0	0	0	
1	dist	20	60	∞	10	30	{0, 4}
	pre	0	0	0	0	4	
2	dist	20	50	90	10	30	{0, 4, 1}
	pre	0	1	1	0	4	

续表6.3

步骤	顶点	1	2	3	4	5	S
3	dist	**20**	*45*	90	**10**	**30**	{0, 4, 1, 5}
	pre	**10**	*5*	1	**0**	**4**	
4	dist	**20**	**45**	*85*	**10**	**30**	{0, 4, 1, 5, 2}
	pre	**0**	**5**	*2*	**0**	**4**	
5	dist	**20**	**45**	85	**10**	**30**	{0, 4, 1, 5, 2, 3}
	pre	**0**	**5**	**2**	**0**	**4**	

设图的顶点数为 n，则迪杰斯特拉算法执行频度最高的操作是：

① 数组变量的初始化：时间复杂度是 $O(n)$；

② 求最短路径的二重循环：时间复杂度是 $O(n^2)$。

因此，整个算法的时间复杂度是 $O(n^2)$。

6.6.2　每一对顶点间的最短路径

用迪杰斯特拉算法也可以求得有向图 $G=(V, E)$ 中每一对顶点间的最短路径。方法是：每次以一个不同的顶点为源点重复迪杰斯特拉算法便可求得每一对顶点间的最短路径，时间复杂度是 $O(n^3)$。**弗洛伊德**(Floyd)算法更适合求每一对顶点间的最短路径，其时间复杂度仍是 $O(n^3)$，但算法形式更为简明，步骤更为简单。弗洛伊德算法又称为**插点法**，是一种用于寻找给定的加权图中多源点之间最短路径的算法。该算法名称以创始人之一、1978 年图灵奖获得者、斯坦福大学计算机科学系教授罗伯特·弗洛伊德命名。

弗洛伊德算法的步骤如下：

① 对于图 $G=(V, E)$，顶点数为 n，初始时令顶点集 $S=\{\}$，用二维数组 $A[0..n-1][0..n-1]$ 的每个元素 $A[i][j]$ 保存从 v_i 只经过集合 S 中的顶点到达 v_j 的最短路径长度，$A[0..n-1][0..n-1]$ 也称**距离矩阵**，初始化

$$A[i][j] = \begin{cases} 0, & i=j \\ w_{ij}, & i \neq j \text{ 且 } <v_i, v_j> \in E \\ \infty, & i \neq j \text{ 且 } <v_i, v_j> \notin E \end{cases}$$

其中：w_{ij} 为弧上的权值。

② 将图中一个顶点 v_k 加入 S 中，由于从 $v_j(j=0, 1, \cdots, n-1)$ 只经过 S 中的顶点 v_k 到达 v_j 的路径长度可能比原来不经过 v_k 的路径更短，因此，修改 $A[i][j]$ 的值，修改方法是：

$$A[i][j] = \min\{A[i][j], (A[i][k]+A[k][j])\}$$

重复②，直到 $S=V$ 为止。

在弗洛伊德算法的具体实现时，可定义二维数组 $Path[0..n-1][0..n-1]$，也称**路径矩阵**，其中元素 $Path[i][j]$ 保存从 v_i 到 v_j 的最短路径所经过的中间任意顶点。若 $Path[i][j]$

$=k$，则表示从 v_i 到 v_j 必定经过 v_k，即最短路径序列是 $(v_i，\cdots，v_k，\cdots，v_j)$，则路径子序列 $(v_i，\cdots，v_k)$ 和 $(v_k，\cdots，v_j)$ 一定是从 v_i 到 v_k 和从 v_k 到 v_j 的最短路径，从而可以根据 $Path[i][k]$ 和 $Path[k][j]$ 的值再找到该路径上所经过的其他顶点，以此类推，进行递归可得出全部路径。算法初始化时，可令 $Path[i][j]=-1$，表示从 v_i 到 v_j 不经过任何 S 中的中间顶点，当某个顶点 v_k 加入 S 中后使 $A[i][j]$ 变小时，令 $Path[i][j]=k$ 表示当前 v_k 是从 v_i 到 v_j 的中间顶点。递归输出弗洛伊德算法得到的每对顶点的路径序列如算法 6.10 所示，求每一对顶点间的最短路径弗洛伊德算法如算法 6.11 所示。

```
void prn_pass(int j, int k)
{//由路径矩阵递归输出每对顶点的路径序列
if(Path[j][k]! =-1)
{
    prn_pass(j, Path[j][k]);
    printf(", %d", Path[j][k]);
    prn_pass(Path[j][k], k);
}//end if
}//end prn_pass
```

算法 6.10

```
void Floyd_path(MGraph *G)
{//弗洛伊德算法构建距离矩阵 A 和路径矩阵 Path
int j, k, m;
for(j=0; j<G->vexnum; j++)//各数组的初始化
    for(k=0; k<G->vexnum; k++)
    {A[j][k]=G->adj[j][k].ArcVal; Path[j][k]=-1; }
for(m=0; m<G->vexnum; m++)//修改数组 A 和 Path 的元素值
    for(j=0; j<G->vexnum; j++)
        for(k=0; k<G->vexnum; k++)
            if(A[j][m]! =INFINITY && A[m][k]! =INFINITY)
                if((A[j][m]+A[m][k])<A[j][k])
                {A[j][k]=A[j][m]+A[m][k];    Path[j][k]=m; }
for(j=0; j<G->vexnum; j++)
    for(k=0; k<G->vexnum; k++)
        if(j! =k)
        {
            printf("\n%d 到%d 的最短路径: ", j, k); printf("%d", j);
            prn_pass(j, k);    printf(", %d", k);
            if(A[j][k]==INFINITY)printf("; 最短路径长度: ∞ ");
            else printf("; 最短路径长度: %d", A[j][k]);
        }//end if, end for k, end for j
```

```
printf(" \n") ;
}//end Floyd_path
```
算法 6.11

例 6.7：一个带权有向图及其邻接矩阵如图 6.23 所示，利用弗洛伊德算法求图 6.23 的任意一对顶点间最短路径的过程如表 6.4 所示。

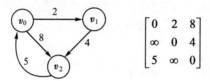

(a)有向图 G   (b)G 的邻接矩阵

图 6.23 一个带权有向图及其邻接矩阵

表 6.4　　　　　　　用弗洛伊德算法求图 6.23 任意一对顶点间最短路径

参量	初态	步骤 $k=0$	步骤 $k=1$	步骤 $k=2$
A（距离矩阵）	$\begin{bmatrix} 0 & 2 & 8 \\ \infty & 0 & 4 \\ 5 & \infty & 0 \end{bmatrix}$	$\begin{bmatrix} 0 & 2 & 8 \\ \infty & 0 & 4 \\ 5 & 7 & 0 \end{bmatrix}$	$\begin{bmatrix} 0 & 2 & 6 \\ \infty & 0 & 4 \\ 5 & 7 & 0 \end{bmatrix}$	$\begin{bmatrix} 0 & 2 & 6 \\ 9 & 0 & 4 \\ 5 & 7 & 0 \end{bmatrix}$
$Path$（路径矩阵）	$\begin{bmatrix} -1 & -1 & -1 \\ -1 & -1 & -1 \\ -1 & -1 & -1 \end{bmatrix}$	$\begin{bmatrix} -1 & -1 & -1 \\ -1 & -1 & -1 \\ -1 & 0 & -1 \end{bmatrix}$	$\begin{bmatrix} -1 & -1 & 1 \\ -1 & -1 & -1 \\ -1 & 0 & -1 \end{bmatrix}$	$\begin{bmatrix} -1 & -1 & 1 \\ 2 & -1 & -1 \\ -1 & 0 & -1 \end{bmatrix}$
S（顶点集）	$\{\}$	$\{0\}$	$\{0,1\}$	$\{0,1,2\}$

根据上述过程中 $Path[i][j]$ 数组，得出：

v_0 到 v_1：最短路径是 $(0,1)$，路径长度是 2；v_0 到 v_2：最短路径是 $(0,1,2)$，路径长度是 6。

v_1 到 v_0：最短路径是 $(1,2,0)$，路径长度是 9；v_1 到 v_2：最短路径是 $(1,2)$，路径长度是 4。

v_2 到 v_0：最短路径是 $(2,0)$，路径长度是 5；v_2 到 v_1：最短路径是 $(2,0,1)$，路径长度是 7。

6.7　实验：图

6.7.1　实验 6.1：图的深度优先搜索遍历

在图的邻接表存储结构上进行深度优先搜索遍历算法的编程实现如下。

1)首先建立定义邻接表类型的头文件 ALGraph.h。

```
#define MAX_VEX 30 //最大顶点数
typedef int InfoType; //邻接表结点的信息类型
typedef char VexType; //顶点结点信息类型
typedef enum{DG, AG, WDG, WAG} GraphKind; //{有向图, 无向图, 带权有向图, 带权无向图}
typedef struct Node
{
int adjvex; //邻接点在头结点数组中的位置(下标)
InfoType info; //与边或弧相关的信息, 如权值
struct Node *nextarc; //指向下一个表结点
}LinkNode; //表结点类型定义
typedef struct VexNode
{
VexType data; //顶点信息
int degree; //顶点的度, 有向图是入度或出度或没有
LinkNode *firstarc; //指向第一个表结点
}VexNode; //顶点结点类型定义
typedef struct
{
GraphKind kind; //图的种类标志
int vexnum, arcnum; //图的顶点数和边数
VexNode adjlist[MAX_VEX]; //邻接表
}ALGraph; //基于邻接表的图类型定义
int LocateVex(ALGraph *G, VexType vp)
{//图的顶点定位, 输入顶点值, 输出顶点存储位置(下标)
for(int k=0; k<G->vexnum; k++)
    if(G->adjlist[k].data==vp) return k;
return -1; //图中无此顶点, 合法下表为 0..n-1
}
void Create_ALGraph(ALGraph *G)
{//创建邻接表
int i, j, k; char v1, v2; LinkNode *p, *q;
printf("请输入图的种类标志: "); scanf("%d", &G->kind);
printf("请输入顶点数: "); scanf("%d", &G->vexnum);
printf("请输入边数: "); scanf("%d", &G->arcnum); getchar();
printf("请依次输入顶点字符, 不用分隔: ");
for(i=0; i<G->vexnum; i++)//输入顶点值, 边集为空
{
    scanf("%c", &(G->adjlist[i].data));
    G->adjlist[i].degree=0; G->adjlist[i].firstarc=NULL;
```

```
}//end for i
printf("你输入的顶点数据是：");
for(i=0; i<G->vexnum; i++)printf("%c", G->adjlist[i].data);
printf("请以：a, b 的形式依次输入各边，各边之间用回车分隔\n"); getchar();
for(k=0; k<G->arcnum; k++)//依次输入每条边，建立邻接表或逆邻接表
{
    scanf("%c, %c", &v1, &v2); getchar();
    i=LocateVex(G, v1); j=LocateVex(G, v2);
    if(i==-1||j==-1){printf("Arc's Vertex do not existed! \n"); return;}//顶点定位失败
    p=(LinkNode *)malloc(sizeof(LinkNode)); p->adjvex=i; p->nextarc=NULL; //边起点
    q=(LinkNode *)malloc(sizeof(LinkNode)); q->adjvex=j; q->nextarc=NULL; //边终点
    if(G->kind==AG||G->kind==WAG)//是无向图，用头插入法插入到两个单链表
    {
        q->nextarc=G->adjlist[i].firstarc; G->adjlist[i].firstarc=q;
        p->nextarc=G->adjlist[j].firstarc; G->adjlist[j].firstarc=p;
    }//end if
    else //是有向图，用头插入法插入到一个单链表
    {
        q->nextarc=G->adjlist[i].firstarc; G->adjlist[i].firstarc=q; // 建立正邻接链表
        //q->nextarc=G->adjlist[j].firstarc; G->adjlist[j].firstarc=q; //建立逆邻接链表
    }//end else
}//end for k
}//end Create_ALGraph
void Print_Graph(ALGraph *G)
{//输出邻接表
LinkNode *p;
for(int k=0; k<G->vexnum; k++)
{
    printf("%d: %c->", k, G->adjlist[k].data);
    for(p=G->adjlist[k].firstarc; p! =NULL; p=p->nextarc)   printf("%d->", p->adjvex);
    printf("\n");
}//end for
}//end Print_Graph
```

2）最后建立深度优先搜索遍历的源程序文件 DFS.cpp，引用头文件 ALGraph.h。

```
#include <stdio.h>
#include <stdlib.h>
#include "ALGraph.h"
typedef enum{FALSE, TRUE}BOOLEAN; //结点访问标志枚举类型
bool Visited[MAX_VEX]; //访问标志数组
```

//此处加入算法 6.1：void　DFS(ALGraph G，int v)　//DFS 图的一个连通分量

//此处加入算法 6.2：void DFS_traverse_Graph(ALGraph G)　//调用算法 6.1，DFS 整个图

void main( )

{

ALGraph G；Create_ALGraph(&G)；Print_Graph(&G)；

printf("图的深度优先遍历结果是：")；　　DFS_traverse_Graph(G)；printf(" \n")；

}

　程序运行结果：

请输入图的种类标志：1

请输入顶点数：6

请输入边数：6

请依次输入顶点字符，不用分隔：abcdef

你输入的顶点数据是：abcdef

请以：a，b 的形式依次输入各边，各边之间用回车分隔

f，e

d，c

d，b

d，a

c，b

b，a

0：a->1->3->

1：b->0->2->3->

2：c->1->3->

3：d->0->1->2->

4：e->5->

5：f->4->

图的深度优先遍历结果是：abcdef

　　程序中，建立的图的邻接表如图 6.16 所示。由于建立邻接表时输入结点的顺序不同，因此所建立的邻接表存储结构也不同，所以输出的遍历顺序也可能不同。

6.7.2　实验 6.2：图的广度优先搜索遍历

　　在图的邻接表存储结构上进行广度优先搜索遍历算法的编程实现如下。由于和实验 6.1 采用相同的邻接表存储结构，因此在源程序中引入相同的头文件 ALGraph.h，建立广度优先搜索遍历的源程序文件 BFS.cpp 如下。

#include <stdio.h>

#include <stdlib.h>

#include " ALGraph.h"

typedef enum{FALSE，TRUE}BOOLEAN；//访问标志枚举类型

```
typedef struct Queue
{
int elem[MAX_VEX]; //数据域
int front, rear; //队首和队尾指针
}Queue; //定义队列用于 BFS
//此处加入算法 6.3：void BFS_traverse_Graph(ALGraph G)   //图的广度优先搜索遍历
void main()
{
ALGraph G;
Create_ALGraph(&G); Print_Graph(&G);
printf("图的广度优先遍历结果是："); BFS_traverse_Graph(G); printf("\n");
}
```

程序运行结果：

请输入图的种类标志：1

请输入顶点数：6

请输入边数：6

请依次输入顶点字符，不用分隔：abcdef

你输入的顶点数据是：abcdef

请以：a, b 的形式依次输入各边，各边之间用回车分隔

a, b

a, d

b, c

b, d

c, d

e, f

0：a->3->1->

1：b->3->2->0->

2：c->3->1->

3：d->2->1->0->

4：e->5->

5：f->4->

图的广度优先遍历结果是：adbcef

　　程序中，建立的图的邻接表如图 6.17 所示。由于建立邻接表时输入结点的顺序不同，因此所建立的邻接表存储结构也不同，所以输出的遍历顺序也可能不同。

6.7.3　实验 6.3：最小生成树的普里姆算法

　　建立图的邻接矩阵存储结构，采用普里姆算法求解带权无向图的最小生成树算法的编程实现如下。

1)首先建立定义邻接矩阵图类型及基本操作的头文件 MGraph.h。

```
#define INFINITY 32767 //假设最大整数为 32767
#define MAX_VEX 30 //假设最大顶点数目
typedef enum{DG, AG, WDG, WAG}GraphKind; //{有向图,无向图,带权有向图,带权无向图}
typedef char VexType; //顶点类型
typedef int ArcValType; //弧或边的权值类型
typedef struct ArcType
{
VexType vex1, vex2; //弧或边所依附的两个顶点
ArcValType ArcVal; //弧或边的权值
}ArcType; //弧或边的结构定义
typedef struct
{
GraphKind kind; //图的种类标志
int vexnum, arcnum; //图的当前顶点数和弧数
VexType vexs[MAX_VEX]; //顶点向量
ArcType adj[MAX_VEX][MAX_VEX]; //邻接矩阵
}MGraph; //基于邻接矩阵的图类型
int LocateVex(MGraph *G, VexType *vp)
{//图的顶点定位
for(int k=0; k<G->vexnum; k++)
    if(G->vexs[k]==*vp)return k;
return -1;    //图中无此顶点
}
void Create_MGraph(MGraph *G)
{//创建邻接矩阵
int i, j, k, w; //w 为权值
char v1, v2; //边(弧)的一对顶点
printf("请输入图的种类标志:");    scanf("%d", &G->kind);
printf("请输入顶点数:");    scanf("%d", &G->vexnum);
printf("请输入边数:");    scanf("%d", &G->arcnum); getchar();
for(i=0; i<G->vexnum; i++)   //初始化邻接矩阵
    for(j=0; j<G->vexnum; j++)
        if(i==j)   G->adj[i][j].ArcVal=0;
        else   G->adj[i][j].ArcVal=INFINITY;    //初始化权值为无穷
printf("请依次输入顶点字符,不用分隔:");
for(i=0; i<G->vexnum; i++)   scanf("%c", &(G->vexs[i]));
printf("你输入的顶点数据是:");
for(i=0; i<G->vexnum; i++)   printf("%c", G->vexs[i]);
```

```
printf("\n请以：a, b, w(权值)的形式依次输入各边，各边之间用回车分隔\n"); getchar();
for(k=0; k<G->arcnum; k++)
{
    scanf("%c, %c, %d", &v1, &v2, &w); getchar();
    i=LocateVex(G, &v1);    j=LocateVex(G, &v2);
    if(i= =-1||j= =-1)
    {   printf("Arc's Vertex do not existed！\n");    return; }
    if(G->kind= =DG||G->kind= =WDG)//是有向图或带权的有向图
    {G->adj[i][j].ArcVal=w;    G->adj[i][j].vex1=v1;    G->adj[i][j].vex2=v2; }
    else    //是无向图或带权的无向图，需对称赋值
    {
        G->adj[i][j].ArcVal=w;    G->adj[j][i].ArcVal=w;
        G->adj[i][j].vex1=v1;    G->adj[i][j].vex2=v2;
        G->adj[j][i].vex1=v2;    G->adj[j][i].vex2=v1;
    }
}
}

void    Print_Graph(MGraph * G)
{//输出邻接矩阵
printf("带权邻接矩阵是：\n");
for(int i=0; i<G->vexnum; i++)
{
    for(int j=0; j<G->vexnum; j++)
        if(G->adj[i][j].ArcVal！=INFINITY)printf("%5d", G->adj[i][j].ArcVal);
        else printf("    ∞");
    printf("\n");
}
}
```

2）最后建立普里姆算法的源程序文件 Prim.cpp，引用头文件 MGraph.h。

```
#include <stdlib.h>
#include <stdio.h>
#include "MGraph.h"
#define MAX_EDGE 100 //假设的最大边数
struct
{
int adjvex; //边所依附于 U 中的顶点
int lowcost; //该边的权值
}closedge[MAX_EDGE]; //顶点集 V-U 到 U 中权值最小的边
typedef int WeightType; //权值类型
```

```
typedef struct MSTEdge
{
int vex1, vex2; //边所依附的图中两个顶点
WeightType weight; //边的权值
}MSTEdge; //最小生成树边表类型
//此处加入算法 6.4：MSTEdge * Prim_MST(MGraph * G, int u)  //求最小生成树的普里姆算法
void Print_MST(MGraph * G, MSTEdge * TE)
{//输出最小生成树
printf("最小生成树是：");
for(int i=0; i<G->vexnum-1; i++)//最小生成树共有 G->vexnum-1 个顶点
    printf("{(%c, %c), %d}", G->vexs[TE[i].vex1], G->vexs[TE[i].vex2], TE[i].weight);
}//end Print_MST
void main()
{
MGraph G;    MSTEdge * TE; //定义邻接矩阵图 G 和最小生成树边表数组 TE
Create_MGraph(&G); Print_Graph(&G);
TE=Prim_MST(&G, 0); Print_MST(&G, TE);
}
```

程序运行结果：

请输入图的种类标志：3
请输入顶点数：5
请输入边数：8
请依次输入顶点字符，不用分隔：abcde
你输入的顶点数据是：abcde
请以：a, b, w(权值)的形式依次输入各边，各边之间用回车分隔

a, b, 4
a, d, 5
b, c, 3
b, d, 4
b, e, 9
c, d, 10
c, e, 6
d, e, 7

带权邻接矩阵是：

0 4 ∞ 5 ∞
4 0 3 4 9
∞ 3 0 10 6
5 4 10 0 7
∞ 9 6 7 0

最小生成树是：{(a, b), 4}{(b, c), 3}{(b, d), 4}{(c, e), 6}

程序中，建立的图如图 6.18 所示。需要说明的是，选择不同的起点建立的最小生成树结果并不是唯一的。

6.7.4　实验 6.4：最小生成树的克鲁斯卡尔算法

建立图的边表存储结构，采用克鲁斯卡尔算法求解带权无向图的最小生成树算法的编程实现如下。

1）首先建立定义边表类型的头文件 ELGraph.h。

```
#define INFINITY 32767 //边上权值的最大值
#define MAX_VEX 30 //最大顶点数
#define MAX_EDGE 100 //最大边数
typedef char VexType; //顶点类型
typedef int WeightType; //权值类型
typedef struct ENode
{
int ivex, jvex; //边所依附的两个顶点
WeightType weight; //边的权值
}ENode; //边表元素类型定义
typedef struct
{
int vexnum, edgenum; //顶点数和边数
VexType vexlist[MAX_VEX]; //顶点表
ENode edgelist[MAX_EDGE]; //边表
}ELGraph; //图的边表类型定义
int LocateVex(ELGraph *G, VexType *vp)
{//图的顶点定位
for(int k=0; k<G->vexnum; k++)
    if(G->vexlist[k]==*vp)return k;
return -1; //图中无此顶点
}//end LocateVex
void Create_ELGraph(ELGraph *G)
{//创建边表
int i, j, k, w; //w 为权值
char v1, v2; //边的一对顶点
printf("请输入顶点数："); scanf("%d", &G->vexnum);
printf("请输入边数："); scanf("%d", &G->edgenum); getchar();
printf("请依次输入顶点字符，不用分隔：");
for(i=0; i<G->vexnum; i++)scanf("%c", &(G->vexlist[i]));
```

```
printf("你输入的顶点数据是: ");
for(i=0; i<G->vexnum; i++)printf("%c", G->vexlist[i]);
printf("请以: a, b, w(权值)的形式依次输入各边, 各边之间用回车分隔\n"); getchar();
for(k=0; k<G->edgenum; k++)
{
    scanf("%c, %c, %d", &v1, &v2, &w); getchar();
    i=LocateVex(G, &v1); j=LocateVex(G, &v2);
    if(i==-1||j==-1)
    {printf("Arc's Vertex do not existed ! \n"); return; }
    G->edgelist[k].ivex=i; G->edgelist[k].jvex=j; G->edgelist[k].weight=w;
}//end for
}//end Create_ELGraph
void Print_Graph(ELGraph * G)
{//输出边表
for(int i=0; i<G->edgenum; i++)
    printf(" {(%d, %d): %d}", G->edgelist[i].ivex, G->edgelist[i].jvex, G->edgelist[i].
    weight);
}//end Print_Graph
```

2)最后建立克鲁斯卡尔算法的源程序文件 Kruskal.cpp, 引用头文件 ELGraph.h。

```
#include <stdlib.h>
#include <stdio.h>
#include "ELGraph.h"
#define MAX_EDGE 100
typedef int WeightType; //权值类型
typedef struct MSTEdge
{
int vex1, vex2; //边所依附的图中两个顶点
WeightType weight; //边的权值
}MSTEdge; //最小生成树边表类型
int cmp(const void * a, const void * b)//用于快速排序比较调用的函数(升序)
{return(((ENode * )a)->weight>((ENode * )b)->weight? 1: -1); }
//此处加入算法 6.5: MSTEdge * Kruskal_MST(ELGraph * G)//求最小生成树的克鲁斯卡尔算法
void Print_MST(ELGraph * G, MSTEdge * TE)
{//输出最小生成树
printf("\n 最小生成树是: ");
for(int i=0; i<G->vexnum-1; i++)
    printf(" {(%c, %c): %d}", G->vexlist[TE[i].vex1], G->vexlist[TE[i].vex2], TE[i].
    weight);
}//end Print_MST
```

```
void main( )
{
ELGraph G;    MSTEdge *TE;
Create_ELGraph(&G); printf("图的边表是: "); Print_Graph(&G);
TE=Kruskal_MST(&G); Print_MST(&G, TE);
}
```

程序运行结果:

请输入顶点数: 5

请输入边数: 8

请依次输入顶点字符, 不用分隔: abcde

你输入的顶点数据是: abcde

请以: a, b, w(权值)的形式依次输入各边, 各边之间用回车分隔

a, b, 4

a, d, 5

b, c, 3

b, d, 4

b, e, 9

c, d, 10

c, e, 6

d, e, 7

图的边表是: {(0, 1): 4}{(0, 3): 5}{(1, 2): 3}{(1, 3): 4}{(1, 4): 9}{(2, 3): 10}{(2, 4): 6}{(3, 4): 7}

排序后图的边表是: {(1, 2): 3}{(1, 3): 4}{(0, 1): 4}{(0, 3): 5}{(2, 4): 6}{(3, 4): 7}{(1, 4): 9}{(2, 3): 10}

最小生成树是: {(b, c): 3}{(b, d): 4}{(a, b): 4}{(c, e): 6}

程序中, 建立的图如图 6.19 所示。需要说明的是, 最小生成树结果并不是唯一的。

6.7.5 实验 6.5: 拓扑排序

在图的邻接表存储结构上对有向图进行拓扑序列算法的编程实现如下。由于和实验 6.1 采用相同的邻接表存储结构, 因此在源程序中引入相同的头文件 ALGraph.h, 建立拓扑排序算法的源程序文件 TopologicalSort.cpp 如下。

```
#include <stdio.h>
#include <stdlib.h>
#include "ALGraph.h"
//此处加入算法 6.6: void count_indegree(ALGraph *G)//统计各顶点入度
//此处加入算法 6.7: int Topologic_Sort(ALGraph *G, int *topol)//拓扑排序
void main( )
{
```

```
ALGraph G；int* topol；
Create_ALGraph(&G)；Print_Graph(&G)；
topol=(int*)malloc(sizeof(int)*G.vexnum)；printf("拓扑排序的结果是：")；
if(Topologic_Sort(&G，topol)==1)
    for(int i=0；i<G.vexnum；i++)printf(" %c "，G.adjlist[topol[i]].data)；
else printf("失败！")；
printf("\n")；
}
```

程序运行结果：

请输入图的种类标志：0

请输入顶点数：6

请输入边数：9

请依次输入顶点字符，不用分隔：abcdef

你输入的顶点数据是：abcdef

请以：a，b 的形式依次输入各边，各边之间用回车分隔

a，b

a，c

a，d

c，d

c，f

d，b

d，f

e，c

e，f

0：a->3->2->1->

1：b->

2：c->5->3->

3：d->5->1->

4：e->5->2->

5：f->

拓扑排序的结果是：e　a　c　d　b　f

程序中，建立的图如图 6.20 所示。需要说明的是，拓扑排序结果并不是唯一的。

6.7.6　实验 6.6：关键路径

在图的邻接表存储结构上求 AOE 网的关键活动算法的编程实现如下。由于和实验 6.1 采用相同的邻接表存储结构，因此在源程序中引入相同的头文件 ALGraph.h。建立求关键活动的源程序文件 CriticalPath.cpp，引用头文件 ALGraph.h。由于 AOE 网为有向带权图，因此增加了建立有向带权图的函数，以输入边的权值。

```c
#include <stdio.h>
#include <stdlib.h>
#include "ALGraph.h"
void Create_ALGraph_w( ALGraph * G)
{//创建带权值的邻接表
int i, j, k, w; //w 为权值
char v1, v2;    LinkNode *p, *q;
printf("请输入图的种类标志: "); scanf("%d", &G->kind);
printf("请输入顶点数: ");    scanf("%d", &G->vexnum);
printf("请输入边数: "); scanf("%d", &G->arcnum); getchar();
printf("请依次输入顶点字符, 不用分隔: ");
for(i=0; i<G->vexnum; i++)
{
    scanf("%c", &(G->adjlist[i].data));
    G->adjlist[i].degree=0; G->adjlist[i].firstarc=NULL;
}//end for i
printf("你输入的顶点数据是: ");
for(i=0; i<G->vexnum; i++)    printf("%c", G->adjlist[i].data);
printf("\n 请以: a, b, w(权值)的形式依次输入各边, 各边之间用回车分隔\n");    getchar();
for(k=0; k<G->arcnum; k++)
{
    scanf("%c, %c, %d", &v1, &v2, &w); getchar();
    i=LocateVex(G, v1);    j=LocateVex(G, v2);
    if(i==-1||j==-1){printf("Arc's Vertex do not existed ! \n"); return;}
    p=(LinkNode*)malloc(sizeof(LinkNode));
    p->adjvex=i; p->info=w; p->nextarc=NULL; //边的起始表结点赋值
    q=(LinkNode*)malloc(sizeof(LinkNode));
    q->adjvex=j; q->info=w; q->nextarc=NULL; //边的末尾表结点赋值
    if(G->kind==AG||G->kind==WAG)//是无向图, 用头插入法插入到两个单链表
    {
        q->nextarc=G->adjlist[i].firstarc; G->adjlist[i].firstarc=q;
        p->nextarc=G->adjlist[j].firstarc; G->adjlist[j].firstarc=p;
    }//end if
    else //是无向图, 用头插入法插入到一个单链表
    {
        q->nextarc=G->adjlist[i].firstarc; G->adjlist[i].firstarc=q;
    }//end else
}//end for k
}//end Create_ALGraph_w
```

void Print_Graph_w(ALGraph ＊G)

{//输出带权值的邻接表

LinkNode ＊p;

for(int k＝0; k<G->vexnum; k++)

{

　　printf("%d: %c->", k, G->adjlist[k].data);

　　for(p＝G->adjlist[k].firstarc; p! ＝NULL; p＝p->nextarc)

　　　　printf("%d(%d)->", p->adjvex, p->info);

　　printf("\n");

 }//end for

}//end Print_Graph_w

//此处加入算法 6.6: void count_indegree(ALGraph ＊G)//统计各顶点入度

//此处加入算法 6.7: int Topologic_Sort(ALGraph ＊G, int＊ topol)//拓扑排序

//此处加入算法 6.8: void critical_path(ALGraph ＊G)//求 AOE 网的关键活动

void main( )

{

ALGraph G; Create_ALGraph_w(&G); Print_Graph_w(&G);

printf("关键活动是: "); critical_path(&G); printf("\n");

}

　程序运行结果:

请输入图的种类标志: 2

请输入顶点数: 9

请输入边数: 12

请依次输入顶点字符, 不用分隔: 012345678

你输入的顶点数据是: 012345678

请以: a, b, w(权值)的形式依次输入各边, 各边之间用回车分隔

0, 1, 3

0, 2, 10

1, 3, 9

1, 4, 13

2, 4, 12

2, 5, 7

3, 6, 8

3, 7, 4

4, 7, 6

5, 7, 11

6, 8, 2

7, 8, 5

0: 0->2(10)->1(3)->

1：1->4(13)->3(9)->

2：2->5(7)->4(12)->

3：3->7(4)->6(8)->

4：4->7(6)->

5：5->7(11)->

6：6->8(2)->

7：7->8(5)->

8：8->

关键活动是：<0, 2><2, 5><2, 4><4, 7><5, 7><7, 8>

程序中，建立的 AOE 网如图 6.21 所示，程序输入的顶点 012345678 分别代表图 6.21 中的顶点 v_0，v_1，…，v_8，程序输出了所有的关键路径。

6.7.7　实验 6.7：单源点出发最短路径的迪杰斯特拉算法

在图的邻接矩阵存储结构上，采用迪杰斯特拉算法求单源点最短路径算法的编程实现如下。由于和实验 6.3 采用相同的邻接矩阵存储结构，因此在源程序中引入相同的头文件 MGraph.h，建立迪杰斯特拉算法求单源点最短路径的源程序文件 Dijkstra.cpp 如下。

```
#include <stdlib.h>
#include <stdio.h>
#include "MGraph.h"
typedef enum{FALSE, TRUE} BOOLEAN;
BOOLEAN final[MAX_VEX];
//此处加入算法 6.9：void Dijkstra_path(MGraph *G, int v)//单源点最短路径的迪杰斯特拉算法
void main()
{
MGraph G; int v=0; //最短路起点
Create_MGraph(&G); Print_Graph(&G); Dijkstra_path(&G, v);
}
```

程序运行结果：

请输入图的种类标志：2

请输入顶点数：6

请输入边数：11

请依次输入顶点字符，不用分隔：012345

你输入的顶点数据是：012345

请以：a, b, w(权值)的形式依次输入各边，各边之间用回车分隔

0, 1, 20

0, 2, 60

0, 4, 10

0, 5, 65

1, 3, 70

1, 2, 30

2, 3, 40

3, 4, 35

4, 5, 20

5, 2, 15

5, 3, 80

带权邻接矩阵是：

0	20	60	∞	10	65
∞	0	30	70	∞	∞
∞	∞	0	40	∞	∞
∞	∞	∞	0	35	∞
∞	∞	∞	∞	0	20
∞	∞	15	80	∞	0

最短路径及其长度：

0->0 最短路径(逆序)：(0)，长度：0

0->1 最短路径(逆序)：(1，0)，长度：20

0->2 最短路径(逆序)：(2，5，4，0)，长度：45

0->3 最短路径(逆序)：(3，2，5，4，0)，长度：85

0->4 最短路径(逆序)：(4，0)，长度：10

0->5 最短路径(逆序)：(5，4，0)，长度：30

程序中，建立的图如图 6.22 所示。需要说明的是，最短路径的结果并不是唯一的。

6.7.8 实验 6.8：每一对顶点间最短路径的弗洛伊德算法

建立图的邻接矩阵存储结构，采用弗洛伊德算法每一对顶点间最短路径的算法的编程实现如下。由于和实验 6.3 采用相同的邻接矩阵存储结构，因此在源程序中引入相同的头文件 MGraph.h，建立弗洛伊德算法求每一对顶点间最短路径的源程序文件 Floyd.cpp 如下。

```
#include <stdlib.h>
#include <stdio.h>
#include "MGraph.h"
int A[MAX_VEX][MAX_VEX];
int Path[MAX_VEX][MAX_VEX];
//此处加入算法 6.10: void   prn_pass(int j, int k)//由路径矩阵递归输出每对顶点的路径序列
//此处加入算法 6.11: void Floyd_path(MGraph * G)//弗洛伊德算法构建距离矩阵和路径矩阵
void main()
{
MGraph G; int v=0; //最短路起点
```

Create_MGraph(&G); Print_Graph(&G); Floyd_path(&G);

}

程序运行结果：

请输入图的种类标志：2

请输入顶点数：3

请输入边数：4

请依次输入顶点字符，不用分隔：012

你输入的顶点数据是：012

请以：a，b，w(权值)的形式依次输入各边，各边之间用回车分隔

0，1，2

0，2，8

1，2，4

2，0，5

带权邻接矩阵是：

0   2   8

∞   0   4

5   ∞   0

0 到 1 的最短路径：0，1；最短路径长度：2

0 到 2 的最短路径：0，1，2；最短路径长度：6

1 到 0 的最短路径：1，2，0；最短路径长度：9

1 到 2 的最短路径：1，2；最短路径长度：4

2 到 0 的最短路径：2，0；最短路径长度：5

2 到 1 的最短路径：2，0，1；最短路径长度：7

程序中，建立的图如图 6.23 所示。需要说明的是，最短路径的结果并不是唯一的。

6.8 习题

一、单选题

1. 设有 6 个结点的无向图，该图至少应有(   )条边才能连接成一个连通图。

A)5   B)6   C)7   D)8

2. 设完全无向图中有 n 个顶点，则该完全无向图中有(   )条边。

A)$n(n-1)/2$ B)$n(n-1)$ C)n^2 D)n^2-1

3. 设无向图 G 中有 n 个顶点 e 条边，则其对应的邻接表中的表头结点和表结点的个数分别为(   )。

A)$n，e$ B)$e，n$ C)$2n，e$ D)$n，2e$

4. 设某无向图中有 n 个顶点 e 条边，则该无向图中所有顶点的度之和为(   )。

A)n B)e C)$2n$ D)$2e$

5. 设连通图 G 中的边集 $E=\{(a, b), (a, e), (a, c), (b, e), (e, d), (d, f), (f, c)\}$，则从顶点 a 出发无法得到一种深度优先搜索遍历的顶点序列为(　　)。

A) abedfc　　　　　　B) acfebd　　　　　　C) aebdfc　　　　　　D) aedfcb

6. 设用邻接矩阵 A 表示有向图 G 的存储结构，则有向图 G 中顶点 i 的入度为(　　)。

A) 第 i 行非 0 元素的个数之和　　　　B) 第 i 列非 0 元素的个数之和

C) 第 i 行 0 元素的个数之和　　　　　D) 第 i 列 0 元素的个数之和

7. 设有向无环图 G 中的有向边集合 $E=\{<1, 2>, <2, 3>, <3, 4>, <1, 4>\}$，则下列属于该有向图 G 的一种拓扑排序序列的是(　　)。

A) 1, 2, 3, 4　　　B) 2, 3, 4, 1　　　C) 1, 4, 2, 3　　　D) 1, 2, 4, 3

二、填空题

1. AOV 网是一种_____向图。

2. 在一个具有 n 个顶点的无向完全图中，包含有_____条边，在一个具有 n 个顶点的有向完全图中，包含有_____条弧。

3. 设某无向图中顶点数和边数分别为 n 和 e，所有顶点的度数之和为 d，则 $e=$_____。

4. 设有向图 G 的二元组形式表示为 $G=(D, R)$，$D=\{1, 2, 3, 4, 5\}$，$R=\{r\}$，$r=\{<1, 2>, <2, 4>, <4, 5>, <1, 3>, <3, 2>, <3, 5>\}$，则给出该图的一种拓扑排序序列_____。

5. 设某无向图 G 中有 n 个顶点，用邻接矩阵 A 作为该图的存储结构，则顶点 i 和顶点 j 互为邻接点的条件是_____。

6. 设无向图对应的邻接矩阵为 A，则 A 中第 i 行上非 0 元素的个数_____第 i 列上非 0 元素的个数(填等于，大于或小于)。

7. 在图的邻接表中用顺序存储结构存储表头结点的优点是_____。

8. 设连通图 G 中有 n 个顶点 e 条边，则该无向图中每个顶点的度数最多是_____，对应的最小生成树上有_____条边，用邻接矩阵作为图的存储结构进行 DFS 或 BES 遍历的时间复杂度为_____；用邻接表作为图的存储结构进行 DFS 或 BFS 遍历的时间复杂度为_____。

三、简答题

1. 一个带权无向图如图 6.24 所示。

1) 写出相应的邻接矩阵表示。

2) 求出各顶点的度。

3) 分别按照普里姆算法和克鲁斯卡尔算法构造最小生成树，要求写出构造过程。

2. 设一有向图 $G=(V, E)$，其中 $V=\{a, b, c, d, e\}$，$E=\{<a, b>, <a, d>, <b, a>, <c, b>, <c, d>, <d, e>, <e, a>, <e, b>, <e, c>\}$。

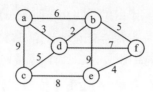

图 6.24　一个带权无向图

1）请画出该有向图。

2）求各顶点的入度和出度。

3）分别画出有向图的正邻接链表和逆邻接链表。

3. 写出从图 6.25 中邻接表的顶点 v_1 出发的 DFS 遍历序列和 BFS 遍历序列。

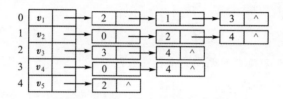

图 6.25　有向图的逆邻接链表

4. 假设一个工程的进度计划用 AOE 网表示，如图 6.26 所示。

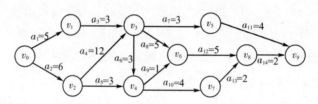

图 6.26　一个 AOE 网

1）求出每个事件的最早发生时间和最晚发生时间。

2）该工程完工至少需要多少时间？

3）求出关键路径。

5. 利用迪杰斯特拉算法求图 6.27 中从顶点 v_4 出发到其余顶点的最短路径及长度，给出相应的求解步骤。

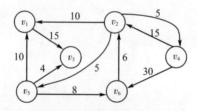

图 6.27　带权有向图

6. 利用弗洛伊德算法求图 6.28 中每对顶点之间的最短路径及路径长度。

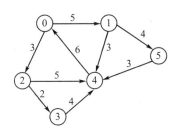

图 6.28 带权有向图

四、算法设计题

1. 设计一个在邻接矩阵存储结构上进行图的深度优先搜索遍历的算法。

2. 设计一个在邻接矩阵存储结构上进行图的广度优先搜索遍历的算法。

3. 设计一个在邻接矩阵存储结构上求最小生成树的普里姆算法。

4. 设计一个在邻接多重表存储结构上求最小生成树的克鲁斯卡尔算法。

5. 设计一个在十字链表存储结构上求拓扑排序的算法。

6. 设计一个在邻接表存储结构上求单源点最短路径的迪杰斯特拉算法。

7. 设计一个在邻接表存储结构上求每一对顶点间的最短路径的弗洛伊德算法。

8. 无向图采用邻接表作为存储结构，试写出以下算法：

1）求一个顶点的度；

2）往图中插入一个顶点；

3）往图中插入一条边；

4）删去图中某顶点；

5）删去图中某条边。

9. 设计一个实现深度优先搜索遍历图的非递归算法。

10. 设计一个算法，求 AOE 网中所有活动的最早开始时间。

11. 设计一个算法，求 AOE 网中所有活动的最晚允许开始时间。

五、课程设计题

1. 设备更新问题：企业使用一台设备，每年年初，企业领导就要确定是购置新的，还是继续使用旧的。若购置新设备，就要支付一定的购置费用；若继续使用，则需支付一定的维修费用。现要制定一个五年之内的设备更新计划，使得五年内总的支付费用最少。

已知该种设备在每年年初的价格（万元）见表 6.5。

表 6.5　　　　　　　　　　　设备在每年年初的价格

第一年	第二年	第三年	第四年	第五年
11	11	12	12	13

使用不同时间设备所需维修费（万元）见表 6.6。

表6.6		使用不同时间设备所需维修费			
使用年限	0-1	1-2	2-3	3-4	4-5
维修费	5	6	8	11	18

2. 选址问题：某矿区有7个矿点，如图6.29所示。图中边上的权值代表矿点之间的距离，单位：公里。已知各矿点每天的产矿量 $q(v_j)$（标在图的各顶点上）。现要从这7个矿点选一个来建造矿厂。问应选在哪个矿点，才能使各矿点所产的矿运到选矿厂所在地的总运力（千吨·千米）最小。

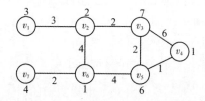

图6.29　选址问题的带权无向图

3. 渡河问题：一只狼、一只羊和一筐白菜在河的一岸，一个摆渡人想把它们渡过河去。但是由于他的船小，每次只能带走它们之中的一样。由于明显的原因，狼和羊或者羊和白菜在一起需要有人看守。问摆渡人怎样把它们渡过河去？

4. 地铁建设问题：某城市要在其辖区之间修建地铁来加快经济发展，但由于地铁费用昂贵，因此需要合理安排地铁的建设路线，使乘客可以沿地铁到达各个辖区，并使总的建设费用最小。假设地图文件如图6.30所示。

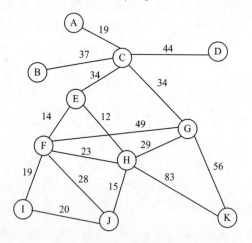

图6.30　地铁建设问题的带权无向图

5. 项目进度安排问题：在某软件项目开发过程中包含的活动清单、各个活动的历时见表6.7。

表 6.7 　　　　　　　　　　　　　项目活动及其历时

活动名称	A	B	C	D	E	F	G	H	I	J
历时天数	1	2	3	4	5	4	6	6	2	3

表 6.7 中活动间的依赖关系如下：

1）A、B、C 可以同时开始；

2）D 必须在 A 完成后开始；

3）E、F 必须在 B 完成后开始；

4）G 必须在 C 完成后开始；

5）H 必须在 D、E 完成后开始；

6）I 必须在 G 完成后开始；

7）J 必须在 F、H、I 完成后开始。

要求建立该项目的 AOE 网表示活动间的依赖关系，并求出该项目的关键活动和关键路径。

第7章 查找

查找是一种重要的非数值计算方法，也是在信息处理中最重要、最基础的操作，如何建立有效的数据结构存储待查找的数据集合，进而实现高效的查找算法是计算机科学与技术中一个永恒的命题。本章将介绍查找的基本概念，常用的用于查找的数据结构以及常用的查找算法，并进行查找效率分析。

7.1 查找的概念

1) **查找表**(search table)：相同类型的数据元素组成的集合，每个数据元素通常由若干数据项构成。

2) **关键字/码**(key)：数据元素中某个（或某几个）数据项的值，它可以标识一个数据元素。若关键字能唯一标识一个数据元素，则该关键字称为**主关键字**(primary key)；将能标识若干个数据元素的关键字称为**次关键字**(secondary key)。

3) **查找/检索**(searching)：根据给定的关键字值，在查找表中确定一个关键字等于给定值的记录或数据元素。

4) 查找存在两种结果：**查找成功**和**查找失败**。查找成功：查找表中存在满足条件的记录，返回所查到的记录信息或记录在查找表中的位置。查找失败：查找表中不存在满足条件的记录，返回失败标志。

5) 查找可分为两种基本方式：静态查找和动态查找。**静态查找**(static search)：在查找时只对数据元素进行查询或检索，查找表称为**静态查找表**。**动态查找**(dynamic search)：在实施查找的同时，插入查找表中不存在的记录，或从查找表中删除已存在的某个记录，查找表称为**动态查找表**。

6) 查找表的组织：查找的对象是查找表，采用何种查找方法，首先取决于查找表的组织。查找表是记录的集合，而集合中的元素之间是一种完全松散的关系，因此，查找表是一种非常灵活的数据结构，可以用多种方式来存储。

根据存储结构的不同，查找方法可分为三大类：

① 顺序表和链表的查找：将给定的关键字值与查找表中记录的关键字逐个进行比较，找到要查找的记录；

② 索引查找表的查找：首先根据索引确定待查找记录所在的块，然后再从块中找到

要查找的记录；

③ 散列/哈希表的查找：根据给定的关键字值计算待查记录可能的存储地址，按该地址直接访问查找表，从而找到要查找的记录。

7）查找算法评价指标：查找过程中主要操作是关键字的比较，查找过程中关键字的平均比较次数可用平均查找长度（average search length，简称 ASL）作为衡量一个查找算法效率高低的标准。平均查找长度定义为：

$$ASL = \sum_{i=1}^{n} p_i \times C_i \tag{7.1}$$

其中：n 为查找表中记录个数；C_i 为查找第 i 个记录需要进行比较的次数；p_i 为查找第 i 个记录的概率，不失一般性，一般认为查找每个记录的概率相等，则

$$ASL = \sum_{i=1}^{n} p_i \times C_i = \frac{1}{n} \sum_{i=1}^{n} C_i \tag{7.2}$$

一般地，认为记录的关键字是一些可以进行比较运算的类型，如整型、字符型、实型等，本章以后各节中讨论所涉及的关键字、数据元素等的类型描述如下：

typedef int KeyType; //关键字类型为整型，也可以是其他类型

typedef struct RecType

{

KeyType key; //关键字

//…… //此处可添加其他域定义

}RecType; //记录类型

对两个关键字的比较可采用带参数的宏定义，比如对两个数值型关键字比较的宏定义：

#define EQ(a, b)((a)= =(b))

#define LT(a, b)((a)<(b))

#define LQ(a, b)((a)<=(b))

由于对主关键字的查找非常重要，因此，本章只介绍对主关键字的查找。

7.2　静态查找

静态查找表的抽象数据类型定义如下：

ADT Static_SearchTable

{

　数据对象 D：D 是具有相同特性的数据元素的集合，各个数据元素有唯一标识的关键字。

　数据关系 R：数据元素同属于一个集合。

　基本操作 P：……

}

线性表是查找表最简单的一种组织方式，本节介绍几种在顺序存储结构的线性表上

进行静态查找的方法。

7.2.1 顺序查找

顺序查找(sequential search)的查找思想是:从查找表的一端开始逐个将记录的关键字和待查的关键字值进行比较,若某个记录的关键字和待查的关键字值相等,查找成功;否则,若扫描完整个表,仍然没有找到相应的记录,则查找失败。用于查找的顺序表类型定义如下:

```
#define MAX_SIZE 100 //最大表长
typedef struct SSTable
{
RecType elem[MAX_SIZE]; //顺序表元素数组,elem[0]不用作存储元素
int length; //表长
}SSTable; //顺序表类型
```

顺序查找操作如算法7.1所示。

```
int Seq_Search(SSTable ST, KeyType key)
{//顺序查找算法,查找成功返回关键字所在数组的下标,查找失败返回0
ST.elem[0].key=key; //数组下标0处不存储实际元素,设置为监视哨
for(int p=ST.length; !EQ(ST.elem[p].key, key); p--); //空语句
return p; //返回查找结果
}//end Seq_Search
```

算法 7.1

例7.1:顺序查找过程如图7.1所示,其中,表长为11,表中元素为:(26, 13, 54, 12, 5, 23, 63, 58, 98, 30, 35)。

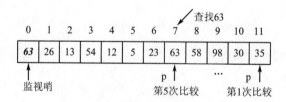

图7.1 顺序查找

图7.1说明了查找63的过程,共经过5次比较。监视哨的数组下标为0,初始化为待查值63,若直到查找到监视哨才结束,说明查找失败。顺序查找时,在查找成功情况下,查找第i个元素的比较次数为$n-i+1$;在查找失败情况下,比较次数为$n+1$。

不失一般性,设查找每个记录成功的概率相等,查找第i个元素成功的比较次数$C_i=n-i+1$;查找成功时的平均查找长度

$$\text{ASL} = \sum_{i=1}^{n} p_i \times C_i = \frac{1}{n}\sum_{i=1}^{n}(n-i+1) = \frac{n+1}{2} \tag{7.3}$$

如果将查找失败的情况也考虑进去,若查找成功与不成功的概率相等,即对每个记

录的查找概率为 $p_i = 1/(2n)$，查找失败时的比较次数为 $n+1$，则平均查找长度

$$\text{ASL} = \sum_{i=1}^{n} p_i \times C_i = \frac{1}{2n} \sum_{i=1}^{n} (n - i + 1) + \frac{1}{2n} \sum_{i=1}^{n} (n + 1) = \frac{3(n + 1)}{4} \qquad (7.4)$$

7.2.2 折半查找

折半查找(binary search)又称为**二分查找**，是一种效率较高的查找方法。折半查找的前提条件是：查找表中的所有记录是按关键字有序且查找表的存储结构为顺序存储结构。在折半查找过程中，先确定待查找记录在表中的范围，然后逐步缩小范围，每次将待查记录所在区间缩小一半，直到找到或找不到记录为止。

折半查找算法步骤是：

1) 用 Low、High 和 Mid 分别表示待查找区间的下界、上界和中间位置指针，初值为 Low = 1，High = n，其中 n 为表长。

2) 计算中间位置 Mid = $\lfloor$(Low+High)/2$\rfloor$；

3) 比较中间位置 Mid 记录的关键字与待查关键字 key：

① 若 elem[Mid].key = key，则查找成功，算法结束。

② 若 elem[Mid].key > key，则待查记录在区间的前半段，修改上界指针：High = Mid-1。

③ 若 elem[Mid].key < key，则待查记录在区间的后半段，修改下界指针：Low = Mid+1。

4) 若 Low>High，则查找失败，算法结束，否则，转 2)。

折半查找的非递归操作如算法 7.2 所示。

```
int Bin_Search(SSTable ST, KeyType key)
{//折半查找函数(非递归)
int Low = 1, High = ST.length, Mid;
while(Low<High)
{
    Mid = (Low+High)/2; //计算中点
    if(EQ(ST.elem[Mid].key, key))return Mid; //查找成功
    else if(LT(ST.elem[Mid].key, key))Low = Mid+1; //到后半区间查找
    else   High = Mid-1; //到前半区间查找
}//end while
return 0; //查找失败
}//end Bin_Search
```

算法 7.2

例 7.2：折半查找过程如图 7.2 所示，其中，表长为 11，表中元素为图 7.1 中数据的升序排列：(5, 12, 13, 23, 26, 30, 35, 54, 58, 63, 98)。图 7.2(a)中，查找 23，共经历 3 次比较，查找成功；图 7.2(b)中，查找 40，共经历 5 次比较，查找失败。

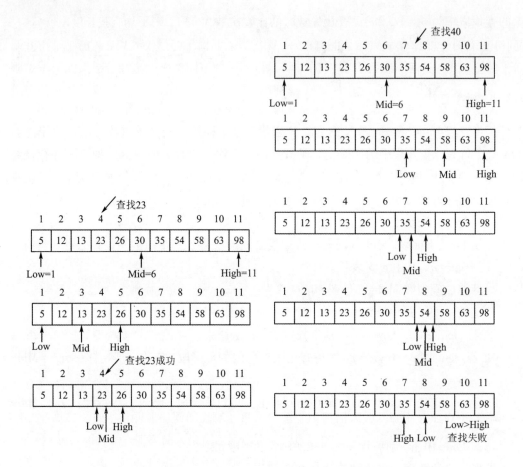

（a）查找 23 过程，查找成功　　　　　　（b）查找 40 过程，查找失败

图 7.2　折半查找示例

折半查找也可以采用递归方式实现，其递归操作如算法 7.3 所示。

int Bin_Search_recursion(SSTable ST, KeyType key, int Low, int High)

{//折半查找函数(递归)

int Mid;

if(Low>High)return 0; //递归出口，查找失败

Mid=(Low+High)/2; //计算中点

if(EQ(ST.elem[Mid].key, key))return Mid; //递归出口，查找成功

else if(LT(ST.elem[Mid].key, key))

　　　return Bin_Search_recursion(ST, key, Mid+1, High); //在后半区间递归查找

else

　　　return Bin_Search_recursion(ST, key, Low, Mid−1); //在前半区间递归查找

}//end Bin_Search_recursion

算法　7.3

下面进行折半查找性能分析。在折半查找时，每经过一次比较，查找范围就缩小一

半，该过程可用一棵二叉树表示：根结点就是第一次进行比较的中间位置的记录；排在中间位置前面的元素作为左子树的结点；排在中间位置后面的元素作为右子树的结点；这样所得到的二叉树称为**二叉判定树**（binary decision tree）。

例 7.3：表长为 11 的二叉判定树如图 7.3 所示。图 7.3 中，圆形结点中的数字表示元素序号（数组下标），矩形结点表示查找失败时搜索到的虚拟结点。在查找成功时，折半查找的最多比较次数为 $\lfloor \log_2 11 \rfloor + 1 = 4$；在查找失败时，折半查找的最多比较次数为 $\lfloor \log_2 11 \rfloor + 2 = 5$。例如：在图 7.2（b）中查找 40 时，比较到序号为 8 结点的左子树后失败。

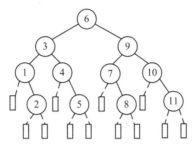

图 7.3　表长为 11 的折半查找二叉判定树

二叉判定树的第 $\lfloor \log_2 n \rfloor + 1$ 层上的结点补齐就成为一棵满二叉树，其深度 $h = \lfloor \log_2 n \rfloor + 1$。由满二叉树性质知，第 i 层上的结点数为 2^{i-1}（$i < h$），设表中每个记录的查找概率相等，即 $p_i = 1/n$，查找成功时的平均查找长度：

$$\text{ASL} = \sum_{i=1}^{n} p_i \times C_i = \frac{1}{n} \sum_{j=1}^{h} j \times 2^{j-1} = \frac{n+1}{n} \log_2(n+1) - 1 \tag{7.5}$$

当 n 很大（如 $n > 50$）时，$\text{ASL} \approx \log_2(n+1) - 1$。

除了折半查找外，对有序表的查找还有斐波那契查找和插值查找，它们的查找思想基本与折半查找相同，都是通过较大幅度地缩小查找区间提高查找效率，只是区间分割方法不同。

斐波那契（Fibonacci）数列的定义是：$F(0) = 0$，$F(1) = 1$，$F(j) = F(j-1) + F(j-2)$。斐波那契查找方法是根据斐波那契数列的特点对查找表进行分割。要求开始表中记录的个数比某个斐波那契数小 1，即 $n = F(k) - 1$；当记录不足 n 时，后面的元素都赋值为最后一个值。使 $n = F(k) - 1$ 是因为：如果表中的数据为 $F(k) - 1$ 个，分割点 Mid 又用掉一个，剩下 $F(k) - 2$ 个，正好可以分给两个子序列，使每个子序列的长度为 $F(k-1) - 1$ 和 $F(k-2) - 1$。斐波那契查找的平均性能比折半查找好，但在最坏情况下的性能（虽然也是 $O(\log n)$）却比折半查找差。它还有一个优点就是分割时只需要进行加、减运算。

插值查找（interpolation search）是根据待查关键字 key 与查找表中最大最小记录的关键字进行比较的查找方法，与折半查找比较，不同之处在于计算子序列分割点 Mid 采用插值公式：

$$\text{Mid} = \frac{\text{key} - \text{elem}[\text{Low}].\text{key}}{\text{elem}[\text{High}].\text{key} - \text{elem}[\text{Low}].\text{key}} (\text{High} - \text{Low} + 1) \tag{7.6}$$

显然，这种插值查找只适用于关键字均匀分布的表，在这种情况下，对表长比较大的顺序表，其平均性能比折半查找好。

7.2.3 分块查找

分块查找（blocking search）又称**索引顺序查找**，是顺序查找和折半查找方法的综合。

分块查找的基本思想是：将查找表分成几块，块间有序，即第 $i+1$ 块的所有记录关键字均大于（或小于）第 i 块记录关键字，块内无序。在查找表的基础上附加一个索引表，索引表是按关键字有序的，索引表中记录的构成是："块中最大关键字+块起始指针"。查找时，首先在索引表中进行查找，确定要找的结点所在的块。由于索引表是排序的，因此，对索引表的查找可以采用顺序查找或折半查找；然后，在相应的块中采用顺序查找，即可找到对应的结点。

例 7.4：分块查找表如图 7.4 所示。图 7.4 中，查找表中共有 18 个查找关键字，将其平均分为 3 个子表，对每个子表建立一个索引，索引中包含两部分内容：该子表部分中最大的关键字以及第一个关键字在总表中的位置，即该子表的起始位置。块（子表）中各关键字的具体顺序，根据各自可能会被查找到的概率而定。如果各关键字被查找到的概率是相等的，那么可以随机存放；否则可按照被查找概率进行降序排序，以提高算法运行效率。

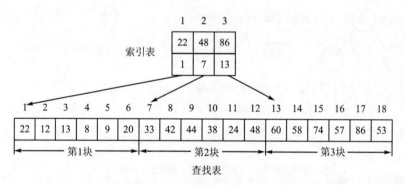

图 7.4 分块查找表

下面介绍分块查找算法的实现。首先定义分块查找的索引表类型：

```
typedef struct IndexType
{
KeyType maxkey; //块中最大的关键字
int startpos; //块的起始位置指针
}Index; //分块索引表类型
```

分块查找操作如算法 7.4 所示。

```
int Block_search(RecType ST[ ], Index ind[ ], KeyType key, int n, int b)
{//在分块索引表中查找关键字为 key 的记录，表长为 n，块数为 b
int i=1, j;
```

```
while((i<=b)&& LT(ind[i].maxkey, key))i++; //在索引表中查找
if(i>b)return 0; //查找失败
j=ind[i].startpos; //j 指示第 i 块的起始位置
while((j<=n)&& LQ(ST[j].key, ind[i].maxkey))//在块内查找
{
    if(EQ(ST[j].key, key))break; //查找成功
    j++; //块内指针后移
}//end while
if(j>n||! EQ(ST[j].key, key))j=0; //查找失败
return j; //返回查找结果
}//end Block_search
```

算法　7.4

静态查找方法的比较结果如表 7.1 所示。

表 7.1　　　　　　　　　　　　　静态查找方法比较

比较指标	顺序查找	折半查找	分块查找
ASL	最大	最小	两者之间
元素有序性	有序表、无序表	有序表	分块有序表
表存储结构	顺序表、链表	顺序表	顺序表、链表

7.3　动态查找

当查找表以线性表的形式组织时，若对查找表进行插入、删除或排序操作，就必须移动大量的记录，当记录数很多时，这种移动的代价很大。利用树的形式组织查找表，可以对查找表进行动态高效的查找。二叉排序树是一种应用广泛的动态查找表。

7.3.1　二叉排序树的定义

二叉排序树(binary sort tree 或 binary search tree，简称 BST)的定义如下：

二叉排序树或者是空树，或者是满足下列性质的二叉树：若二叉树左子树不为空，则左子树上所有结点的值(关键字)都小于根结点的值；若二叉树右子树不为空，则右子树上所有结点的值(关键字)都大于根结点的值；二叉树的左、右子树都分别是二叉排序树。

若按中序遍历一棵二叉排序树，所得到的结点序列是一个递增序列。一棵二叉排序树如图 7.5 所示。

二叉排序树是二叉树，因此可用二叉链表来存储，二叉排序树结点类型定义如下：

```
typedef struct Node
```

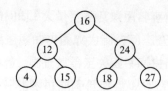

图 7.5 一棵二叉排序树

```
{
KeyType key; //关键字域
// …… //其他数据域
struct Node *Lchild, *Rchild;
}BSTNode; //二叉排序树结点类型
```

7.3.2 二叉排序树的查找

二叉排序树的查找思想:将给定的关键字 key 值与二叉排序树的根结点关键字 T->key 值进行比较:若树的根指针 T==NULL,则查找失败;若 key==T->key,则查找成功,返回根指针;若 key<T->key,则继续在该结点的左子树上进行递归查找;若 key>T->key,则继续在该结点的右子树上进行递归查找。二叉排序树查找的递归操作如算法 7.5 所示。

```
BSTNode *BST_Serach_recursion(BSTNode *T, KeyType key)
{//二叉排序树查找递归算法
if(T==NULL)return NULL; //查找失败,递归出口
else
{
    if(EQ(T->key, key))return T; //查找成功,递归出口
    else if(LT(key, T->key))
        return BST_Serach_recursion(T->Lchild, key); //递归,到左子树中查找
    else
        return BST_Serach_recursion(T->Rchild, key); //递归,到右子树中查找
}//end else
}//end BST_Serach_recursion
```

算法 7.5

为提高查找效率,二叉排序树查找也可以采用非递归方式实现,其非递归操作如算法 7.6 所示。

```
BSTNode *BST_Serach(BSTNode *T, KeyType key)
{//二叉排序树查找非递归算法
BSTNode *p=T; //p 指向根结点
while(p!=NULL)
{
```

```
        if(EQ(p->key, key))return p; //查找成功
        else if(LT(key, p->key))p=p->Lchild; //到左子树中查找
        else p=p->Rchild; //到右子树中查找
    }//end while
    return NULL; //查找失败
}//end BST_Serach
```

算法　7.6

在结点值随机分布的情况下,具有 n 个结点的二叉排序树平均查找长度和树的深度 $\log_2 n$ 是等数量级的,显然,其查找算法的时间复杂度为 $O(\log_2 n)$。

7.3.3　二叉排序树的插入

在二叉排序树中插入一个新结点,要保证插入后仍满足二叉排序树的性质。二叉排序树的插入算法思想:在二叉排序树中插入一个新结点 x 时,若二叉排序树为空,则令新结点 x 为插入后二叉排序树的根结点;否则,将结点 x 的关键字 x->key 与根结点的关键字 T->key 进行比较,若 x->key==T->key,则不需要插入 x;插入操作失败结束;若 x->key<T->key,则将结点 x 插入到 T 的左子树中;若 x->key>T->key,则将结点 x 插入到 T 的右子树中。二叉排序树插入的递归操作如算法 7.7 所示。

```
void Insert_BST_recursion(BSTNode **T, KeyType key)
{//二叉排序树插入递归算法
BSTNode *x;
x=(BSTNode *)malloc(sizeof(BSTNode)); //申请结点 x 的堆内存
x->key=key; x->Lchild=x->Rchild=NULL; //赋值待插入结点
if(*T ==NULL)*T=x; //插入至根结点
else
{
    if(EQ((*T)->key, x->key)){free(x); return;}//已有待插结点,插入失败
    //递归,插入左子树
    else if(LT(x->key, (*T)->key))Insert_BST_recursion(&((*T)->Lchild), key);
    else Insert_BST_recursion(&((*T)->Rchild), key); //递归,插入右子树
}//end else
}//end Insert_BST_recursion
```

算法　7.7

二叉排序树插入操作也可以采用非递归方式实现,如算法 7.8 所示。

```
void Insert_BST(BSTNode ** T, KeyType key)
{//二叉排序树插入非递归算法
BSTNode *x, *p, *q; //工作指针
x=(BSTNode *)malloc(sizeof(BSTNode)); //申请结点 x 的动态内存
x->key=key; x->Lchild=x->Rchild=NULL; //赋值待插入结点
```

```
if( * T = =NULL) * T=x; //插入至根结点
else
{
        p= * T; //p 指向根结点
        while( p! =NULL)
        {
                if(EQ(p->key, x->key)){free(x); return; }//已有待插结点，插入失败
                q=p; //q 作为 p 的父结点
                if(LT(x->key, p->key))p=p->Lchild; //到左子树中查找插入位置
                else p=p->Rchild; //到右子树中查找插入位置
        }//end while
        if(LT(x->key, q->key))q->Lchild=x; //插入至左子树
        else q->Rchild=x; //插入至右子树
}//end else
}//end Insert_BST
```

算法　7.8

对于一个无序序列可以通过构造一棵二叉排序树而变成一个有序序列。由于每次插入的新结点都是二叉排序树的叶子结点，即在插入时不必移动其他结点，仅需修改某个结点的指针，因此二叉排序树的插入也称为**叶插入**，其算法的平均时间复杂度显然为 $O(\log_2 n)$。

7.3.4　二叉排序树的建树

利用二叉排序树的插入操作，可以从空树开始逐个插入每个结点，从而建立一棵二叉排序树，二叉排序树建树操作如算法 7.9 所示。

```
BSTNode * create_BST( )
{//二叉排序树建树
KeyType key;
BSTNode * T=NULL;
printf("请输入一组整数建立二叉排序树，以 999 结束：");
scanf("%d", &key); //输入第一个待插入的结点值
while (key! =ENDKEY)//ENDKEY=999，其不能作为结点值
{
        Insert_BST_recursion(&T, key); //调用二叉树的结点插入算法
        scanf("%d", &key); //输入下一个待插入的结点值
}//end while
return T; //返回所建二叉树的根指针
}//end create_BST
```

算法　7.9

例 7.5：将序列 (16，12，15，24，4，27，18，20，13) 元素逐个插入，建立一棵二叉排序树，建树过程如图 7.6 所示。

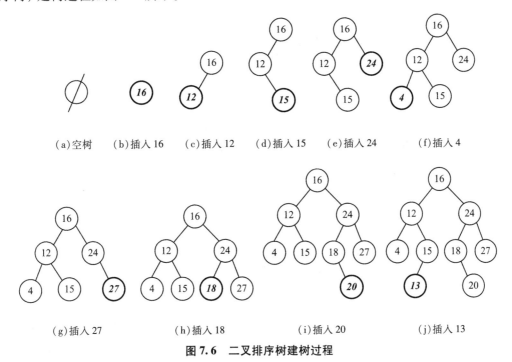

（a）空树　　（b）插入 16　　（c）插入 12　　（d）插入 15　　（e）插入 24　　（f）插入 4

（g）插入 27　　　　　（h）插入 18　　　　　（i）插入 20　　　　　（j）插入 13

图 7.6　二叉排序树建树过程

图 7.6 中，斜体加粗的结点为当前插入的结点。很显然，按照上述方法建立的二叉排序树的形状取决于元素的输入顺序，如果元素按照有序序列输入，则所建的二叉排序树每层只有一个结点，将变成线性结构，这种现象叫作**退化**（degeneration）。退化将大大降低二叉排序树的查找效率。为了避免退化现象，可采用 7.4 节的平衡二叉树方法建树并旋转。

7.3.5　二叉排序树的删除

从二叉排序树上删除一个结点，仍然要保证删除后满足二叉排序树的性质。下面介绍二叉排序树结点删除算法的基本思想。

设被删除结点为 p，其父结点为 f，删除可分为 3 种情况：

情况一，若 p 是叶子结点：直接删除 p，如图 7.7（a）、图 7.7（b）所示。

情况二，若 p 只有一棵子树（左子树或右子树）：直接用 p 的左子树（或右子树）取代 p 的位置而成为 f 的一棵子树。即原来 p 是 f 的左子树，则 p 的子树成为 f 的左子树；原来 p 是 f 的右子树，则 p 的子树成为 f 的右子树，如图 7.7（b）、图 7.7（c）所示。

情况三，若 p 既有左子树又有右子树：处理方法有以下两种，可以任选其中一种。

① 用 p 的直接前驱结点代替 p：即从 p 的左子树中选择值最大的结点 s 放在 p 的位置（用结点 s 的数据替换结点 p 数据），然后删除结点 s。此时 s 是 p 的左子树中的最右下的结点且没有右子树，对 s 的删除同情况二，如图 7.7（c）、图 7.7（d）所示。

② 用 p 的直接后继结点代替 p：即从 p 的右子树中选择值最小的结点 s 放在 p 的位置（用结点 s 的数据替换结点 p 数据），然后删除结点 s。此时 s 是 p 的右子树中的最左下的结点，且没有左子树，对 s 的删除同情况二，如图 7.7(c)、图 7.7(e) 所示。

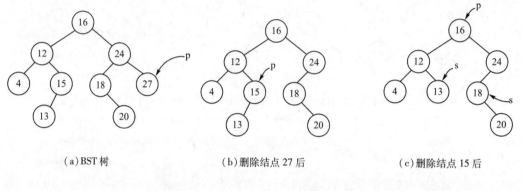

（a）BST 树　　　　　　　（b）删除结点 27 后　　　　　　　（c）删除结点 15 后

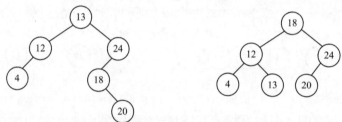

（d）删除结点 16 后，用左子树的最　　　　　（e）删除结点 16 后，用右子树的最
右下结点 13 代替之　　　　　　　　　　左下结点 18 代替之

图 7.7　二叉排序树的结点删除

二叉排序树删除结点操作如算法 7.10 所示。

```
void Delete_BST(BSTNode **T, KeyType key)//二叉排序树的删除
{//在以 T 为根结点的二叉排序树中删除关键字为 key 的结点
BSTNode *p=*T, *f=NULL, *q, *s; //f 是 p 指向结点的父指针
while(p!=NULL && !EQ(p->key, key))//先查找关键字在树中的位置
{
    f=p; //f 指向待删结点的父结点
    if(LT(key, p->key))p=p->Lchild; //搜索左子树
    else p=p->Rchild; //搜索右子树
}//end while
if(p==NULL)return; //没找到要删除的结点，算法结束
s=p; //找到了要删除的结点为 p，s 为工作指针
if(p->Lchild!=NULL && p->Rchild!=NULL)//p 为两度结点
{
    f=p; s=p->Lchild; //从左子树开始找
    while(s->Rchild!=NULL)//左、右子树都不空，找左子树中最右下的结点
```

{f=s;　　s=s->Rchild; }//s 指向 p 的左子树中最右下结点

　　p->key=s->key; //用 s 指向的结点值代替 p 指向的结点值

}//end if

if(s->Lchild! =NULL)q=s->Lchild; //若 s 有左子树，右子树一定为空

else q=s->Rchild; //其实此时 s 是叶子结点

if(f= =NULL) *T=q; //待删除结点为根结点，一定要专门处理

else if(f->Lchild= =s)f->Lchild=q; // s 是双亲的左孩子

else f->Rchild=q; //s 是双亲的右孩子

free(s); //释放 s 指向的堆内存

}//end Delete_BST

算法　7.10

7.4　平衡二叉树

二叉排序树是一种查找效率比较高的数据组织形式，但其平均查找长度受树的形态影响较大，形态比较均匀时查找效率很高，形态明显偏向某一方向时其查找效率就大大降低，最差时二叉排序树可退化成线性结构。因此，希望有更好的二叉排序树，其形态总是均衡的，查找时能得到最好的效率，这就是**平衡二叉排序树**(balanced binary sort tree)。平衡二叉排序树是一棵**平衡二叉树**(balanced binary tree 或 height-balanced tree)，由于平衡二叉树是在 1962 年由 Adelson-Velskii 和 Landis 提出的，因此又以提出者的姓名命名为 AVL 树。

7.4.1　平衡二叉树的定义

平衡二叉树或者是空树，或者是满足下列性质的二叉树：左子树和右子树深度之差的绝对值不大于 1；左子树和右子树也都是平衡二叉树。

平衡二叉树上结点的左子树的深度减去其右子树深度称为该结点的**平衡因子**(balance factor)。平衡二叉树上每个结点的平衡因子只可能是 -1、0 和 1，否则，只要有一个结点的平衡因子的绝对值大于 1，该二叉树就不是平衡二叉树。如果一棵二叉树既是二叉排序树又是平衡二叉树，则称之为平衡二叉排序树。平衡二叉排序树结点类型定义如下：

typedef struct BNode

{

KeyType key; //关键字域

int Bfactor; //平衡因子域

struct BNode *Lchild, *Rchild;

// …… //其他数据域

}BBSTNode；//基于二叉链表的平衡二叉排序树类型

在平衡二叉排序树上执行查找的过程与二叉排序树上的查找过程完全一样，在平衡二叉排序树上执行查找时，和给定的关键字值比较的次数不超过树的深度，即在平衡二叉排序树上进行查找的平均查找长度和 $\log_2 n$ 是一个数量级的，最差时间复杂度为 $O(\log_2 n)$。

7.4.2　平衡二叉树的旋转

一般的二叉排序树是不平衡的，若能通过某种方法使其既保持有序性，又具有平衡性，就找到了构造平衡二叉排序树的方法，该方法称为**平衡化旋转**（balanced rotation）。在对平衡二叉树插入（或删除）一个结点后，通常会影响到从根结点到插入（或删除）结点的路径上的某些结点，这些结点的子树可能发生变化，影响有以下几种可能性：

① 以某些结点为根的子树的深度发生了变化；

② 某些结点的平衡因子发生了变化；

③ 某些结点失去平衡。

下面以插入结点为例进行分析。在平衡二叉树中插入一个新结点后，从该结点起向祖先路径上寻找第一个不平衡的结点（平衡因子变成了-2 或 2），以确定该树是否失衡。若找到，则以该结点为根的子树称为**最小失衡子树**（minimum unbalance subtree）；若一直追溯到根结点也未找到失衡结点，则该结点的插入未使树失衡。当插入结点导致失衡时，如果将最小失衡子树调整为平衡的子树而且其高度与插入前的高度相同，则整棵树可恢复平衡且无须调整其他结点。因此，沿着插入结点上行到根结点就能找到最小失衡子树的根结点，对最小失衡子树可通过平衡化旋转方法使其恢复平衡，共分 LL（left-left）型、LR（left-right）型、RL（right-left）型和 RR（right-right）型 4 种，下面进行说明。

1）LL 型的平衡化旋转

失衡原因：如图 7.8 所示，在结点 a 的左孩子的左子树上插入结点 x，插入使结点 a 失去平衡，即 a 是沿着插入结点 x 向祖先方向追溯的第一个失衡的祖先结点。a 插入前的平衡因子是 1，插入后的平衡因子是 2，设 b 是 a 的左孩子，则 b 在插入前的平衡因子必是 0（否则：若 b 的平衡因子为 1，则插入 x 后，b 的平衡因子为 2，b 就是失衡结点；若 b 的平衡因子为-1，则插入后，b 的平衡因子为 0，插入没有使以 b 为根的子树深度增加，a 不会失衡），插入 x 后 b 的平衡因子变成 1。

平衡化旋转方法：通过顺时针旋转（右旋）操作实现，如图 7.8 所示，其中，旋转后，用 b 取代 a 的位置，a 成为 b 的右子树的根结点，b 原来的右子树作为 a 的左子树。

下面进行旋转前后各结点的平衡因子分析。

① 旋转前的平衡因子。

插入 x 后，旋转前：设 b 的左子树的深度为 H_{bL}，则 b 的右子树的深度 $H_{bR}=H_{bL}-1$；a 的左子树的深度为 $H_{bL}+1$，a 的平衡因子为 2，则 a 的右子树的深度为：

$$H_{aR} = H_{bL}+1-2 = H_{bL}-1$$

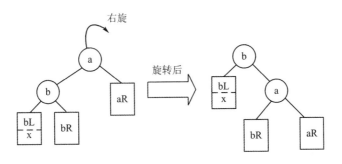

图 7.8　LL 型平衡化旋转示意图

② 旋转后的平衡因子。

旋转后：a 的右子树没有变，而 a 的左子树是 b 的右子树，则 a 的平衡因子是：

$$H_{aL}-H_{aR}=(H_{bL}-1)-(H_{bL}-1)=0$$

即 a 是平衡的，且以 a 为根的子树的深度是 H_{bL}，旋转后：b 的左子树没有变化，右子树是以 a 为根的子树，则 b 的平衡因子是：

$$H_{bL}-H_{bL}=0$$

即 b 也是平衡的，且以 b 为根的子树的深度是 $H_{bL}+1$，旋转后以 b 为根的子树与插入 x 前以 a 为根的子树深度相同，则旋转后以 b 为根的子树的上层各结点的平衡因子没有变化，即整棵树旋转后是平衡的。

LL 型的平衡化旋转操作如算法 7.11 所示。

BBSTNode* LL_rotate(BBSTNode *pa)//LL 型的平衡化旋转

{//pa, pb 分别表示指向结点 a 和 b 的指针

BBSTNode *pb;

pb=pa->Lchild; pa->Lchild=pb->Rchild; pb->Rchild=pa;

pa->Bfactor=pb->Bfactor=0;

return pb; //返回旋转后的子树根结点

}//end LL_rotate

算法　7.11

2)LR 型的平衡化旋转

失衡原因：如图 7.9 所示，在结点 a 的左孩子的右子树上插入 x，使结点 a 失去平衡。插入 x 前，a 的平衡因子是 1，插入 x 后，a 的平衡因子变为 2。设 b 是 a 的左孩子，c 为 b 的右孩子，在插入 x 前，b 的平衡因子只能是 0(不能是-1，否则插入后 b 就是失衡结点；不能是 1，否则插入后不会使 a 失衡)；在插入 x 后，b 的平衡因子是-1。在插入 x 前，c 的平衡因子只能是 0(不能是-1，否则在 c 的右子树上插入 x 后，c 就是失衡结点，在 c 的左子树上插入 x 后，不会使 a 失衡；同理也不能是 1)。

下面进行插入后结点 c 的平衡因子的变化分析。

插入 x 前：设 c 的左子树的深度为 H_{cL}，则 c 的右子树的深度为 H_{cL}；b 的左、右子树的深度为 $H_{cL}+1$；a 的左子树的深度为 $H_{cL}+2$，a 的右子树的深度为 $H_{cL}+1$；以 a 为根的子

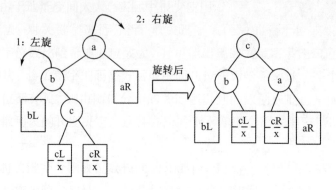

图 7.9　LR 型平衡化旋转示意图

树深度为 H_{cL}+3。在此基础上，分 3 种情况讨论插入后的平衡因子变化情况：

① 插入 x 后，c 的平衡因子是 1：即在 c 的左子树上插入 x，则插入 x 后，c 的左子树的深度为 H_{cL}+1，右子树的深度为 H_{cL}；插入 x 后，由于 b 的平衡因子是−1，则 b 的左子树的深度为 H_{cL}+1，b 的右子树的深度为 H_{cL}+2；以 b 为根的子树的深度是 H_{cL}+3，即 a 的左子树深度为 H_{cL}+3；因插入 x 后，a 的平衡因子是 2，则 a 的右子树的深度是 H_{cL}+2。

② 插入 x 后，c 的平衡因子是 0：插入 x 前 c 平衡因子为 0，插入 x 后也为 0，说明 c 就是插入结点 x，即插入前 b 的右子树为空，则插入前 b 的左子树也为空。则插入 x 前，a 的左子树深度为 1，右子树深度为 0。插入 x 后：c 的左、右子树高度为 0，c 的平衡因子为 0；b 的左子树深度为 0，右子树深度为 1，b 的平衡因子为−1；a 的左子树深度为 2，右子树深度为 0，a 的平衡因子为 2。

③ 插入 x 后，c 的平衡因子是−1：即在 c 的右子树上插入。插入 x 后，设 c 的左子树的深度为 H_{cL}，则右子树的深度为 H_{cL}+1，以 c 为根的子树的深度是 H_{cL}+2；则 b 的右子树的深度为 H_{cL}+2，插入 x 后，因 b 的平衡因子是−1，则 b 的左子树的深度为 H_{cL}+1；以 b 为根的子树的深度是 H_{cL}+3，则 a 的左子树的深度是 H_{cL}+3；a 的右子树的深度是 H_{cL}+1。

平衡化旋转方法：如图 7.9 所示，先以 b 进行一次逆时针旋转（将以 b 为根的子树旋转为以 c 为根），再以 a 进行一次顺时针旋转；将整棵子树旋转为以 c 为根，b 是 c 的左子树，a 是 c 的右子树；c 的右子树移到 a 的左子树位置，c 的左子树移到 b 的右子树位置。

下面进行旋转后结点 a、b、c 的平衡因子分析。

① 旋转前（插入 x 后）c 的平衡因子是 1：旋转前，插入 x 后，设 c 的左子树的深度为 H_{cL}+1。则旋转后：a 的左子树深度为 H_{cL}，其右子树没有变化，深度是 H_{cL}+1，则 a 的平衡因子是−1；b 的左子树没有变化，深度为 H_{cL}+1，右子树是 c 旋转前的左子树，深度为 H_{cL}+1，则 b 的平衡因子是 0；c 的左、右子树分别是以 b 和 a 为根的子树，其深度均为 H_{cL}+2，则 c 的平衡因子是 0，以 c 为根的子树深度为 H_{cL}+3。旋转后以 c 为根的子树与插入 x 前以 a 为根的子树深度相同，则旋转后以 c 为根的子树的上层各结点的平衡因子没有变化，即整棵树旋转后是平衡的。

② 旋转前（插入后）c 的平衡因子是 0：插入后，a、b、c 三个结点的平衡因子均为 0，

旋转后以 c 为根的子树的高度和插入前以 a 为根的子树相同保持不变，即整棵树旋转后是平衡的。

③ 旋转前(插入后)c 的平衡因子是 -1：插入后，c 的左子树的深度为 H_{cL}。则旋转后，a 的左子树深度为 $H_{cL}+1$，其右子树没有变化，深度是 $H_{cL}+1$，则 a 的平衡因子是 0；b 的左子树没有变化，深度为 $H_{cL}+1$，右子树是 c 旋转前的左子树，深度为 H_{cL}，则 b 的平衡因子是 1；c 的左、右子树分别是以 b 和 a 为根的子树，其深度均为 $H_{cL}+2$，则 c 的平衡因子是 0，以 c 为根的子树深度为 $H_{cL}+3$。与插入前以 a 为根的子树深度相同，则该子树的上层各结点的平衡因子没有变化，即整棵树旋转后是平衡的。

LR 型的平衡化旋转操作如算法 7.12 所示。

```
BBSTNode* LR_rotate(BBSTNode *pa)//LR 型平衡化旋转
{
BBSTNode *pb, *pc; //pa, pb, pc 分别表示指向结点 a、b 和 c 的指针
pb=pa->Lchild; pc=pb->Rchild;
pa->Lchild=pc->Rchild; pb->Rchild=pc->Lchild;
pc->Lchild=pb; pc->Rchild=pa;
if(pc->Bfactor==1){pa->Bfactor=-1; pb->Bfactor=0; pc->Bfactor=0; }
else if(pc->Bfactor==0) pa->Bfactor=pb->Bfactor=pc->Bfactor=0;
else{pa->Bfactor=0; pb->Bfactor=1; pc->Bfactor=0; }
return pc; //返回旋转后的子树根结点
}// end LR_rotate
```

算法　7.12

3)RL 型的平衡化旋转

失衡原因：如图 7.10 所示，在结点 a 的右孩子的左子树上进行插入，插入 x 使结点 a 失去平衡，与 LR 型正好对称。对于结点 a，插入 x 前的平衡因子是 -1，插入 x 后 a 的平衡因子是 -2。设 b 是 a 的右孩子，c 为 b 的左孩子，b 在插入 x 前的平衡因子只能是 0，插入 x 后的平衡因子是 1；同样，c 在插入 x 前的平衡因子只能是 0。

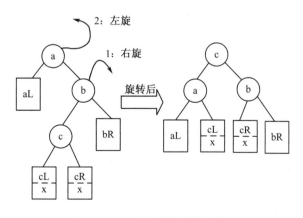

图 7.10　RL 型平衡化旋转示意图

下面进行插入后结点 c 的平衡因子的变化分析。

为统一分析，插入前，设 c 的左子树的深度为 H_{cL}。则插入 x 前：c 的右子树的深度都为 H_{cL}；b 的左、右子树的深度都为 $H_{cL}+1$；a 的右子树的深度为 $H_{cL}+2$，a 的左子树的深度为 $H_{cL}+1$；以 a 为根的子树深度为 $H_{cL}+3$。在此基础上，分 3 种情况讨论：

① 插入 x 后 c 的平衡因子是 1：在 c 的左子树上插入 x。插入 x 后，c 的左子树的深度变为 $H_{cL}+1$，则右子树的深度为 H_{cL}。因插入 x 后 b 的平衡因子是 1，则 b 的右子树的深度为 $H_{cL}+1$，以 b 为根的子树的深度是 $H_{cL}+3$；因插入 x 后 a 的平衡因子是-2，则 a 的左子树的深度是 $H_{cL}+1$。

② 插入 x 后 c 的平衡因子是 0：c 本身是插入结点。即插入 x 前 b 的左子树为空，那么插入 x 前 b 的右子树也为空。则插入 x 前结点 a 的左子树深度为 0，右子树深度为 1。插入 x 后：c 的左、右子树高度为 0，c 的平衡因子为 0；b 的右子树深度为 0，左子树深度为 1，b 的平衡因子为 1；a 的左子树深度为 0，右子树深度为 2，a 的平衡因子为-2。

③ 插入 x 后 c 的平衡因子是-1：在 c 的右子树上插入 x。插入后，c 的左子树的深度为 H_{cL}，则右子树的深度为 $H_{cL}+1$；以 c 为根的子树的深度是 $H_{cL}+2$；因插入 x 后 b 的平衡因子是 1，则 b 的右子树的深度为 $H_{cL}+1$；以 b 为根的子树的深度是 $H_{cL}+3$，则 a 的左子树的深度是 $H_{cL}+1$。

平衡化旋转方法：如图 7.10 所示，先以 b 进行一次顺时针旋转，再以 a 进行一次逆时针旋转；即将整棵子树（以 a 为根）旋转为以 c 为根，a 是 c 的左子树，b 是 c 的右子树；c 的右子树移到 b 的左子树位置，c 的左子树移到 a 的右子树位置。

下面进行旋转后各结点(a，b，c)的平衡因子分析。

① 旋转前(插入 x 后)c 的平衡因子是 1：a 的左子树没有变化，深度是 $H_{cL}+1$，右子树是 c 旋转前的左子树，深度为 $H_{cL}+1$，则 a 的平衡因子是 0；b 的右子树没有变化，深度为 $H_{cL}+1$，左子树是 c 旋转前的右子树，深度为 H_{cL}，则 b 的平衡因子是-1；c 的左、右子树分别是以 a 和 b 为根的子树，则 c 的平衡因子是 0。旋转后以 c 为根的子树深度为 $H_{cL}+3$，与插入前以 a 为根的子树深度相同，则该子树的上层各结点的平衡因子没有变化，即整棵树旋转后是平衡的。

② 旋转前(插入 x 后)c 的平衡因子是 0：旋转后 a，b，c 的平衡因子都是 0。旋转后以 c 为根的子树的高度和插入前以 a 为根的子树相同，即整棵树旋转后是平衡的。

③ 旋转前(插入 x 后)c 的平衡因子是-1：a 的左子树没有变化，深度是 $H_{cL}+1$，右子树是 c 旋转前的左子树，深度为 H_{cL}，则 a 的平衡因子是 1；b 的右子树没有变化，深度为 $H_{cL}+1$，左子树是 c 旋转前的右子树，深度为 $H_{cL}+1$，则 b 的平衡因子是 0；c 的左、右子树分别是以 a 和 b 为根的子树，则 c 的平衡因子是 0。旋转后以 c 为根的子树深度为 $H_{cL}+3$，与插入前以 a 为根的子树深度相同，旋转后以 c 为根的子树的上层各结点的平衡因子没有变化，即整棵树旋转后是平衡的。

RL 型的平衡化旋转操作如算法 7.13 所示。

```
BBSTNode* RL_rotate(BBSTNode *pa)//RL 型平衡化旋转
{
```

BBSTNode *pb, *pc; //pa, pb, pc 分别表示指向结点 a、b 和 c 的指针

pb=pa->Rchild; pc=pb->Lchild;

pa->Rchild=pc->Lchild; pb->Lchild=pc->Rchild;

pc->Lchild=pa; pc->Rchild=pb;

if(pc->Bfactor==1){pa->Bfactor=0; pb->Bfactor=-1; pc->Bfactor=0;}

else if(pc->Bfactor==0) pa->Bfactor=pb->Bfactor=pc->Bfactor=0;

else{pa->Bfactor=1; pb->Bfactor=0; pc->Bfactor=0;}

return pc; //返回旋转后的子树根结点

}//end RL_rotate

算法 7.13

4）RR 型的平衡化旋转

失衡原因：如图 7.11 所示，在结点 a 的右孩子的右子树上插入结点 x，插入使结点 a 失去平衡，即 a 是沿着插入结点向祖先方向追溯的第一个失衡的祖先结点。插入 x 前 a 的平衡因子是-1，插入 x 后 a 的平衡因子是-2。设 b 是 a 的右孩子，b 在插入 x 前的平衡因子必是 0（否则：若 b 的平衡因子为-1，则插入 x 后，b 的平衡因子为-2，b 就是失衡结点；若 b 的平衡因子为 1，则插入后，b 的平衡因子为 0，插入没有使以 b 为根的子树深度增加，a 不会失衡），插入 x 后的平衡因子是-1。

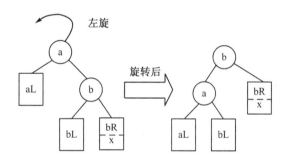

图 7.11 RR 型平衡化旋转示意图

平衡化旋转方法：如图 7.11 所示，设 b 是 a 的右孩子，通过逆时针旋转（左旋）实现；即用 b 取代 a 的位置，a 作为 b 的左子树的根结点，b 原来的左子树作为 a 的右子树。

下面进行插入后各结点的平衡因子分析。

① 旋转前的平衡因子。

插入 x 后：设 b 的左子树的深度为 H_{bL}，则 b 的右子树的深度 $H_{bR}=H_{bL}+1$；a 的右子树的深度为 $H_{aR}=H_{bL}+2$。插入 x 后，a 的平衡因子为-2，则 a 的右子树的深度为：

$$H_{aL}=H_{bL}+2-2=H_{bL}$$

② 旋转后的平衡因子。

a 的左子树没有变，而 a 的右子树是 b 的左子树，则平衡因子是：

$$H_{aL}-H_{aR}=H_{bL}-H_{bL}=0$$

即 a 是平衡的，以 a 为根的子树的深度是 $H_{bL}+1$。b 的右子树没有变化，b 的左子树是以 a 为根的子树，则平衡因子是：

$$(H_{bL}+1)-(H_{bL}+1)=0$$

即 b 也是平衡的,以 b 为根的子树的深度是 $H_{bL}+2$,与插入前以 a 为根的子树深度相同,则该子树的上层各结点的平衡因子没有变化,即整棵树旋转后是平衡的。RR 型的平衡化旋转操作如算法 7.14 所示。

```
BBSTNode* RR_rotate(BBSTNode *pa)//RR 型平衡化旋转
{
BBSTNode *pb; //pa, pb 别表示指向结点 a 和 b 的指针
pb = pa->Rchild; pa->Rchild = pb->Lchild; pb->Lchild = pa;
pa->Bfactor = pb->Bfactor = 0;
return pb; //返回旋转后的子树根结点
}//end RR_rotate
```

算法 7.14

对于上述 4 种平衡化旋转,其正确性容易由"遍历所得中序序列不变"来证明。并且,无论是哪种情况,平衡化旋转处理完成后,形成的新子树仍然是平衡二叉排序树,且其深度和插入前以 a 为根结点的平衡二叉排序树的深度相同。所以,在平衡二叉排序树上因插入结点而失衡,仅需对最小失衡子树做平衡化旋转处理。

7.4.3 平衡二叉排序树的建树与插入

平衡二叉排序树的建树操作实际上是在二叉排序树插入的基础上完成以下工作:
① 从空树开始,依次插入结点,判别插入结点后的二叉排序树是否产生不平衡;
② 若插入后,二叉排序树失衡,则找出最小失衡子树;
③ 判断旋转类型,然后对最小失衡子树做相应调整。

显然,最小失衡子树的根结点在插入前的平衡因子不为 0,且是离插入结点最近的平衡因子不为 0 的祖先结点。由于平衡二叉树的建树操作以平衡二叉树的插入操作为基础,因此下面介绍平衡二叉树的插入算法。

平衡二叉树插入算法的基本思想是:假设插入结点前二叉排序树是平衡的,将新结点 s 插入后可能导致不平衡,因此在查找结点 s 的插入位置的过程中,记录离结点 s 最近且平衡因子不为 0 的祖先结点 a,若 a 不存在,则结点 a 为根结点;然后修改结点 a 到结点 s 路径上所有结点的平衡因子,最后判断这些结点是否产生不平衡,若不平衡,则确定旋转类型并做相应调整。平衡二叉排序树插入结点操作如算法 7.15 所示。

```
void Insert_BBST(BBSTNode** pT, BBSTNode* s)
{//向平衡二叉排序树*pT 中插入结点 s,若失衡,则平衡旋转使其平衡
BBSTNode *pf, *pa, *pb, *p, *q; //pf 为结点 a 的父结点指针
if( *pT = = NULL)//空树, 插入 s 为根结点
{ *pT = s;    printf("插入成功, 不调整\n"); return; }
pa = p = ( *pT); // pa 指向离 s 最近且平衡因子不为 0 的结点 a, 初始化 a 为树的根结点
pf = q = NULL; //pf 指向 a 的父结点, q 也指向 p 的父结点, 初始化为空指针
while ( p! = NULL)//查找 s 的插入位置, 一直搜索到空子树, s 会作为叶子插入到二叉排序树中
```

```
  }
    if(EQ(s->key,p->key)){printf("结点已存在,插入失败\n");return;}
    if(p->Bfactor!=0){pa=p;pf=q;} //pa 记录离 s 最近且平衡因子不为 0 的结点地址
    q=p; //q 指向 p 的父结点,先赋值为 p
    if(LT(s->key,p->key))p=p->Lchild; //在左子树中搜索 s
    else p=p->Rchild; //在右子树中搜索 s
}//end while
if(LT(s->key,q->key))q->Lchild=s; // s 插入为 q 指向结点的左孩子
else q->Rchild=s; // s 插入为 q 指向结点的右孩子
p=pa; //p 指向最小失衡子树的根结点*pa
while(p!=s)//修改从根结点 a 到 s 路径上所有结点的平衡因子
{
    if(LT(s->key,p->key)){p->Bfactor++;p=p->Lchild;}//由于插入 s 到左子树,平衡因子加 1
    else{p->Bfactor--; p=p->Rchild;}//由于 s 插入到右子树,平衡因子减 1
}//end while
if(pa->Bfactor>=-1 && pa->Bfactor<=1)
{printf("插入成功,不调整\n");return;}//根结点 a 未失去平衡,不做调整,算法结束
if(pa->Bfactor==2)//在 a 的左子树上插入导致 a 失衡
{
    pb=pa->Lchild; //pb 指向 a 的左孩子
    if(pb->Bfactor==1){printf("LL 调整\n");p=LL_rotate(pa);}//LL 型旋转
    else{printf("LR 调整\n");p=LR_rotate(pa);}//LR 型旋转
}//end if
else if(pa->Bfactor==-2)//在 a 的右子树上插入导致 a 失衡
{
    pb=pa->Rchild; //pb 指向 a 的右孩子
    if(pb->Bfactor==1){printf("RL 调整\n");p=RL_rotate(pa);}//RL 型旋转
    else{printf("RR 调整\n");p=RR_rotate(pa);}//RR 型旋转
}//end else if
else printf("error\n"); //其实不能出现这种情况,仅为测试用
if(pf==NULL)(*pT)=p; //p 为根指针
else if(pf->Lchild==pa)pf->Lchild=p; //修改 p 为指向双亲 pf 左孩子的指针
else pf->Rchild=p; //修改 p 为指向双亲 pf 右孩子的指针
}//end Insert_BBST
```

算法　7.15

例 7.6：设要构造的平衡二叉排序树中各结点的值分别是(12,20,25,81,44,8,4,2,3),平衡二叉排序树的构造过程如图 7.12 所示。

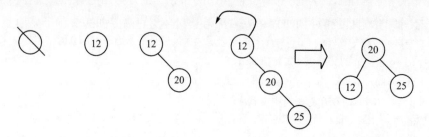

(a)插入 12、20   (b)插入 25 失衡，RR 平衡旋转

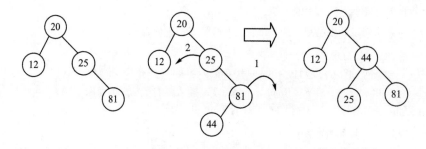

(c)插入 81 未失衡，插入 44 失衡，RL 平衡旋转

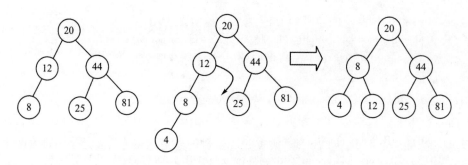

(d)插入 8 未失衡，插入 4 失衡，LL 平衡旋转

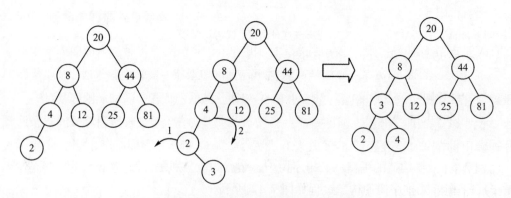

(e)插入 2 未失衡，插入 3 失衡，LR 平衡旋转

图 7.12　平衡二叉树的构造过程

同插入操作类似，删除结点时也有可能破坏平衡性，这就要求删除的时候也要进行平衡性调整，删除操作比插入操作更复杂，这里不再进行阐述。

7.5 索引查找

索引技术是组织大型数据库的重要技术，索引结构的基本组成有索引表和数据表两部分，其中，数据表存储实际的数据记录；索引表存储记录的关键字和记录（存储）地址之间的对照关系，每个元素称为一个索引项，索引结构如图 7.13 所示。数据表往往较大，直接查找顺序表可能引起频繁的内、外存数据读写，效率较低；索引表由于只含有关键字值和地址值，因此数据量大大减小，可直接在内存里进行查找操作，减少内、外存数据读写次数，提高数据检索效率。

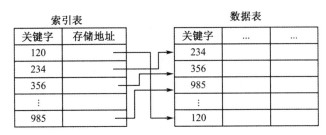

图 7.13　索引结构

常用的索引数据结构包括顺序索引表和树形索引表。顺序索引表是将索引项按顺序存储结构组织的线性索引表，而表中索引项一般是按关键字排序的，顺序索引表的优点是：

① 可以用折半查找等方法快速找到关键字，进而找到数据记录的物理地址，实现数据记录的快速查找；

② 提供对变长数据记录的便捷访问；

③ 插入或删除数据记录时不需要移动记录。

顺序索引表的缺点是：

① 索引表中索引项的数目与数据表中记录数相同，当索引表很大时，检索记录需多次访问外存；

② 对索引表的维护代价较高，涉及大量索引项的移动，不适合用于插入和删除操作。

因为顺序索引表存在不足，人们提出了树形索引表，常用的树形索引表包括 B-树和 B+树。

7.5.1　B-树的定义

平衡二叉排序树便于动态查找，因此用平衡二叉排序树来组织索引表是一种可行的选择，然而当用于大型数据访问时，大量数据及索引都存储在外存，因此涉及内、外存之间频繁的数据交换，这种交换速度的快慢成为制约动态查找的瓶颈，若以二叉树的结点作为内、外存之间数据交换单位，则查找给定关键字时对磁盘平均进行 $\log_2 n$ 次访问是不能容忍的，因此，必须选择一种能尽可能降低磁盘 I/O 次数的索引组织方式，树结点的大小尽可能地接近页的大小。因此，R.Bayer 和 E.Mc Creight 在 1972 年提出了一种多路平衡查找树，称为 B-树，也可以写成 B 树，其变型体是 B+树。B-树主要用于文件系统中，在 B-树中，每个结点的大小为一个磁盘页，结点中所包含的关键字及其孩子的数目取决于页的大小。

一棵度为 m 的 B-树称为 m 阶 B-树，或者是空树，或者是满足以下性质的 m 叉树：

① 根结点或者是叶子，或者至少有两棵子树，至多有 m 棵子树；

② 除根结点外，所有非终端结点至少有 $\lceil m/2 \rceil$ 棵子树，至多有 m 棵子树；

③ 所有叶子结点都在树的同一层上；

④ 每个结点包含如下信息：

$$(n, A_0, K_1, A_1, K_2, A_2, \cdots, K_n, A_n)$$

其中：$K_i(1 \leq i \leq n)$ 是关键字，且 $K_i < K_{i+1}(1 \leq i \leq n-1)$；$A_i(i=0, 1, \cdots, n)$ 为指向孩子结点的指针，且 A_{i-1} 所指向的子树中所有结点的关键字都小于 K_i，A_i 所指向的子树中所有结点的关键字都大于 K_i；n 是 B-树结点中关键字的个数，$\lceil m/2 \rceil - 1 \leq n \leq m-1$，$n+1$ 为子树的棵数。在实际应用中 B-树每个结点中还应包含 n 个指向包含关键字的记录指针。

如图 7.14 所示为一棵包含 13 个关键字的 4 阶 B-树，一棵 4 阶 B-树的每个结点至多能存放 3 个关键字。

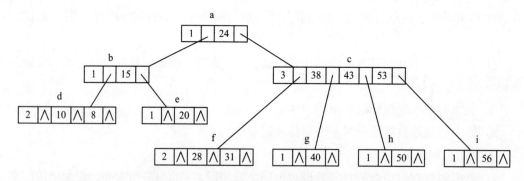

图 7.14　一棵包含 13 个关键字的 4 阶 B-树

m 阶 B-树的结点的类型定义如下：

```
#define M 3 //根据实际需要定义 B-树的阶数
typedef struct Node
{
int keynum; //结点中关键字的个数
struct Node * parent; //指向父结点的指针
KeyType key[M+1]; //关键字向量，key[0]未用
```

struct Node *ptr[M+1]; //子树指针向量

RecType *recptr[M+1]; //记录指针向量，recptr[0]未用

}BTNode; //B-树结点类型

7.5.2 B-树的查找

由 B-树的定义可知，在 B-树上的查找过程和二叉排序树的查找相似。

B-树算法基本思想是：从树的根指针 T 开始，在根结点的关键字向量 key[1..n]中查找给定值 K，其中 n 为结点的关键字数量，为提高查找效率，可用折半查找，若 key[i]=K($1{\leqslant}i{\leqslant}n$)，则查找成功，返回结点及关键字位置；否则，将 K 与向量 key[1..n]中的各个分量的值进行比较，以选定需继续查找的子树，设工作指针 q=T，分以下三种情况：

① 若 k<key[1]，则 q=q->ptr[0]，即 q 指向最左边的孩子结点。

② 若 key[i]<K<key[$i+1$](i=1, 2, …, $n-1$)，则 q=q->ptr[i]，即 q 指向第 $i+1$ 个孩子结点。

③ 若 K>key[n]，则 q=q->ptr[n]，即 q 指向最右边的孩子结点；然后到 q 指向的结点中继续查找关键字 K，直到查找成功，或者是 q==NULL，则查找失败。

B-树查找结点的操作如算法 7.16 所示。

int BT_search(BTNode *T, KeyType K, BTNode * *p, int *n)//在 B-树中查找关键字 K

{/ *查找成功返回 1，失败返回 0。*n 为查找到最后结点中的关键字位置。*p 指向查找到最后结点的父结点 */

BTNode *q= *p=T; //q, p 为工作指针，初始化指向根结点

while(q! =NULL)

{

　　*p=q; // *p 指向 q 指向结点的父结点

　　q->key[0]=K; //设置查找哨兵

　　for(int i=q->keynum; K<q->key[i]; i--); //空语句

　　*n=i; // K 在结点中的位置 n

　　if(i>0 && EQ(q->key[i], K))return 1; //查找成功

　　q=q->ptr[i]; //q 指向第 i+1 个孩子结点

}//end while

return 0; //查找失败

}//end BT_search

算法　7.16

在 B-树上的查找有两种基本操作：

① 在 B-树上查找结点；

② 在结点中查找关键字：在磁盘上找到指针 ptr 所指向的结点后，将结点信息读入内存后再查找。

因此，磁盘上的查找次数，即待查找的记录关键字在 B-树上的层次数，是决定 B-

树查找效率的首要因素。根据 m 阶 B-树的定义，第一层上至少有 1 个结点，第二层上至少有 2 个结点；除根结点外，所有非终端结点至少有 $\lceil m/2 \rceil$ 棵子树，则第三层至少有 $2\lceil m/2 \rceil$ 个结点，…，以此类推，B-树的第 h 层上至少有 $2\lceil m/2 \rceil^{h-2}$ 个结点；在这些结点中，根结点至少包含 1 个关键字，其他结点至少包含 $\lceil m/2 \rceil - 1$ 个关键字，设 B-树有 h 层，设 $s = \lceil m/2 \rceil$，则总的关键字数目为 n 满足：

$$n \geq 1 + (s-1) \sum_{i=2}^{h} 2s^{i-2} = 1 + 2(s-1)\frac{s^{h-1}-1}{s-1} = 2s^{h-1} - 1 \tag{7.7}$$

因此有：

$$h \leq 1 + \log_s((n+1)/2) = 1 + \log_{\lceil m/2 \rceil}((n+1)/2) \tag{7.8}$$

即在含有 n 个关键字的 m 阶 B-树上进行查找时，从根结点到待查找记录关键字的结点的路径上所涉及的结点数不超过 $1 + \log_{\lceil m/2 \rceil}((n+1)/2)$。

7.5.3 B-树的插入

B-树插入结点时不是每插入一个关键字就添加一个叶子结点，而是首先在最低层的某个叶子结点中添加一个关键字，然后有可能"分裂"。首先在 B-树中查找关键字 K，若找到，表明关键字 K 已存在，插入结束；否则，K 的查找操作失败于某个叶子结点，将 K 插入到该叶子结点中（设指针 p 指向该叶子结点），插入前，若该叶子结点的关键字数 $<m-1$，则直接插入；若该叶子结点的关键字数 $= m-1$，则加入引起结点"分裂"，设待"分裂"结点包含信息为：

$$(m, A_0, K_1, A_1, K_2, A_2, \cdots, K_{m-1}, A_{m-1}, K_m, A_m)$$

从其中间位置分为三部分，包括两个结点

$$(\lceil m/2 \rceil - 1, A_0, K_1, A_1, \cdots, K_{\lceil m/2 \rceil - 1}, A_{\lceil m/2 \rceil - 1})$$

$$(m - \lceil m/2 \rceil, A_{\lceil m/2 \rceil}, K_{\lceil m/2 \rceil + 1}, A_{\lceil m/2 \rceil + 1}, \cdots, K_m, A_m)$$

和中间关键字 $K_{\lceil m/2 \rceil}$，将中间关键字 $K_{\lceil m/2 \rceil}$ 插入到 p 指向叶子结点的父结点中，以分裂后的两个结点作为中间关键字 $K_{\lceil m/2 \rceil}$ 的左右两个子结点。当将中间关键字 $K_{\lceil m/2 \rceil}$ 插入到 p 的父结点后，父结点也可能不满足 m 阶 B-树的要求（其孩子结点个数大于 m），则此时必须再对父结点进行"分裂"，一直沿路径向上进行下去，直到没有父结点或插入后的父结点满足 m 阶 B-树的要求为止，最后可能引起树的根结点的分裂，当根结点分裂时，由于根结点没有父结点，则建立一个新的根，B-树增高一层。

利用 m 阶 B-树的插入操作，可从空树起，将一组关键字依次插入到 m 阶 B-树中，从而生成一个 m 阶 B-树。

例 7.7：在一个 3 阶 B-树（也称 2-3 树）上插入结点，其过程如图 7.15 所示。

要实现在 B-树上插入结点，必须实现结点的分裂处理。设 p 指向待分裂的结点，分裂时先开辟一个新结点（假设 q 指向该结点），依次将 p 指向结点中后半部分的关键字和指针移到新开辟的 q 指向结点中。B-树插入后分裂结点操作如算法 7.17 所示。

BTNode* split(BTNode *p)//B-树结点分裂

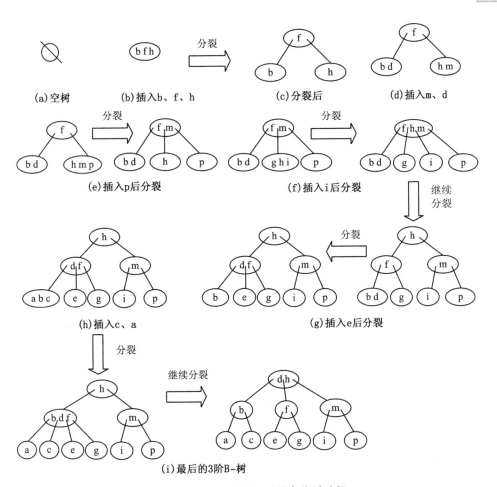

(a)空树　　　　(b)插入b、f、h　　　　(c)分裂后　　　　(d)插入m、d

(e)插入p后分裂　　　　　　　　(f)插入i后分裂

继续
分裂

分裂

(h)插入c、a　　　　　　　(g)插入e后分裂

继续分裂

(i)最后的3阶B-树

图7.15　B-树的插入及结点分裂过程

```
{//p 指向的结点中包含 M 个关键字，从中分裂出一个新结点并返回指向该新结点的指针
int k, mid, j; //工作变量
BTNode * q=(BTNode*)malloc(sizeof(BTNode)); //q 为指向新结点的指针
mid=(M+1)/2; //(M/2)的上取整等于(M+1)/2 下取整
q->ptr[0]=p->ptr[mid]; //赋值 q 指向结点最左侧的指针
for(j=1, k=mid+1; k<=M; k++, j++)
{q->key[j]=p->key[k]; q->ptr[j]=p->ptr[k]; } //将 p 指向结点的后半部分移到 q 指向的新结点中
q->keynum=M-mid; //修改 q 指向结点的关键字个数
q->parent=p->parent; //q 与 p 指向结点的双亲相同
if(q->ptr[0]! =NULL) //若分裂后 q 指向结点不是叶子
{for(j=0; j<=q->keynum; j++)q->ptr[j]->parent=q; } //修改 q 指向结点的孩子的双亲地址为 q
p->keynum=mid-1; //修改 p 指向结点的关键字个数
return q; //返回新结点的地址
}//end split
```

算法　7.17

调用分裂结点算法 7.17，在 B-树中实现插入结点的操作如算法 7.18 所示。

```
void insert_BTree(BTNode **T, KeyType K)//B-树插入算法
{//在*T 指向的 B-树中插入关键字 K
BTNode *p=*T, *s1=NULL, *s2=NULL; //工作指针
int n, i, pos;
if(*T==NULL)//空树
{
    p=(BTNode*)malloc(sizeof(BTNode)); //p 指向新结点
    p->keynum=1; p->parent=NULL; p->key[1]=K; //填充 p 指向的新结点
    p->ptr[0]=NULL; p->ptr[1]=NULL; *T=p; //树的根指针为 p
    return; //插入成功, 新结点为根结点, 算法结束
}//end if
n=BT_search(*T, K, &p, &pos); //调用算法 7.15 查找 K, 若查找成功, p 指向 K 所在结点的父结点
if(n>0)return; //树中已存在关键字 K, 则插入失败, 算法结束
while(p!=NULL)//进入循环时, n 一定为 0, 表示查找 K 失败, p 此时指向查找 K 失败时的叶子结点
{
    p->key[0]=K; //设置哨兵
    for(i=p->keynum; K<p->key[i]; i--)
    {p->key[i+1]=p->key[i]; p->ptr[i+1]=p->ptr[i]; }//逐个后移 p 指向结点的关键字和指针
    p->key[i+1]=K; //插入关键字 K 到 p 指向结点, 成为第 i+1 个关键字
    p->ptr[i]=s1; p->ptr[i+1]=s2; //置新插入关键字 K 的左右指针
    if(++(p->keynum)<M)return; //新结点关键字个数增 1 后未满, 插入成功, 不用分裂
    else
    {
        //调用算法 7.17, 分裂 p 指向结点, 分裂后前半部分由 s1 指向, s2 指向后半部分
        s2=split(p);
        s1=p; K=s1->key[s1->keynum+1]; //取出关键字 K
        p=s1->parent; //p 指向 s1 的父结点
    }//end if
    if(p==NULL)//需要产生新的根结点
    {
        p=(BTNode *)malloc(sizeof(BTNode)); //p 指向新的根结点
        p->keynum=1; p->key[1]=K; //填充 p 指向的新结点
        p->ptr[0]=s1; p->ptr[1]=s2; p->parent=NULL; //填充 p 指向的新结点
        //s1、s2 分别指向新根结点的左、右孩子, 树的根指针为 p
        s1->parent=p; s2->parent=p; *T=p;
        return; //分裂到产生新的根结点后, 算法结束
    }//end if
}//end while
```

}//end insert_BTree

算法 7.18

7.5.4 B-树的删除

在 B-树上删除一个关键字 K，首先找到关键字所在的结点 N，然后在 N 中进行关键字 K 的删除操作。若 N 不是叶子结点，设 K 是 N 中的第 i 个关键字，则将指针 A_{i-1} 所指子树中的最大关键字(或指针 A_i 指向子树中的最小关键字)K' 放在 K 的位置，然后删除 K'，而 K' 一定在叶子结点上。如图 7.16(b)和(c)所示，删除关键字 h，用关键字 g 代替 h 的位置，然后再从叶子结点中删除关键字 g。这样在 B-树中删除关键字 K 的问题就转换为在叶子结点中删除 K' 的问题，从叶子结点中删除一个关键字的情况是：若结点 N 中的关键字个数 $>\lceil m/2 \rceil-1$，则在结点中直接删除关键字 K，如图 7.16(c)和(d)所示删除 d 的情况；若结点 N 中的关键字个数 $=\lceil m/2 \rceil-1$，分以下两种情况：

① 若结点 N 的左(右)兄弟结点中的关键字个数 $>\lceil m/2 \rceil-1$，则将结点 N 的左(或右)兄弟结点中的最大(或最小)关键字上移到其父结点中，而父结点中大于(或小于)且紧靠上移关键字的关键字下移到结点 N，如图 7.16(a)和(b)所示删除 q 的情况。

② 若结点 N 和其兄弟结点中的关键字数 $=\lceil m/2 \rceil-1$，则删除结点 N 中的关键字，再将结点 N 中的关键字、指针与其兄弟结点以及分割二者的父结点中的某个关键字 K_i，合并到结点 N 中，这样结点 N 的父结点关键字个数减少 1，若因此使父结点中的关键字个数 $<\lceil m/2 \rceil-1$，则以此类推，再将父结点和父结点的兄弟及父结点合并，直至保证删除后的树依然是 B-树为止，如图 7.16(d)和(e)所示删除 e 的情况。

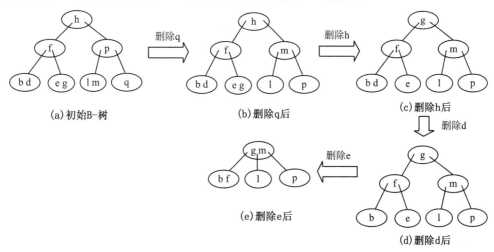

图 7.16 在 B-树中进行删除的过程

7.5.5 B+树

在实际的文件系统中，基本上不使用 B-树，而是使用 B-树的一种变体，称为 m 阶

B+树。B+树与B-树的主要不同是B+树仅在叶子结点中存储记录,所有的非叶子结点可以看成是索引,而其中的关键字是作为"分界关键字",用来界定某一关键字的记录所在的子树。

一棵 m 阶 B+树与 m 阶 B-树的主要差异是:

① 若B+树的一个结点有 n 棵子树,则必含有 n 个关键字;

② B+树的所有叶子结点中包含了全部记录的关键字信息以及这些关键字记录的指针,而且叶子结点按关键字的大小从小到大顺序链接;

③ 所有的非叶子结点可以看成是索引的部分,结点中只含有其子树的根结点中的最大(或最小)关键字。

一棵 3 阶 B+树如图 7.17 所示。

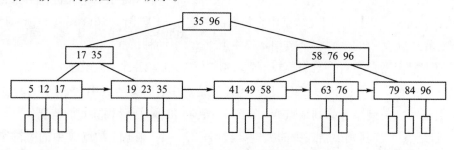

图 7.17 一棵 3 阶 B+树

由于B+树的叶子结点和非叶子结点结构上的显著区别,需要一个标志域加以区分,结点结构定义如下:

```
typedef enum{branch, left}NodeType;  //区分结点是分支还是叶子的枚举标志
typedef struct BPNode
{
NodeTag tag;  //结点标志
int keynum;  //结点中关键字的个数
struct BTNode *parent;  //指向父结点的指针
KeyType key[M+1];  //组关键字向量,key[0]未用,M 为 B+树阶数
union pointer
{
    struct BTNode *ptr[M+1];  //子树指针向量
    RecType *recptr[M+1];  //recptr[0]未用
}ptrType;  //用联合体定义子树指针和记录指针
}BPNode;  // B+树结点类型
```

与B-树相比,对B+树不仅可以从根结点开始按关键字随机查找,而且可以从最小关键字起,按叶子结点的链接顺序进行顺序查找。在B+树上进行随机查找、插入、删除的过程基本上和B-树类似。在B+树上进行随机查找时,若非叶子结点的关键字等于给定的 K 值,并不终止,而是继续向下直到叶子结点(只有叶子结点才存储记录),即无论

查找成功与否，都走了一条从根结点到叶子结点的路径。

B+树的插入仅仅在叶子结点上进行。当叶子结点中的关键字个数大于 m 时，"分裂"为两个结点，两个结点中所含有的关键字个数分别是 $\lfloor (m+1)/2 \rfloor$ 和 $\lceil (m+1)/2 \rceil$，且将这两个结点中的最大关键字提升到父结点中，用来替代原结点在父结点中所对应的关键字，提升后父结点又可能会分裂，以此类推。

7.6 哈希查找

哈希查找（hash search）又称**散列查找**，其基本思想是在记录的存储地址和它的关键字之间建立一个确定的对应关系，称为**哈希函数**（hash function），这样，在理想情况下，只需一次比较就能得到所查元素。哈希函数是一种映射，是从关键字空间到存储地址空间的一种映射，可写成：$addr(a_i) = H(k_i)$，其中 a_i 是**哈希表**（hash table）中一个元素，$addr(a_i)$ 是 a_i 的地址，k_i 是 a_i 的关键字，这里哈希表是指：应用哈希函数，由记录的关键字确定记录在表中的地址，并将记录放入此地址，这样构成的查找表称作哈希表。

哈希查找就是指利用哈希函数进行查找的过程。虽然在理想情况下，定位哈希表元素一次即可查找成功，但是现实情况是：在哈希查找过程中可能会出现**冲突**（collision）现象，这里冲突是指：对于不同的关键字 k_i 和 k_j，$k_i \neq k_j$，但 $H(k_i) = H(k_j)$，这里 k_i 和 k_j 互相称为哈希函数 H 的同义词。由于哈希函数通常是一种压缩映射，所以冲突很难避免，只能尽量减少。当冲突发生时，应该有处理冲突的方法。

因此，建立一个散列表应包括以下 3 个方面：

① 确定散列表的地址空间范围，即确定散列函数的值域；

② 构造"好"的散列函数，使得对于所有可能的元素（记录的关键字）的函数值均在散列表的地址空间范围内，且出现冲突的可能尽量小；

③ 设计处理冲突的方法，用在冲突出现时有效地解决冲突。

7.6.1 哈希函数

哈希函数是一种映射，其设定很灵活，只要使任何关键字的哈希函数值都落在表长允许的范围之内即可。"好"的哈希函数是指：散列函数的构造简单；能"**均匀**（uniform）"地将散列表中的关键字映射到地址空间，所谓"均匀"是指尽可能减少哈希造表时的冲突。此外，选取哈希函数，应考虑以下因素：计算哈希函数所需时间；关键字的长度；哈希表长度，即哈希地址范围；关键字分布情况；记录的查找频率。下面介绍常用的哈希函数构造方法。

1）直接定址法：取关键字或关键字的某个线性函数作哈希地址，即

$$H(\text{key}) = a \times \text{key} + b \tag{7.9}$$

其中：key 为关键字；a，b 为常数。直接定址法所得地址集合与关键字集合大小相等，不

会发生冲突，但由于地址空间太大，实际中很少使用。

2）数字分析法：对关键字进行分析，取关键字编码后的若干位或组合作为哈希地址。适用于关键字位数比哈希地址位数大，且可能出现的关键字事先知道的情况。

3）平方取中法：将关键字编码平方后取中间几位作为哈希地址。一个数平方后中间几位和数的每一位都有关，则由随机分布的关键字得到的散列地址也是随机的。散列函数所取的位数由散列表的长度决定。这种方法适于不知道全部关键字情况，是一种较为常用的方法。

4）折叠法：将关键字分割成位数相同的几部分，最后一部分位数可以不同，然后取这几部分的叠加和作为哈希地址。数位叠加有移位叠加和间界叠加两种，移位叠加是将分割后的几部分低位对齐相加，间界叠加是从一端到另一端沿分割界来回折叠，然后对齐相加。折叠法适于关键字位数很多，且每一位上数字分布大致均匀情况。

5）除留余数法：取关键字被某个不大于哈希表表长 m 的数 p 除后所得余数作哈希地址，即哈希函数为

$$H(key) = key \ MOD \ p \tag{7.10}$$

其中：$p \leqslant m$，MOD 为取余运算，这是一种简单、常用的哈希函数构造方法，利用这种方法的关键是 p 的选取，p 选得不好，容易产生同义词。下面对 p 的选取进行分析：

① 若选取 $p = 2^i(p \leqslant m)$，则运算便于用移位来实现，但等于将关键字的高位忽略而仅留下低位二进制数，导致高位不同而低位相同的关键字是同义词。

② 选取 $p = q \times f(q$、f 都是质因数，$p \leqslant m)$，则所有含有 q 或 f 因子的关键字的散列地址均是 q 或 f 的倍数。

③ 选取 p 为素数或 $p = q \times f(q$、f 是质数且均大于 20，$p \leqslant m)$，这是常用的选取方法，能减少冲突出现的可能性。

6）随机数法：取关键字的随机函数值作哈希地址，即

$$H(key) = random(key) \tag{7.11}$$

其中：random 为随机函数，当散列表中关键字长度不等时，该方法比较合适。

7.6.2 冲突处理

冲突处理是指当哈希造表出现冲突时，为冲突元素找到另一个存储位置。处理冲突的方法通常有：开放地址法、再哈希法、链地址法和建立公共溢出区法。

1）**开放定址法**：当冲突发生时，形成某个探测序列，按此序列逐个探测散列表中的其他地址，直到找到给定的关键字或一个空地址为止，该空地址称作**开放地址**，将发生冲突的记录放到该地址中，探测序列的散列地址计算公式是：

$$H_i(key) = (H(key) + d_i) \ MOD \ m \tag{7.12}$$

其中：$i = 1, 2, \cdots, k(k \leqslant m-1)$；$d_i$ 为第 i 次探测时的增量序列；$H_i(key)$ 为经第 i 次探测后得到的散列地址；$H(key)$ 为哈希函数；m 为散列表长度。

常用的开放地址法有线性探测再散列法、二次探测再散列法和伪随机探测再散列法

3 种。

线性探测再散列法将散列表 $T[0..m-1]$ 看成循环向量，当发生冲突时，从初次发生冲突的位置依次向后探测其他的地址，增量序列为：$d_i = 1, 2, 3, \cdots, m-1$。设初次发生冲突的地址是 h，则依次探测 $T[h+1]$，$T[h+2]$，$\cdots$，直到 $T[m-1]$ 时又循环到表头，再次探测 $T[0]$，$T[1]$，$\cdots$，最差情况下最终探测到 $T[h-1]$，探测过程终止的情况是：

① 探测到的地址为空，即哈希表中没有该关键字对应的记录，若是插入操作，则将记录存入到该空地址；若是查找操作则表明查找失败。

② 探测到的地址有给定的关键字，若是插入操作则插入失败；若是查找操作则表明查找成功；

③ 直到 $T[h-1]$ 仍未探测到空地址或给定的关键字，则表明散列表已满。

例 7.8：设散列表长为 7，待散列记录的关键字序列为：(15, 14, 28, 26, 56, 23)，散列函数为 $H(\text{key}) = \text{key MOD } 7$，冲突处理采用线性探测再散列法进行哈希造表，则依次计算记录关键字的哈希地址并采用线性探测再散列法处理冲突：

$H(15) = 1$；

$H(14) = 0$；

$H(28) = 0$ 冲突，$H_1(28) = 1$ 又冲突，$H_2(28) = 2$；

$H(26) = 5$；

$H(56) = 0$ 冲突；$H_1(56) = 1$ 又冲突，$H_2(56) = 2$ 又冲突，$H_3(56) = 3$；

$H(23) = 2$ 冲突，$H_1(23) = 3$ 又冲突，$H_3(23) = 4$。

最终建立的哈希表如图 7.18 所示。

0	1	2	3	4	5	6
14	15	28	56	23	26	

图 7.18　采用线性探测再散列法构造哈希表

线性探测再散列法的优点是只要散列表未满，总能找到一个不冲突的散列地址，缺点是每个产生冲突的记录被散列到离冲突最近的空地址上，从而又增加了更多的冲突机会，这种现象称为冲突的"聚集(clustering)"。

二次探测再散列法可以在一定程度上改善聚集现象，其增量序列

$$d_i = 1^2, -1^2, 2^2, -2^2, 3^2, \cdots, \pm k^2 \quad (k \leqslant \lfloor m/2 \rfloor)$$

例 7.9：例 7.8 中序列若采用二次探测再散列法进行冲突处理，则

$H(15) = 1$；

$H(14) = 0$；

$H(28) = 0$ 冲突，$H_1(28) = 1$ 又冲突，$H_2(28) = 0-1+7 = 6$；

$H(26) = 5$；

$H(56) = 0$ 冲突，$H_1(56) = 1$ 又冲突，$H_2(56) = 6$ 又冲突，$H_3(56) = 4$ 又冲突，$H_4(56) = 2$；

$H(23)=2$。

最终建立的哈希表如图 7.19 所示。

0	1	2	3	4	5	6
14	15	23		56	26	28

图 7.19 采用二次探测再散列法构造哈希表

二次探测再散列法主要优点是探测序列跳跃式地散列到整个表中,不易产生冲突的"聚集"现象,缺点是不能保证探测到散列表的所有地址。

伪随机探测再散列法使用一个伪随机函数来产生一个落在闭区间$[0..m-1]$的随机序列。

例 7.10:表长为 11 的哈希表中已填有关键字为$(17,60,29)$的记录,散列函数为$H(key)=key$ MOD 11,现有第 4 个记录,其关键字为 38,按 3 种处理冲突方法进行哈希造表的具体过程如下:

① 线性探测再散列法:$H(38)=5$ 冲突;$H_1(38)=6$ 又冲突;$H_2(38)=7$ 又冲突,$H_3(38)=8$。

② 二次探测再散列法:$H(38)=5$ 冲突,$H_1(38)=6$ 冲突,$H_2(38)=4$。

③ 伪随机探测再散列法:$H(38)=5$ 冲突;假设伪随机数序列的第一个伪随机数为 9,则 $H_1(38)=(5+9)$ MOD $11=3$。

将它们填入表中,最终建立的哈希表如图 7.20 所示。

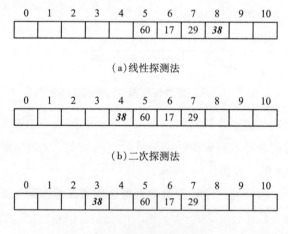

0	1	2	3	4	5	6	7	8	9	10
					60	17	29	*38*		

(a)线性探测法

0	1	2	3	4	5	6	7	8	9	10
				38	60	17	29			

(b)二次探测法

0	1	2	3	4	5	6	7	8	9	10
			38		60	17	29			

(c)伪随机探测法

图 7.20 采用 3 种开放地址法构造哈希表

2)**再哈希法:**构造若干个哈希函数,当发生冲突时,利用不同的哈希函数再计算下一个新哈希地址,直到不发生冲突为止。即:

$$H_i=RH_i(key) \quad (i=1,2,\cdots,k) \tag{7.13}$$

其中:$RH_i(key)$是一组不同的哈希函数,第一次发生冲突时,用RH_1计算,第二次发生冲突时,用RH_2计算,$\cdots$,依此类推,直到得到某个H_i不再冲突为止。再哈希法的优点是不易产生冲突的聚集现象,缺点是计算时间增加较多。

3)**链地址法**:也称拉链法,其基本思想是将所有关键字为同义词的记录存储在一个单链表中,并用一维数组存放链表的头指针。如定义一个一维指针数组 linkhash[0..m-1],其中 m 为散列表长度,每个数组分量的初值为空指针,散列地址为 k 的记录都插入到以 linkhash[k]为头指针的链表中,插入位置可以在表头或表尾或按关键字排序插入。链地址法的优点是不易产生冲突的聚集,插入、删除记录也很简单。

例 7. 11:已知一组关键字序列(19, 14, 23, 1, 68, 20, 84, 27, 55, 11, 10, 79),哈希函数为:$H(\text{key}) = \text{key MOD } 13$,用链地址法处理冲突构造的哈希表如图 7.21 所示。

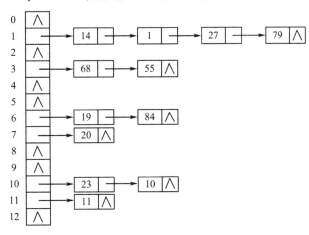

图 7.21　用链地址法处理冲突的散列表

4)**建立公共溢出区法**:在基本散列表之外,另外设立一个溢出表保存与基本表中记录冲突的所有记录。设散列表长为 m,设立基本散列表 hashtable[0..m-1],每个分量保存一个记录;溢出表 overtable[0..m-1],一旦某个记录的散列地址发生冲突,都填入溢出表中。

例 7. 12:已知一组关键字序列(15, 4, 18, 7, 37, 47),散列表长度为 7,哈希函数为 $H(key) = key$ MOD 7,用建立公共溢出区法处理冲突,得到的基本表和溢出表如图 7.22 所示。

哈希表:

散列地址	0	1	2	3	4	5	6
关键字	7	15	37		4	47	

溢出表:

散列地址	0	1	2	3	4	5	6
关键字	18						

图 7.22　用公共溢出区法处理冲突的散列表

7.6.3 哈希查找

哈希表的主要目的是用于快速查找，且插入和删除操作都要用到查找。由于散列表的特殊组织形式，其查找有特殊的方法。哈希查找过程如图 7.23 所示。

1) 基于开放地址法的哈希查找算法实现

基于开放地址法的哈希表类型定义如下：

```
#define HASHSIZE 7 //定义哈希表长
#define NULLKEY-1 //根据关键字类型定义空标识
typedef struct
{
KeyType key; //关键字域
OtherType otherinfo; //记录的其他域
}RecType; //记录类型
typedef struct
{
    RecType *elem; //数据元素存储地址，动态分配数组
    int count; //哈希表长度
}HashTable; //基于开放地址法的哈希表类型
```

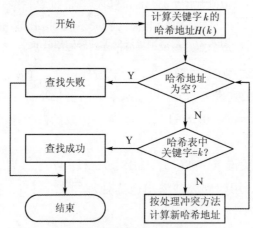

图 7.23 哈希表的查找过程

基于开放地址哈希表的查找操作如算法 7.19 所示。

```
int HashSearch_openAddress( HashTable * hashTable, int data)
{//基于开放地址法的哈希表查找算法
int hashAddress=Hash(data); //求哈希地址
while (hashTable->elem[hashAddress].key! =data)//发生冲突
{
    hashAddress=(++hashAddress)%HASHSIZE;    //利用线性探测再散列法处理冲突
    if( hashTable->elem[hashAddress].key==NULLKEY || hashAddress==Hash(data))
```

```
            return -1；//查找失败
}//end while
return hashAddress；//查找成功
}//end HashSearch_openAddress
```

算法　7.19

2）基于链地址法的哈希查找算法实现

基于链地址法的哈希表类型定义如下：

```
typedef struct node
{
KeyType key；//关键字域
struct node *link；//指针域
}HNode；//链哈希表结点类型
typedef struct
{
    HNode *elem[HASHSIZE]；//数据元素存储地址，动态分配数组
    int count；//哈希表长度
}LinkHashTable；//链哈希表类型
```

基于链地址哈希表的查找操作如算法 7.20 所示。

```
HNode* HashSearch_linkAddress(LinkHashTable *hashTable，KeyType k)
{//基于链地址法的哈希表查找算法
int i=Hash(k)；//计算哈希地址
HNode *p=hashTable->elem[i]；//工作指针指向地址为 i 单链表的首元结点
while(p! =NULL)//遍历地址为 i 的单链表
{
    if(EQ(p->key，k))return p；//查找成功
    p=p->link；//指向地址为 i 的下一个链表结点
}//end while
return NULL；//查找失败
}// end HashSearch_linkAddress
```

算法　7.20

从哈希查找过程可见：尽管散列表在关键字与记录的存储地址之间建立了直接映像，但由于冲突，查找过程仍是一个给定值与关键字进行比较的过程，在哈希表的查找过程中需和给定值进行比较的关键字的个数取决于以下 3 个因素。

① 哈希函数：哈希函数的"好坏"取决于影响出现冲突的频繁程度，但是一般情况下，哈希函数相比于后两种的影响，可以忽略不计。

② 处理冲突的方法：对于同一组关键字，设定相同的哈希函数，使用不同的处理冲突的方法得到的哈希表是不同的，表的平均查找长度也不同。

③ 哈希表的装填因子：在一般情况下，当处理冲突的方式相同的情况下，其平均查找长度取决于哈希表的装满程度，装得越满，插入数据时越有可能发生冲突。装填因子 α 的定义是：

$$\alpha = \frac{n_1}{n} \tag{7.14}$$

其中：n_1 为哈希表中填入的记录总数；n 为哈希表的长度。下面给出基于装填因子 α 的各种哈希表的平均查找长度。

线性探测再散列法的平均查找长度是：

$$\mathrm{ASL}_{\mathrm{succ}} \approx \frac{1}{2}\left(1 + \frac{1}{1 - \alpha}\right) \tag{7.15}$$

$$\mathrm{ASL}_{\mathrm{fail}} \approx \frac{1}{2}\left(1 + \frac{1}{(1 - \alpha)^2}\right) \tag{7.16}$$

二次探测、伪随机探测、再哈希法的平均查找长度是：

$$\mathrm{ASL}_{\mathrm{succ}} \approx \frac{1}{\alpha}\ln(1 - \alpha) \tag{7.17}$$

$$\mathrm{ASL}_{\mathrm{fail}} \approx \frac{1}{1 - \alpha} \tag{7.18}$$

用链地址法解决冲突的平均查找长度是：

$$\mathrm{ASL}_{\mathrm{succ}} \approx 1 + \frac{\alpha}{2} \tag{7.19}$$

$$\mathrm{ASL}_{\mathrm{fail}} \approx \alpha + e^{-\alpha} \tag{7.20}$$

通过式(7.14)~式(7.20)可以得出，哈希表的查找效率只同装填因子有关，而同哈希表中的数据的个数无关，所以在选用哈希表做查找操作时，选择一个合适的装填因子是非常有必要的。

7.6.4　哈希表的插入与删除

哈希表的插入过程需首先进行哈希查找，如果查找失败，则将待插入结点插入计算的哈希地址，如果发生冲突，则处理冲突后再插入。

在哈希表删除时需注意：用开放地址法处理冲突时，删除时需标记删除结点，该删除标记不能是空标记，否则会造成其他结点的查找失败问题。例如：如图7.18所示，若将图中14删除，则不能简单地将14置空，否则在查找56时，遇到空标记，将引起查找失败的后果，如图7.24(a)所示。为了解决这个问题，将已删除的结点打上删除标记，如图7.24(b)所示，采用符号 * 表示删除标记，这样当查找56时，找到删除标记并不意味着查找失败，继续查找会得到正确的结果。在这种情况下，需修改开放地址法的相关插入、删除和查找算法。

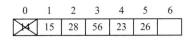

（a）删除 14，置空标记

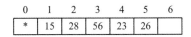

（b）删除 14，置删除标记 ∗

图 7.24　删除开放地址法构造的哈希表

7.7　实验：查找

7.7.1　实验 7.1：顺序查找与折半查找

建立静态查找表，采用顺序存储结构，顺序查找和有序表折半查找的递归算法和非递归算法的编程实现如下。

1）首先建立定义静态查找表类型的头文件 staticsearch.h

```
typedef int KeyType; //关键字类型为整型，也可以是其他类型
typedef struct RecType
{
KeyType key; //关键字
//…… //此处可添加其他域定义
}RecType; //记录类型
//对两个关键字的比较约定为如下带参数的宏定义
#define EQ(a, b)((a)= =(b))
#define LT(a, b)((a)<(b))
#define LQ(a, b)((a)<=(b))
#define MAX_SIZE 100
typedef struct SSTable
{
RecType elem[MAX_SIZE]; //顺序表元素数组，elem[0]不用作存储元素
int length; //表长
}SSTable; //顺序表类型
```

2）最后建立顺序查找和折半查找的源程序文件 BinarySearch.cpp，引用头文件 staticsearch.h

```
#include <stdio.h>
#include <string.h>
```

#include "staticsearch.h"

//此处加入算法 7.1：int Seq_Search(SSTable ST, KeyType key)//顺序查找

//此处加入算法 7.2：int Bin_Search(SSTable ST, KeyType key)//非递归折半查找

/ * 此处加入算法 7.3：int Bin_Search_recursion(SSTable ST, KeyType key, int Low, int High)//递归折半查找 * /

void main( )

{

SSTable ST；

int a[12] = {0, 5, 12, 13, 23, 26, 30, 35, 54, 58, 63, 98}；//a[0]不用

memcpy(ST.elem, a, sizeof(a))；//实现数组间复制

ST.length = 11；

printf("顺序查找结果：\n")；printf("%d\n", Seq_Search(ST, 23))；printf("%d\n", Seq_Search (ST, 40))；

printf("折半查找(非递归)结果：\n")；printf("%d\n", Bin_Search(ST, 23))；printf("%d\n", Bin_Search(ST, 40))；

printf("折半查找(递归)结果：\n")；

printf("%d\n", Bin_Search_recursion(ST, 23, 1, 11))；printf("%d\n", Bin_Search_recursion(ST, 40, 1, 11))；

}

程序运行结果如下：

顺序查找结果：

4

0

折半查找(非递归)结果：

4

0

折半查找(递归)结果：

4

0

程序中，建立的查找表如图 7.2 所示，查找结果与图 7.2 的查找结果是一致的。

7.7.2　实验 7.2：分块查找

建立静态查找表，采用分块查找表存储结构实现分块查找算法的编程如下。由于和实验 7.1 采用相同的静态查找表存储结构，因此在源程序中引入相同的头文件首 staticsearch.h，建立分块查找的源程序文件 blocksearch.cpp 如下。

#include <stdio.h>

#include <string.h>

#include "staticsearch.h"

```
typedef struct IndexType
{
KeyType maxkey;    //块中最大的关键字
int startpos;    //块的起始位置指针
}Index;    //分块索引表类型
```
/* 此处加入算法 7.3: int Block_search(RecType ST[ ], Index ind[ ], KeyType key, int n, int b)//分块查找 */
```
void main( )
{
RecType ST[19]={0, 22, 12, 13, 8, 9, 20,
                33, 42, 44, 38, 24, 48,
                60, 58, 74, 57, 86, 53};  //ST[0]不用
Index ind[4]={{0, 0}, {22, 1}, {48, 7}, {86, 13}};  //ind[0]不用
printf("分块查找结果:\n");
printf("%d\n", Block_search(ST, ind, 24, 18, 3)); printf("%d\n", Block_search(ST, ind, 65, 18, 3));
}
```
　程序运行结果:
分块查找结果:
11
0
　程序中,建立的分块查找表如图 7.4 所示。

7.7.3　实验 7.3:二叉排序树的操作

　建立二叉排序树的存储结构,二叉排序树的插入、建树、删除、遍历操作算法的编程实现如下。

　1)首先建立定义二叉排序树类型的头文件 BSTType.h
```
#define ENDKEY 999 //结束关键字(不能与树中关键字相同)
typedef int KeyType;  //关键字类型
typedef struct Node
{
KeyType key;  //关键字域
// ……  //其他数据域
struct Node *Lchild, *Rchild;
}BSTNode;  //二叉排序树结点类型
//对两个关键字的比较约定为如下带参数的宏定义
#define  EQ(a, b)  ((a)==(b))
#define  LT(a, b)  ((a)<(b))
```

```
#define   LQ(a, b)   ((a)<=(b))
void preorder(BSTNode *T)
{//前序遍历二叉排序树
if(T)
{
    printf("%5d", T->key);
    preorder(T->Lchild);
    preorder(T->Rchild);
}//end if
}//end preorder
void inorder(BSTNode *T)
{//中序遍历二叉排序树(输出升序序列)
if(T)
{
    inorder(T->Lchild);
    printf("%5d", T->key);
    inorder(T->Rchild);
}//end if
}//end inorder
/*此处加入算法 7.5：BSTNode *BST_Serach_recursion(BSTNode *T, KeyType key)//二叉排序树
递归查找*/
    //此处加入算法 7.6：BSTNode *BST_Serach(BSTNode *T, KeyType key)//二叉排序树非递归查找
    //此处加入算法 7.7：void Insert_BST_recursion(BSTNode **T, KeyType key)//二叉排序树递归插入
    //此处加入算法 7.8：void Insert_BST(BSTNode **T, KeyType key)//二叉排序树非递归插入
    //此处加入算法 7.9：BSTNode *create_BST()//二叉排序树建树
    //此处加入算法 7.10：void Delete_BST(BSTNode **T, KeyType key)//二叉排序树删除
```

2)最后建立二叉排序树操作的源程序文件 BST.cpp, 引用头文件 BSTType.h

```
#include <stdio.h>
#include <stdlib.h>
#include "BSTType.h"
void main()
{
BSTNode *BST, *p;   int data;
BST=create_BST();
printf("新建二叉排序树的前序序列：");  preorder(BST);
printf("\n新建二叉排序树的中序序列：");  inorder(BST);
data=18; p=BST_Serach_recursion(BST, data);
if(p==NULL)printf("\n递归查找：%d 失败!", data);
else printf("\n递归查找：%d 成功, 关键字=%d", data, p->key);
```

data = 17；p = BST_Serach_recursion(BST, data)；

if(p = = NULL)printf(" \n 递归查找：%d 失败!", data)；

else printf(" \n 递归查找：%d 成功, 关键字 = %d", data, p->key)；

data = 18；p = BST_Serach(BST, data)；

if(p = = NULL)printf(" \n 非递归查找：%d 失败!", data)；

else printf(" \n 非递归查找：%d 成功, 关键字 = %d", data, p->key)；

data = 17；　　p = BST_Serach(BST, data)；

if(p = = NULL)printf(" \n 非递归查找：%d 失败!", data)；

else printf(" \n 非递归查找：%d 成功, 关键字 = %d", data, p->key)；

Delete_BST(&BST, 27)；

printf(" \n 删除 27 后, 二叉排序树的前序序列：")；preorder(BST)；

printf(" \n 删除 27 后, 二叉排序树的中序序列：")；inorder(BST)；

Delete_BST(&BST, 15)；

printf(" \n 删除 15 后, 二叉排序树的前序序列：")；preorder(BST)；

printf(" \n 删除 15 后, 二叉排序树的中序序列：")；inorder(BST)；

Delete_BST(&BST, 16)；

printf(" \n 删除 16 后, 二叉排序树的前序序列：")；preorder(BST)；

printf(" \n 删除 16 后, 二叉排序树的中序序列：")；inorder(BST)；

Delete_BST(&BST, 24)；

printf(" \n 删除 24 后, 二叉排序树的前序序列：")；preorder(BST)；

printf(" \n 删除 24 后, 二叉排序树的中序序列：")；inorder(BST)；

printf(" \n")；

}

程序运行结果：

请输入一组整数建立二叉排序树, 以 999 结束：16 12 15 24 4 27 18 20 13 20 999

新建二叉排序树的前序序列： 　16　 12　 　4　 15　 13　 24　 18　 20　 27

新建二叉排序树的中序序列： 　 4　 12　 　13　 15　 16　 18　 20　 24　 27

递归查找：18 成功, 关键字 = 18

递归查找：17 失败!

非递归查找：18 成功, 关键字 = 18

非递归查找：17 失败!

删除 27 后, 二叉排序树的前序序列： 16　 12　 　4　 15　 13　 24　 18　 20

删除 27 后, 二叉排序树的中序序列： 　4　 12　 　13　 15　 16　 18　 20　 24

删除 15 后, 二叉排序树的前序序列： 16　 12　 　4　 13　 24　 18　 20

删除 15 后, 二叉排序树的中序序列： 　4　 12　 　13　 16　 18　 20　 24

删除 16 后, 二叉排序树的前序序列： 13　 12　 　4　 24　 18　 20

删除 16 后, 二叉排序树的中序序列： 　4　 12　 　13　 18　 20　 24

删除 24 后, 二叉排序树的前序序列： 13　 12　 　4　 18　 20

删除 24 后, 二叉排序树的中序序列： 　4　 12　 　13　 18　 20

程序中，建立的二叉排序树如图 7.7(a)所示。建树算法为非递归算法，也可改成程序中提供的递归算法。建树过程中，输入 999 表示结束标记，999 不能作为树中的结点值。对每次操作后的二叉排序树进行前序和中序遍历，前序序列和中序序列能够唯一确定一棵二叉排序树，因此可以验证二叉排序树操作的正确性。对于插入操作不单独进行测试，因为建树操作由插入操作组成，已经验证了插入操作的正确性。

7.7.4 实验 7.4：平衡二叉排序树的建树

建立平衡二叉排序树存储结构，逐个插入结点，并采用旋转平衡的方法建立一棵平衡二叉排序树，算法的编程实现如下。

```
#include <stdio.h>
#include <stdlib.h>
typedef int KeyType; //关键字类型
#define EQ(a, b)((a)= =(b))
#define LT(a, b)((a)<(b))
#define LQ(a, b)((a)<=(b))
typedef struct BNode
{
KeyType key; //关键字域
int Bfactor; //平衡因子域
struct BNode *Lchild, *Rchild;
// …… //其他数据域
}BBSTNode; //基于二叉链表的平衡二叉排序树类型
void preorder(BBSTNode *T)
{//前序遍历二叉排序树
if(T)
{
    printf("(%d, %d)", T->key, T->Bfactor);
    preorder(T->Lchild);
    preorder(T->Rchild);
}//end if
}//end preorder
void inorder(BBSTNode *T)
{//中序遍历二叉排序树(输出升序序列)
if(T)
{
    inorder(T->Lchild);
    printf("(%d, %d)", T->key, T->Bfactor);
    inorder(T->Rchild);
```

```
    }//end if
}//end inorder
//此处加入算法 7.11：BBSTNode * LL_rotate(BBSTNode *pa)//LL 型平衡化旋转
//此处加入算法 7.12：BBSTNode * LR_rotate(BBSTNode *pa)//LR 型平衡化旋转
//此处加入算法 7.13：BBSTNode * RL_rotate(BBSTNode *pa)//RL 型平衡化旋转
//此处加入算法 7.14：BBSTNode *RR_rotate(BBSTNode *pa)//RR 型平衡化旋转
//此处加入算法 7.15：void Insert_BBST(BBSTNode * * pT, BBSTNode *S)//平衡二叉树插入
void main( )
{
BBSTNode *T=NULL, *S=NULL;
int arr[9]={12, 20, 25, 81, 44, 8, 4, 2, 3};
for(int i=0; i<9; i++)
{
    S=(BBSTNode * )malloc(sizeof(BBSTNode));
    S->key=arr[i]; S->Lchild=NULL; S->Rchild=NULL; S->Bfactor=0;
    printf("插入：%d, ", arr[i]); Insert_BBST(&T, S);
    printf("前序序列："); preorder(T);
    printf("\n 中序序列："); inorder(T); printf("\n");
}
}
```

　程序运行结果：
插入：12, 插入成功, 不调整
前序序列：(12, 0)
中序序列：(12, 0)
插入：20, 插入成功, 不调整
前序序列：(12, -1)(20, 0)
中序序列：(12, -1)(20, 0)
插入：25, RR 调整
前序序列：(20, 0)(12, 0)(25, 0)
中序序列：(12, 0)(20, 0)(25, 0)
插入：81, 插入成功, 不调整
前序序列：(20, -1)(12, 0)(25, -1)(81, 0)
中序序列：(12, 0)(20, -1)(25, -1)(81, 0)
插入：44, RL 调整
前序序列：(20, -1)(12, 0)(44, 0)(25, 0)(81, 0)
中序序列：(12, 0)(20, -1)(25, 0)(44, 0)(81, 0)
插入：8, 插入成功, 不调整
前序序列：(20, 0)(12, 1)(8, 0)(44, 0)(25, 0)(81, 0)
中序序列：(8, 0)(12, 1)(20, 0)(25, 0)(44, 0)(81, 0)

插入：4, LL 调整

前序序列：(20, 0)(8, 0)(4, 0)(12, 0)(44, 0)(25, 0)(81, 0)

中序序列：(4, 0)(8, 0)(12, 0)(20, 0)(25, 0)(44, 0)(81, 0)

插入：2, 插入成功, 不调整

前序序列：(20, 1)(8, 1)(4, 1)(2, 0)(12, 0)(44, 0)(25, 0)(81, 0)

中序序列：(2, 0)(4, 1)(8, 1)(12, 0)(20, 1)(25, 0)(44, 0)(81, 0)

插入：3, LR 调整

前序序列：(20, 1)(8, 1)(3, 0)(2, 0)(4, 0)(12, 0)(44, 0)(25, 0)(81, 0)

中序序列：(2, 0)(3, 0)(4, 0)(8, 1)(12, 0)(20, 1)(25, 0)(44, 0)(81, 0)

程序中，建立的平衡二叉树如图 7.12 所示。在输出结果中，前序序列和中序序列中的数对表示树的结点值和平衡因子。

7.7.5　实验 7.5：B–树的建树与查找

从空树开始逐个插入结点建立一棵 B–树，然后对其进行查找算法的编程实现如下。

```c
#include<stdio.h>
#include<stdlib.h>
#include<string.h>
#include<math.h>
//对两个关键字的比较约定为如下带参数的宏定义
#define EQ(a, b)((a)==(b))
#define LT(a, b)((a)<(b))
#define LQ(a, b)((a)<=(b))
typedef char KeyType;
typedef int RecType;
#define M 3 //根据实际需要定义 B-树的阶数
typedef struct Node
{
int keynum; //结点中关键字的个数
struct Node *parent; //指向父结点的指针
KeyType key[M+1]; //关键字向量, key[0]未用
struct Node *ptr[M+1]; //子树指针向量
RecType *recptr[M+1]; //记录指针向量, recptr[0]未用
}BTNode; //B-树结点类型
void initial_BTree(BTNode **T)
{//初始化 B-树为空树
*T=NULL;
}//end initial_BTree
void BT_preorder(BTNode *T)
{//先序遍历 B-树
```

```
int i;
if(T! =NULL)
{
        for(i=1; i<=T->keynum; i++)
                if(T->parent! =NULL)   printf("(%c<-%c)", T->key[i], T->parent->key[1]);
                else   printf("(%c<-∧)", T->key[i]);
        printf(", ");
        for(i=0; i<=T->keynum; i++)   BT_preorder(T->ptr[i]);
}//end if
}//end BT_preorder
void BT_postorder(BTNode *T)
{//后序遍历 B-树
int i;
if(T! =NULL)
{
        for(i=0; i<=T->keynum; i++)   BT_postorder(T->ptr[i]);
        for(i=1; i<=T->keynum; i++)
                if(T->parent! =NULL)   printf("(%c<-%c)", T->key[i], T->parent->key[1]);
                else   printf("(%c<-∧)", T->key[i]);
        printf(", ");
}//end if
}//end BT_postorder
//此处加入算法 7.16: int BT_search(BTNode *T, KeyType K, BTNode * * p, int * n)//B-树查找
//此处加入算法 7.17: BTNode * split(BTNode * p)//B-树结点分裂
//此处加入算法 7.18: void insert_BTree(BTNode * * T, KeyType K)//B-树插入
void main()
{
BTNode *BT, *q;
char *p, *arr="fbhmdpigeca";
initial_BTree(&BT);//建空 B-树
for(p=arr; *p! ='\0'; p++)   insert_BTree(&BT, *p);//初始建立 B-树
printf("B-树的前序遍历结果: \n");   BT_preorder(BT); printf("\n");
printf("B-树的后序遍历结果: \n");   BT_postorder(BT); printf("\n");
printf("插入结点 j: \n");   insert_BTree(&BT, 'j');
printf("B-树的前序遍历结果: \n");   BT_preorder(BT); printf("\n");
printf("B-树的后序遍历结果: \n");   BT_postorder(BT); printf("\n");
int pos, n;
char K='j';
n=BT_search(BT, K, &q, &pos);//查找 K='j'
```

if(n>0)//若树中存在关键字 K='j'

printf("查找%c 成功，结点中(位置、值、双亲首关键字值)=(%d, %c, %c)\n",

K, pos, q->key[pos], q->parent->key[1]);

else printf("查找失败");

K='n';

n=BT_search(BT, K, &q, &pos); //查找 K='n'

if(n>0)//若树中存在关键字 K='n'

printf("查找%c 成功，结点中(位置、值、双亲首关键字值)=(%d, %c, %c)\n",

K, pos, q->key[pos], q->parent->key[1]);

else printf("查找%c 失败\n", K);

}

程序运行结果：

B-树的前序遍历结果：

(d<-∧)(h<-∧), (b<-d), (a<-b), (c<-b), (f<-d), (e<-f), (g<-f), (m<-d), (i<-m), (p<-m),

B-树的后序遍历结果：

(a<-b), (c<-b), (b<-d), (e<-f), (g<-f), (f<-d), (i<-m), (p<-m), (m<-d), (d<-∧)(h<-∧),

插入结点 j：

B-树的前序遍历结果：

(d<-∧)(h<-∧), (b<-d), (a<-b), (c<-b), (f<-d), (e<-f), (g<-f), (m<-d), (i<-m)(j<-m), (p<-m),

B-树的后序遍历结果：

(a<-b), (c<-b), (b<-d), (e<-f), (g<-f), (f<-d), (i<-m)(j<-m), (p<-m), (m<-d), (d<-∧)(h<-∧),

查找 j 成功，结点中(位置、值、双亲首关键字值)=(2, j, m)

查找 n 失败

程序所建立的 B-树与图 7.15 中的 B-树相对应。为了能够测试所建树的正确性，分别对树进行了前序遍历和后序遍历，在遍历中除了输出每个结点的关键字值外，还输出了每个结点的双亲结点(若存在)的第一个关键字，例如：输出结果中(i<-m)表示该结点的关键字值为 i，i 的双亲结点的第一个关键字为 m；输出结果中(d<-∧)(h<-∧)表示该结点含有两个关键字 d、h，符号∧表示空值，因此(d<-∧)(h<-∧)为根结点。

7.7.6 实验 7.6：基于开放地址法的哈希表查找算法

建立顺序存储结构的哈希表，采用除留余数法作为哈希函数，采用开放地址法中的线性探测再散列方法处理冲突，算法的编程实现如下。

1)首先在源程序中建立文件 HashTableType.h。

#define HASHSIZE 7 //定义哈希表长

```
#define NULLKEY-1 //根据关键字类型定义空标识
//对两个关键字的比较约定为如下带参数的宏定义
#define EQ(a, b)((a)==(b))
#define LT(a, b)((a)<(b))
#define LQ(a, b)((a)<=(b))
typedef int KeyType;
typedef int OtherType;
typedef struct
{
KeyType key; //关键字域
OtherType otherinfo; //记录的其他域
}RecType; //记录类型
typedef struct
{
    RecType *elem; //数据元素存储地址,动态分配数组
    int count; //哈希表长度
}HashTable; //基于开放地址法的哈希表类型
```

2)最后建立哈希查找的源程序文件 HashSearch.cpp,引用头文件 HashTableType.h。

```
#include <stdio.h>
#include <stdlib.h>
#include "HashTableType.h"
void InitHashTable(HashTable *hashTable)
{//对哈希表进行初始化
    hashTable->elem=(RecType *)malloc(HASHSIZE*sizeof(RecType));
    hashTable->count=HASHSIZE;
    for(int i=0; i<hashTable->count; i++)    hashTable->elem[i].key=NULLKEY;
}//end InitHashTable
int HashFunction(int data)
{//哈希函数(除留余数法)
    int p=7; //除留余数法的除数(一般为素数)
return data%p;
}//end HashFunction
void HashTableInsert(HashTable *hashTable, int data)
{//哈希表的插入函数,可用于构造哈希表
    int hashAddress=HashFunction(data); //求哈希地址
    while(hashTable->elem[hashAddress].key!=NULLKEY)    //处理冲突
        hashAddress=(++hashAddress)%HASHSIZE;    //利用开放定址法解决冲突
    hashTable->elem[hashAddress].key=data;
}//end HashTableInsert
```

/＊此处加入算法7.19：int HashSearch_openAddress(HashTable ＊hashTable，int data)//开放地址法哈希查找＊/

```
void Display(HashTable ＊hashTable)
{//输出哈希表
printf("哈希表为：");
for(int i=0；i<hashTable->count；i++)
    printf("%4d", hashTable->elem[i].key);
}//end Display
void main()
{
int i, result;
HashTable hashTable;
int arr[]={15, 14, 28, 26, 56, 23};
InitHashTable(&hashTable)；    //初始化哈希表
for(i=0；i<sizeof(arr)/sizeof(arr[0])；i++)HashTableInsert(&hashTable, arr[i]);
Display(&hashTable)；//输出哈希表
result=HashSearch_openAddress(&hashTable, 56)；    //调用查找算法
if(result==-1)    printf("\n56 查找失败\n");
else    printf("\n56 在哈希表中的地址是：%d", result);
result=HashSearch_openAddress(&hashTable, 77);
if(result==-1)printf("\n77 查找失败\n");
else printf("\n77 在哈希表中的地址是：%d\n", result);
}
```

程序运行结果：

哈希表为：   14   15   28   56   23   26   -1

56 在哈希表中的地址是：3

77 查找失败

程序中，建立的图如图7.18所示，-1表示空地址。

7.7.7 实验 7.7：基于链地址法的哈希表查找算法

采用除留余数法作为哈希函数，采用链地址法处理冲突建造哈希表，算法的编程实现如下。

1)首先在源程序中建立文件 LinkHashTableType.h

```
#define HASHSIZE 13 //定义哈希表长
//对两个关键字的比较约定为如下带参数的宏定义
#define   EQ(a, b)   ((a)==(b))
#define   LT(a, b)   ((a)<(b))
#define   LQ(a, b)   ((a)<=(b))
```

```
typedef int KeyType;
typedef int OtherType;
typedef struct node
{
KeyType key; //关键字域
struct node *link; //指针域
}HNode; //链哈希表结点类型
typedef struct
{
    HNode *elem[HASHSIZE]; //数据元素存储地址,动态分配数组
    int count; //哈希表长度
}LinkHashTable; //链哈希表类型
```

2）最后建立哈希查找的源程序文件 LinkHashTable.cpp，引用头文件 LinkHashTable-Type.h。

```
#include <stdio.h>
#include <stdlib.h>
#include "LinkHashTableType.h"
void InitLinkHashTable(LinkHashTable *hashTable)
{//初始化哈希表
    hashTable->count=HASHSIZE;
    for(int i=0; i<hashTable->count; i++)
        hashTable->elem[i]=NULL;
}//end InitLinkHashTable
int Hash(int data)//哈希函数(除留余数法)
{return data%HASHSIZE;}
/*此处加入算法 7.20：HNode* HashSearch_linkAddress(LinkHashTable *hashTable, KeyType k)//
哈希查找*/
void Display(LinkHashTable *hashTable)
{//输出链哈希表
HNode *p;
printf("哈希表为: \n");
for(int i=0; i<hashTable->count; i++)
{
    printf("%d->", i);
    p=hashTable->elem[i];
    while(p! =NULL)
    {printf("%d->", p->key); p=p->link;}
    printf("\n");
}//end for
```

```
}//end Display
void hash_insert(LinkHashTable *hashTable, KeyType k)
{//插入链哈希表
int hashAddress=Hash(k);//求哈希地址
    HNode *p=(HNode *)malloc(sizeof(HNode));
if(p==NULL){printf("内存分配失败!");exit(0);}
p->key=k;
p->link=hashTable->elem[hashAddress];
    hashTable->elem[hashAddress]=p;//插入到对应地址的链表中
}//end hash_insert
void main()
{
int i;HNode *p;LinkHashTable hashTable;
int arr[]={19, 14, 23, 1, 68, 20, 84, 27, 55, 11, 10, 79};
InitLinkHashTable(&hashTable);//初始化哈希表
for(i=0;i<sizeof(arr)/sizeof(arr[0]);i++)hash_insert(&hashTable, arr[i]);//建哈希表
Display(&hashTable);//输出哈希表
p=HashSearch_linkAddress(&hashTable, 68);//调用查找算法
if(p==NULL)printf("68 查找失败\n");else printf("68 查找成功\n");
p=HashSearch_linkAddress(&hashTable, 56);//调用查找算法
if(p==NULL)printf("56 查找失败\n");else printf("56 查找成功\n");
}
```

程序运行结果：

哈希表为：

0->

1->79->27->1->14->

2->

3->55->68->

4->

5->

6->84->19->

7->20->

8->

9->

10->10->23->

11->11->

12->

68 查找成功

56 查找失败

程序中,建立的图如图 7.21 所示,为了在哈希造表时提高效率,每次插入结点时均插入到同地址链表的开头,因此每个链表的顺序正好与图 7.21 相反。

7.8　习题

一、单选题

1. 设一个顺序有序表 A[1..14] 中有 14 个元素,则采用二分法查找元素 A[4] 的过程中比较元素的顺序为(　　)。

A)A[1],A[2],A[3],A[4]　　　　　　B)A[1],A[14],A[7],A[4]

C)A[7],A[3],A[5],A[4]　　　　　　D)A[7],A[5],A[3],A[4]

2. 对于线性表(7,34,55,25,64,46,20,10)进行散列存储时,若选用 $H(K)=K\%9$ 作为散列函数,则散列地址为 1 的元素有(　　)个。

A)1　　　　　　B)2　　　　　　C)3　　　　　　D)4

3. 设有序顺序表中有 n 个数据元素,则利用二分查找法查找数据元素 X 的最多比较次数不超过(　　)。

A)$\log_2 n+1$　　　　B)$\log_2 n-1$　　　　C)$\log_2 n$　　　　D)$\log_2(n+1)$

4. 顺序查找不论是在顺序线性表中还是在链式线性表中的时间复杂度皆为(　　)。

A)$O(n)$　　　　B)$O(n^2)$　　　　C)$O(n^{1/2})$　　　　D)$O(\log_2 n)$

5. 在有 n 个结点的平衡二叉树上查找结点的平均时间复杂度为(　　)。

A)$O(n)$　　　　B)$O(n^2)$　　　　C)$O(n\log_2 n)$　　　　D)$O(\log_2 n)$

6.(　　)二叉排序树可以得到一个从小到大的有序序列。

A)先序遍历　　　　B)中序遍历　　　　C)后序遍历　　　　D)层次遍历

7. 设一组初始记录关键字序列为(13,18,24,35,47,50,62,83,90,115,134),则利用二分法查找关键字 90 需要比较的关键字个数为(　　)。

A)1　　　　　　B)2　　　　　　C)3　　　　　　D)4

8. 设散列表中有 m 个存储单元,散列函数 $H(key)=key \% p$,则 p 最好选择(　　)。

A)小于等于 m 的最大奇数　　　　　　B)小于等于 m 的最大素数

C)小于等于 m 的最大偶数　　　　　　D)小于等于 m 的最大合数

9. 设顺序线性表的长度为 30,分成 5 块,每块 6 个元素,如果采用分块查找,则其查找成功时平均查找长度为(　　)。

A)6　　　　　　B)11　　　　　　C)5　　　　　　D)7

10. 二叉排序树中左子树上所有结点的值均(　　)根结点的值。

A)<　　　　　　B)>　　　　　　C)=　　　　　　D)!=

二、填空题

1. 向一棵 B-树插入元素,若最终引起树根结点的分裂,则新树比原树的高度

_____。

2. 设查找表中有 100 个元素，如果用二分法查找数据元素 X，则最多需要比较 _____ 次就可以断定数据元素 X 是否在查找表中。

3. 根据初始关键字序列(19, 22, 01, 38, 10)建立的二叉排序树的高度为_____。

4. 散列表中常用来解决冲突的两种方法是_____和_____。

5. 设散列表的长度为 8，散列函数 $H(k) = k\%7$，用线性探测再散列法解决冲突，则对关键字序列(8, 15, 16, 22, 30, 32)构造出的散列表查找成功时的平均查找长度是 _____。

6. 下列算法实现在顺序散列表中查找值为 k 的关键字，请在下划线处填上正确的语句。

```
struct record
{
int key; //关键字域
int others; //其他数据项
};
int hashsqsearch(struct record hashtable[  ], int k)
{
int i, j;
j=i=k % p; //哈希函数
while(hashtable[j].key! =k && hashtable[j].flag! =0)//flag=0 表示空标记
{
    j=(_____ 1)_____)%m;
    if(i==j)
        return -1; //查找失败
}
if(_____ 2)_____)
    return j; //查找成功
else
    return -1; //查找失败
}
```

7. 下列算法实现在二叉排序树上查找关键值 k，请在下划线处填上正确的语句。

```
typedef struct node
{
int key;
struct node *lchild;
struct node *rchild;
}bitree;
bitree * bstsearch(bitree *t, int k)
```

```
}
if(t==0)return 0; //空二叉树
else
    while(t!=0)
        if(t->key==k)_____1)_____;
        else if(t->key>k)t=t->lchild;
        else _____2)_____;
}
```

8. 设散列函数 $H(k)=k$ MOD p，解决冲突的方法为链地址法。要求在下列算法划线处填上正确的语句实现创建哈希表。

```
typedef struct node
{
int key;
struct node *next;
}lklist;
void createlkhash(lklist *hashtable[ ])
{
int i, k;
lklist *s;
for(i=0; i<m; i++)_____1)_____;
for(i=0; i<n; i++)
{
    s=(lklist *)malloc(sizeof(lklist));
    s->key=a[i]; //a[i]为关键字值
    k=a[i] % p;
    s->next=hashtable[k];
    _____2)_____;
}
}
```

9. 下面程序段的功能是实现在二叉排序树中插入一个新结点，请在下划线处填上正确的内容。

```
typedef struct node
{
int data;
struct node *lchild;
struct node *rchild;
}bitree;
void bstinsert(bitree **t, int k)
{
```

```
if( * t = = 0)
{
    _____ 1)_____ ;
    ( * t) ->lchild = ( * t) ->rchild = 0;
}
else if(( * t) ->data>k) bstinsert(( * t) ->lchild, k);
else _____ 2)_____ ;
}
```

三、简答题

1. 对于一个有 n 个元素的线性表, 若采用顺序查找方法时的平均查找长度是什么? 若结点是有序的, 则采用折半查找法时的平均查找长度是什么?

2. 设二叉排序树中的关键字互不相同: 则

1) 最小元素无左孩子, 最大元素无右孩子, 此命题是否正确?

2) 最大和最小元素一定是叶子结点吗?

3) 一个新结点总是插入在叶子结点上吗?

3. 试比较哈希表构造时几种冲突处理方法的优点和缺点。

4. 将关键字序列(10, 2, 26, 4, 18, 24, 21, 15, 8, 23, 5, 12, 14) 依次插入到初态为空的二叉排序树中, 请画出所得到的树 T; 然后画出删除 10 之后的二叉排序树 T_1; 若再将 10 插入到 T_1 中得到的二叉排序树 T_2 是否与 T_1 相同? 请给出 T_2 的先序、中序和后序序列。

5. 设有关键字序列为:(Dec, Feb, Nov, Oct, June, Sept, Aug, Apr, May, July, Jan, Mar), 请构造一棵二叉排序树。该树是平衡二叉排序树吗? 若不是, 请为其构造一棵平衡二叉排序树。

6. 一组记录关键字序列(55, 76, 44, 32, 64, 82, 20, 16, 43), 用散列函数 $H(key) = key\%11$ 将记录散列到散列表 $HT[0..12]$ 中去, 用线性探测再散列法解决冲突。

1) 画出存入所有记录后的散列表。

2) 求在等概率情况下, 查找成功的平均查找长度。

3) 求在等概率情况下, 查找失败的平均查找长度。

7. 一棵 3 阶 B-树如图 7.25 所示, 请画出插入关键字 B, L, P, Q 后的树形。

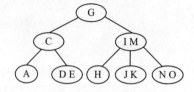

图 7.25　一棵 3 阶 B-树

四、算法设计题

1. 设计有序顺序表的斐波那契查找算法。

2. 设计有序顺序表的插值查找算法。

3. 设查找表采用单链表存储，其中结点值为主关键字，请分别写出对该表进行顺序查找的静态查找、插入和删除的算法。

4. 设计一个求结点 x 在二叉排序树中层次的算法。

5. 设计一个判断二叉树是否为二叉排序树的算法，设此二叉树以二叉链表为存储结构，且树中结点的关键字均不相同。

6. 设计一个算法，实现在平衡二叉树上删除一个结点，删除后若平衡二叉树失去平衡，需调整使之平衡。

7. 设计一个算法，实现在 B-树上删除一个结点，删除后若失去 B-树特性，需调整使之仍为一棵 B-树。

8. 设计一个算法，实现在开放地址法处理冲突的哈希表中删除一个结点，删除后打上删除标记。

9. 已知一个带有删除标记的哈希表，该哈希表采用开放地址法处理冲突。设计一个算法，实现对该哈希表的查找。

五、课程设计题

1. 班级通信录与哈希查找：针对自己的班集体中的"人名"设计一个哈希表，完成相应的建表、查表、插入和删除程序。假设人名为中国姓名的汉语拼音形式。待填入哈希表的人名共有 30 个，取平均查找长度的上限为 2。哈希函数用除留余数法构造，分别用开放地址法和链地址法处理冲突。

2. 静态查找方法的性能比较分析：设计一个程序，随机产生大量数据，分别建立用于顺序查找、折半查找和分块查找的静态查找表，实验比较它们的实际性能，并通过对静态查找表参数的优化设计以提高查找性能，进一步通过实验进行性能比较与分析。

3. 动态查找方法的性能比较分析：设计一个程序，随机产生大量数据，分别建立二叉排序树、平衡二叉排序树和 B-树动态查找表，通过查找实验比较它们的实际性能，并通过对动态查找表参数的优化设计以提高查找性能，进一步通过实验进行性能比较与分析。

4. 哈希查找方法的性能比较分析：设计一个程序，随机产生大量数据，建立哈希表，分别采用开放地址法、链地址法和溢出区法处理冲突，通过查找实验比较它们的实际性能，实验分析装填因子与各种哈希查找方法之间的关系。并通过对哈希查找表参数的优化设计以提高查找性能，进一步通过实验进行性能比较与分析。

5. 基于平衡二叉排序树的学生信息组织与管理：采用平衡二叉排序树的建树、查找、插入和删除等操作实现对学生基本信息的组织与管理。

6. 基于 B-树的学生信息组织与管理：采用 B-树的建树、查找、插入和删除等操作实现对学生基本信息的组织与管理。

第 8 章　排序

排序是数据处理中一种常用的操作。在信息处理过程中，最基本的操作是查找，从查找来说，效率较高的是折半查找、索引查找等对有序表的查找，对有序表查找的前提是所有的数据元素（记录）是按关键字有序的。因此，为了提高查找效率，需要将一个无序的数据（文件）集合转变为一个有序的数据（文件）集合。将数据（文件）集合中的记录通过某种方法整理成为按关键字有序排列的处理过程称为排序。

8.1　排序的基本概念

1）**排序**（sorting）：将一批（组）任意次序的记录重新排列成按关键字有序的记录序列的过程，其定义为：给定一组记录序列：$\{R_1, R_2, \cdots, R_n\}$，其相应的关键字序列是$\{K_1, K_2, \cdots, K_n\}$，确定 1，2，$\cdots$，$n$ 的一个排列 p_1，p_2，$\cdots$，p_n，使其相应的关键字满足非递减（或非递增）关系 $K_{p1} \leqslant K_{p2} \leqslant \cdots \leqslant K_{pn}$（或 $K_{p1} \geqslant K_{p2} \geqslant \cdots \geqslant K_{pn}$）的序列$\{R_{p1}, R_{p2}, \cdots, R_{pn}\}$，这种操作称为排序。关键字 K_i 可以是记录 R_i 的主关键字，也可以是次关键字或若干数据项的组合。若 K_i 是主关键字，排序后得到的结果是唯一的；若 K_i 是次关键字，排序后得到的结果是不唯一的。

2）**排序的稳定性**：若对记录序列中任意两个关键字相等的记录：$K_i = K_j (i<j; i, j = 1, 2, \cdots, n)$，且在排序前 R_i 先于 R_j，排序后的记录序列 R_i 一定先于 R_j，称排序方法是稳定的，否则称排序方法是不稳定的。

3）**排序算法**：排序算法有许多，但就全面性能而言，目前还没有一种公认为最好的算法，每种算法都有其优点和缺点，分别适合不同的数据量和硬件配置等应用场合。评价排序算法的标准有：执行时间、所需的辅助空间、算法的稳定性等。若排序算法所需的辅助空间不依赖问题的规模 n，即空间复杂度是 $O(1)$，则称排序方法是**就地排序**，否则是非就地排序。

4）**排序的分类**：待排序的记录数量不同，排序过程中涉及的存储器不同，有不同的排序分类。若待排序的记录数量较少，所有的记录都能存放在内存中进行排序，称为**内部排序**。若待排序的记录数量较多，所有的记录不可能都存放在内存中，排序过程中必须在内、外存之间进行数据交换，这样的排序称为**外部排序**。由于外部排序是在内部排序的基础上实现的，因此内部排序显得更加重要，本章只讨论内部排序。

5) 内部排序的基本操作有两种: 基本操作一, 比较两个关键字的大小; 基本操作二, 记录存储位置的移动, 即记录从一个位置移到另一个位置。基本操作一是必不可少的。而基本操作二却不是必须的, 取决于记录的存储方式, 具体情况如下:

① 记录存储在一组连续地址的存储空间, 记录之间的逻辑顺序关系是通过其物理存储位置的相邻来体现, 则记录的移动是必不可少的;

② 记录采用链式存储方式, 记录之间的逻辑顺序关系是通过结点中的指针来体现的, 排序过程仅需修改结点的指针, 而不需要移动记录;

③ 记录存储在一组连续地址的存储空间, 构造另一个辅助表来保存各个记录的存放地址(指针), 排序过程不需要移动记录, 而仅需修改辅助表中的指针, 排序后视具体情况决定是否调整记录的存储位置。

情况①比较适合记录数较少的情况; 而情况②、③则适合记录数较多的情况。

为讨论方便, 本章的大部分排序算法假设待排序的记录是以情况①存储, 且设排序是按升序排列的, 关键字是一些可直接用比较运算符进行比较的类型。

本章采用顺序表存储待排序列, 待排序的记录类型的定义如下:

```
#define MAX_SIZE 100 //最大表长
typedef int KeyType; //关键字类型
typedef struct RecType
{
KeyType key; //关键字码
// …… //其他域
}RecType; //记录类型
typedef struct Sqlist
{
RecType R[MAX_SIZE]; //存储记录的数组, R[0]一般不存储元素
int length; //顺序表长度
}Sqlist; //顺序表类型
```

下面各节讨论最常用的内部排序, 包括: 插入排序(insertion sort)、交换排序(exchange sort)、选择排序(selection sort)、归并排序(merge sort)和基数排序(radix sort)。

8.2 插入排序

插入排序是一种简单直观且稳定的排序算法, 其基本思想是: 如果有一个已经有序的数据序列, 在这个已经排好的数据序列中插入一个元素, 使插入后此数据序列仍然有序。插入排序的基本操作就是将一个数据插入到已经排好序的有序序列中, 从而得到一个新的、个数加一的有序序列, 算法适用于少量数据的排序。插入排序主要包括直接插入排序(straight insert sort)、折半插入排序(binary insert sort)、表插入排序(list insert sort)和希尔排序(Shell sort)。

8.2.1 直接插入排序

最基本的插入排序是直接插入排序。**直接插入排序**的基本思想是：将待排序的记录 R_i 插入到已排好序的记录表 $R_1, R_2, \cdots, R_{i-1}$ 中，得到一个新的、记录数增加 1 的有序表。直到所有的记录都插入完为止。设待排序的记录顺序存放在数组 $R[1..n]$ 中，在一趟排序中，将记录序列分成两部分：$R[1..i-1]$，已排好序的有序部分；$R[i..n]$，未排好序的无序部分。显然，在刚开始排序时，$R[1]$ 是已经排好序的。

例 8.1：设有关键字序列为(7, 4, -2, 19, 13, 6)，直接插入排序的过程如图 8.1 所示。

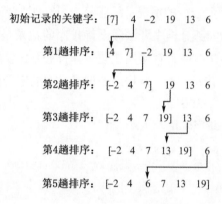

初始记录的关键字：[7]　4　-2　19　13　6

第1趟排序：　[4　7]　-2　19　13　6

第2趟排序：　[-2　4　7]　19　13　6

第3趟排序：　[-2　4　7　19]　13　6

第4趟排序：　[-2　4　7　13　19]　6

第5趟排序：　[-2　4　6　7　13　19]

图 8.1　直接插入排序

直接插入排序操作如算法 8.1 所示。

```
void straight_insert_sort(Sqlist *L)
{//直接插入排序
int i, j;
for(i=2; i<=L->length; i++)//共进行 n-1 趟排序, n 为序列长度
{
    L->R[0]=L->R[i]; //设置哨兵
    j=i-1; //R[0..i-1]已经有序
    while(LT(L->R[0].key, L->R[j].key)){L->R[j+1]=L->R[j]; j--; }//查找插入位置
    L->R[j+1]=L->R[0]; //插入到相应位置
    printf("第%d 趟直接插入排序结果：", i-1); Display(L);
}//end for
}//end straight_insert_sort
```

算法　8.1

算法 8.1 中，$R[0]$ 开始时并不存放任何待排序的记录，引入 $R[0]$ 的作用主要有两个：

① 不需要增加辅助空间：保存当前待插入的记录 $R[i]$，$R[i]$ 会因为记录的后移而被占用；

② 保证查找插入位置的内循环总可以在超出循环边界之前找到一个等于当前记录的记录，起"哨兵监视"作用，避免在内循环中每次都要判断 j 是否越界。

下面进行算法时间复杂度分析。

最好情况下，若待排序记录按关键字从小到大排列（正序），算法中的内循环无须执行，则进行一趟排序时：关键字比较次数 1 次，记录移动次数 2 次（$R[i]\rightarrow R[0]$，$R[0]\rightarrow R[j+1]$），因此整个排序的关键字比较次数为 $n-1$ 次，移动次数为 $2(n-1)$ 次。

最坏情况下，若待排序记录按关键字从大到小排列（逆序），则进行一趟排序时：算法中的内循环体执行 $i-1$，关键字比较次数 i 次，记录移动 $i+1$ 次，则就整个排序而言，比较次数为

$$\sum_{i=2}^{n} i = \frac{(n-1)(n+1)}{2} \tag{8.1}$$

移动次数为

$$\sum_{i=2}^{n} (i+1) = \frac{(n-1)(n+4)}{2} \tag{8.2}$$

一般地，认为待排序的记录可能出现的各种排列的概率相同，则取以上两种情况的平均值，作为排序的关键字比较次数和记录移动次数，约为 $n^2/4$，则算法平均时间复杂度为 $O(n^2)$。

8.2.2 折半插入排序

当将待排序的记录 $R[i]$ 插入到已排好序的记录子表 $R[1..i-1]$ 中时，由于 R_1，R_2，…，R_{i-1} 已排好序，则查找插入位置可以用"折半查找"实现，则直接插入排序就变成为**折半插入排序**。折半插入排序操作如算法 8.2 所示。

```
void Binary_insert_sort(Sqlist *L)
{//折半插入排序
int i, j, low, high, mid;
for(i=2; i<=L->length; i++)
{
    L->R[0]=L->R[i]; //设置哨兵,暂存待插入关键字
    low=1; high=i-1;
    while(low<=high)//折半查找插入位置
    {
        mid=(low+high)/2;
        if(LT(L->R[0].key, L->R[mid].key))high=mid-1;
        else low=mid+1;
    }//end while
```

```
    for(j=i-1; j>=high+1; j--)L->R[j+1]=L->R[j]; //后移元素
    L->R[high+1]=L->R[0]; //插入到相应位置
    printf("第%d 趟折半插入排序结果: ", i-1); Display(L);
  }//end for
}//end Binary_insert_sort
```

算法 8.2

从时间上比较，折半插入排序仅仅减少了关键字的比较次数，却没有减少记录的移动次数，故最坏情况和平均情况下时间复杂度仍然为 $O(n^2)$。

8.2.3 表插入排序

前面的插入排序不可避免地要移动记录，若不移动记录就需要改变数据结构，采用**表插入排序**可避免移动记录。这里采用静态链表存储待排序的数据，基于静态链表的表插入排序基本思想如下。

① 初始化：下标值为 0 的分量作为表头结点，关键字取为最大值，各分量的指针值为空；将静态链表中数组下标值为 1 的分量(结点)与表头结点构成一个静态循环链表；$i = 2$；

② 将分量 $R[i]$ 按关键字递减插入到静态循环链表；

③ i 加 1，重复②，直到全部分量插入到静态循环链表后完成排序。

例 8.2：设有关键字序列：(49, 38, 65, 97, 76, 13, 27, 49)，采用表插入排序的过程如图 8.2 所示。

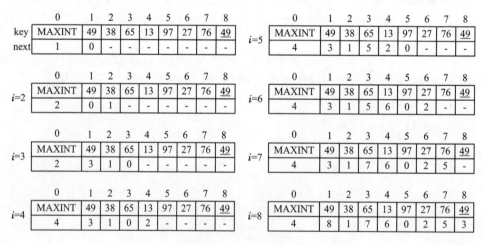

图 8.2 表插入排序

在图 8.2 中，MAXINT 表示最大整数，其所在结点表示头结点，头结点指针域指向当前最小值所在结点。表插入排序和直接插入排序思想类似，二者不同的是：表插入排序修改 $2n$ 次指针值以代替移动记录，而关键字的比较次数相同，故其算法最坏和平均时间复杂度为 $O(n^2)$。表插入排序得到一个有序链表，对其可以方便地进行顺序查找，但不能实现随机查找。根据需要，也可以对记录进行重排。在表插入排序中，需附加 n 个记录的辅助空间，其结点类型修改为：

```
typedef struct RecNode
{
KeyType key; //关键字域
//…… //其他域
int next;
}RecNode; //表插入排序的结点类型
```

8.2.4　希尔排序

希尔排序，又称缩小增量法排序，是一种分组插入排序方法。希尔排序子序列的构成不是简单的"逐段分割"，而是将相隔某个增量的记录组成一个子序列。希尔排序的基本步骤是：

1）先取一个正整数 $d_1(d_1<n)$ 作为第一个增量，将全部 n 个记录分成 d_1 组，把所有相隔 d_1 的记录放在一组中，即对于每个数组下标 $k(k=1, 2, \cdots, d_1)$，记录 $R[k]$，$R[d_1+k]$，$R[2d_1+k]$，$\cdots$ 分在同一组中，在各组内进行直接插入排序，这样一次分组和排序过程称为一趟希尔排序。

2）取新的增量 $d_2<d_1$，重复 1）的分组和排序操作，直至所取的增量 $d_i=1$ 时，即所有记录放进一个组中，最后进行一次排序为止。

希尔排序可提高排序速度，原因是：分组后 n 值减小，n^2 更小，因此算法的时间复杂度 $O(n^2)$ 从总体上看减小了；关键字较小的记录跳跃式前移，在进行最后一趟增量为 1 的插入排序时，序列已基本有序。

例 8.3：设待排序关键字序列为（9, 13, 8, 2, 5, 13, 7, 1, 15, 11），增量序列选取为（5, 3, 1），希尔排序的过程如图 8.3 所示。

从图 8.3 中可以看出，希尔排序通过不断缩小分组的增量将整个序列逐渐变成有序，最后一次增量为 1 的希尔排序等于直接插入排序。分析表明，通过这种渐近式的排序方法获得了效率的提高。图 8.3 中，排序前 13 位于 13 之前，排序后 13 位于 13 之后，这说明希尔排序是不稳定的。

一趟希尔排序类似直接插入排序，其操作实现如算法 8.3 所示。

```
void shell_pass(Sqlist *L, int d)
{//对顺序表 L 进行一趟希尔排序，增量为 d
int j, k;
for(j=d+1; j<=L->length; j++)
{
    if(LT(L->R[j].key, L->R[j-d].key))//需要将 R[j]插入有序子表
    {
        L->R[0]=L->R[j]; //设置监视哨兵
```

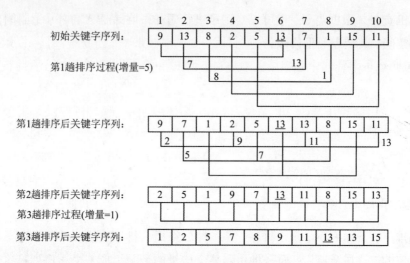

图 8.3　希尔排序

k=j-d; //j 指示本分组的前一个元素

while(k>0 && LT(L->R[0].key, L->R[k].key)){L->R[k+d]=L->R[k]; k=k-d;
}//后移元素

L->R[k+d]=L->R[0]; //插入元素

}//end if

}//end for

}//end shell_pass

算法　8.3

然后再根据增量数组 dk 进行希尔排序,其操作实现如算法8.4所示。

void shell_sort(Sqlist *L, int dk[], int t)

{//按增量序列 dk[0..t-1],对顺序表 L 进行希尔排序

for(int m=0; m<t; m++)

{

　　shell_pass(L, dk[m]); //调用算法 8.3 实现一趟希尔排序

　　printf("第%d 趟(增量=%d)希尔排序结果:", m+1, dk[m]); Display(L);

}//end for

}//end shell_sort

算法　8.4

希尔排序的分析比较复杂,涉及一些数学上的问题,其时间是所取的“增量”序列的函数。

8.3　交换排序

在交换排序中,最基本的是冒泡排序(bubble sort)和快速排序(quick sort),由于它

们的基本操作是交换两个逆序的元素偶对，因此统称作**交换排序**。

8.3.1 冒泡排序

冒泡排序，也称起泡排序，其排序思想是：依次比较相邻的两个记录的关键字，若两个记录是反序的（即前一个记录的关键字大于后一个记录的关键字），则进行交换，直到没有反序的记录为止，其具体操作过程如下。

① 首先将表 $R[1]$ 与 $R[2]$ 的关键字进行比较，若为反序（$R[1]$ 的关键字大于 $R[2]$ 的关键字），则交换两个记录；然后比较 $R[2]$ 与 $R[3]$ 的关键字，以此类推，直到 $R[n-1]$ 与 $R[n]$ 的关键字比较后为止，称为**一趟冒泡排序**，$R[n]$ 为关键字最大的记录。

② 然后进行第二趟冒泡排序，对前 $n-1$ 个记录进行与①同样的操作。一般地，第 i 趟冒泡排序是对 $R[1..n-i+1]$ 中的记录进行的，因此，若待排序的记录有 n 个，则最多要经过 $n-1$ 趟冒泡排序才能使所有的记录有序。

例 8.4：设待排序关键字序列为（23，38，22，45，<u>23</u>，67，31，15，41），冒泡排序的过程如图 8.4 所示。

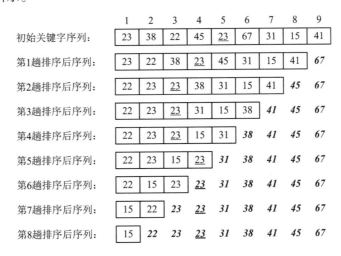

图 8.4 冒泡排序

冒泡排序操作如算法 8.5 所示。

```
void Bubble_Sort(Sqlist *L)
{//冒泡排序
int j, k; bool change;
for(j=L->length; j>1; j--)//共有 n-1 趟排序
{// L->R[0]作为哨兵，暂存交换中间值
    change=false; //一趟排序的交换标志为 false
    for(k=1; k<j; k++)//一趟冒泡排序
        if(LT(L->R[k+1].key, L->R[k].key))//相邻记录关键字逆序
        {
```

```
        change=true; //置交换标志为 true
        //交换相邻记录
        L->R[0]=L->R[k]; L->R[k]=L->R[k+1]; L->R[k+1]=L->R[0];
    }//end if, end for k
    if( change==false) break;
    printf("第%d 趟冒泡排序结果：", L->length-j+1);    Display(L);
  }//end for
}//end Bubble_Sort
```

算法　8.5

在最好情况下，冒泡排序的序列是升序序列，则比较次数为 $n-1$；移动次数为 0，其算法时间复杂度为 $O(n)$。在最坏情况下，冒泡排序的序列是降序序列，比较次数为

$$\sum_{i=1}^{n-1}(n-i)=\frac{n(n-1)}{2} \tag{8.3}$$

移动次数为

$$3\sum_{i=1}^{n-1}(n-i)=\frac{3n(n-1)}{2} \tag{8.4}$$

故最好时间复杂度和平均时间复杂度均为 $O(n^2)$，其空间复杂度为 $O(1)$。

8.3.2　快速排序

快速排序的基本思想是：通过一趟排序，将待排序记录划分成独立的两部分，其中一部分记录的关键字均比另一部分记录的关键字小；再分别对这两部分记录进行下一趟排序，以达到整个序列有序。快速排序属于典型的"分治法"。

设待排序的记录序列是 $R[s..t]$，在记录序列中任取一个记录，一般取 $R[s]$ 作为**参照**（又称为**基准**或**枢轴**）记录，以 $R[s].key$ 为基准划分重排其余的所有记录，划分重排的目标是：所有关键字比基准小的记录放 $R[s]$ 之前；所有关键字比基准大的记录放 $R[s]$ 之后。这里将以 $R[s].key$ 最后所在位置 i 作为分界，将序列 $R[s..t]$ 分割成两个子序列，称为**一趟快速排序**，也称划分。

常用的划分方法为：从序列的两端交替扫描各个记录，将关键字小于基准关键字的记录依次放置到序列的前边；而将关键字大于基准关键字的记录依次放置到序列的后边，直到扫描完所有的记录。划分操作的具体过程如下。

1）初始化：设置指针 Low 和 High，它们的初值分别为待排序列首记录和尾记录的下标；设两个变量 i 和 j，初始时令 $i=Low$，$j=High$，以 $R[Low]$ 作为枢轴记录，将 $R[Low].key$ 保存在 $R[0].key$ 中。

2）从 j 所指位置向前搜索：将 $R[0].key$ 与 $R[j].key$ 进行比较：若 $R[0].key\leqslant R[j].key$，则 $j\leftarrow j-1$，若 $R[0].key\leqslant R[j].key$ 依然成立，则 j 继续减 1，…，以此类推，直到 $i=j$ 或 $R[0].key>R[j].key$ 为止；若 $R[0].key>R[j].key$，则 $R[i]\leftarrow R[j]$，且令 $i\leftarrow i+1$。

3) 从 i 所指位置向后搜索：将 $R[0]$.key 与 $R[j]$.key 进行比较：若 $R[0]$.key$\geq R[i]$.key，则 $i\leftarrow i+1$，若 $R[0]$.key$\geq R[i]$.key 依然成立，则 i 继续加 1，…，以此类推，直到 $i=j$ 或 $R[0]$.key$<R[i]$.key 为止；若 $R[0]$.key$<R[i]$.key，则 $R[j]\leftarrow R[i]$，且令 $j\leftarrow j-1$。

重复 1)、2)，直至 $i=j$ 为止，最后令 $R[i]\leftarrow R[0]$。

划分操作如算法 8.6 所示。

```
int quick_one_pass(Sqlist *L, int low, int high)
{//一趟快速排序(划分)
int i=low, j=high;
L->R[0]=L->R[i]; //R[0]作为临时单元和哨兵
do
{
    while(LQ(L->R[0].key, L->R[j].key)&&(j>i))j--; //从右向左扫描指针j
    if(j>i){L->R[i]=L->R[j]; i++;} //遇到逆序元素，赋值给 L->R[i]
    while(LQ(L->R[i].key, L->R[0].key)&&(j>i))i++; //从左向右扫描指针i
    if(j>i){L->R[j]=L->R[i]; j--;} //遇到逆序元素，赋值给 L->R[j]
}while(i! =j); //i=j时退出扫描
L->R[i]=L->R[0]; //将枢轴元素填入 L->R[i]
return i; //返回划分后两个子序列的中间位置
}//end quick_one_pass
```

算法 8.6

例 8.5：设待排序的记录的关键字序列为(29, 38, 23, 45, 23, 67, 31)，划分的过程如图 8.5 所示。

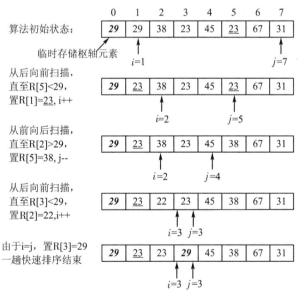

图 8.5　快速排序的划分操作

从图 8.5 中可以看出，在一趟快速排序中通过划分操作将原序列分割成：

$$\{\underline{23},\ 23\}\ 29\ \{45,\ 38,\ 67,\ 31\}$$

该序列位于 29 之前的子序列 $\{\underline{23},\ 23\}$ 值均小于 29，位于 29 之后的子序列 $\{45,\ 38,\ 67,\ 31\}$ 值均大于 29，实现了划分目标。接着再对序列 $\{\underline{23},\ 23\}$ 和 $\{45,\ 38,\ 67,\ 31\}$ 分别进行快速排序即可实现将整个序列排成有序序列。图 8.5 中，排序前 23 位于 $\underline{23}$ 之前，排序后 23 位于 $\underline{23}$ 之后，这说明快速排序是不稳定的。

当进行一趟快速排序后，采用同样方法分别对两个子序列快速排序，直到子序列记录各为 1 为止。快速排序的递归操作如算法 8.7 所示。

```
void quick_Sort(Sqlist *L, int low, int high)
{//快速排序(递归算法)
int k; //记录每趟划分后枢轴元素存储下标
if(low<high)//序列分为两部分后，分别对每个子序列排序
{
    k=quick_one_pass(L, low, high); //调用算法 8.6 实现一趟划分
    quick_Sort(L, low, k-1); //递归，对 L->R[low..k-1]快速排序
    quick_Sort(L, k+1, high); //递归，对 L->R[k+1..high]快速排序
}//end if
}//end quick_Sort
```

算法 8.7

快速排序的时间主要是花费在划分上，对长度为 n 的记录序列进行划分时关键字的比较次数是 $n-1$。设长度为 n 的记录序列进行排序的比较次数为 $C(n)$，则

$$C(n)=n-1+C(k)+C(n-k-1) \tag{8.5}$$

其中：k 为每趟划分后枢轴元素存储位置。

在最好情况下，每次划分得到的子序列大致相等，则 $C(n)\leqslant O(n\times\log_2 n)$。

在最坏情况下，每次划分得到的子序列中有一个为空，另一个子序列的长度为 $n-1$，即每次划分所选择的基准是当前待排序序列中的最小(或最大)关键字，因此比较次数为

$$\sum_{i=1}^{n-1}(n-i)=\frac{n(n-1)}{2} \tag{8.6}$$

因此 $C(n)=O(n^2)$。

平均情况下，对 n 个记录进行快速排序所需的时间 $T(n)$ 组成是：

① 对 n 个记录进行一趟划分所需的时间是：$c\times n$，c 是常数；

② 对所得到的两个子序列进行快速排序的时间：

$$T(n)=C(n)+T(k-1)+T(n-k) \tag{8.7}$$

其中：k 为每趟划分后枢轴元素存储位置。若记录是随机排列的，k 取值在 $1\sim n$ 之间的概率相同，则快速排序的平均时间复杂度为 $O(n\log_2 n)$。

从所需要的附加空间来看，快速排序算法是递归调用，系统内用堆栈保存递归参数，

当每次划分比较均匀时，栈的最大深度为 $\lfloor \log_2 n \rfloor + 1$。所以快速排序的空间复杂度是 $O(\log_2 n)$。

8.4 选择排序

选择排序的基本思想是：每次从当前待排序的记录中选取关键字最小(或最大)的记录表，然后与待排序的记录序列中的第一个记录进行交换，直到整个记录序列有序为止。选择排序可分为简单选择排序(simple selection sort)、树形选择排序(tree selection sort)和堆排序(heap sort)。

8.4.1 简单选择排序

简单选择排序，又称为直接选择排序，其基本操作是：通过 $n-i$ 次关键字间的比较，从 $n-i+1$ 个记录中选取关键字最小的记录，然后和第 i($i=1$, 2, $\cdots$, $n-1$)个记录进行交换。简单选择排序操作如算法 8.8 所示。

```
void simple_selection_sort(Sqlist *L)
{//简单选择排序
int i, j, k;
for(i=1; i<L->length; i++)
{
    k=i;
    for(j=i+1; j<=L->length; j++)if(LT(L->R[j].key, L->R[k].key))k=j; //找第 i 趟的最小值
    if(k! =i)
    {L->R[0]=L->R[i]; L->R[i]=L->R[k]; L->R[k]=L->R[0]; }//交换 R[i] 和 R[k]
    printf("第%d 趟简单选择排序结果: ", i); Display(L);
}//end for
}//end simple_selection_sort
```

算法 8.8

例 8.6：设有关键字序列为(13, 7, 4, $\underline{13}$, 19, -2, 6)，简单选择排序的过程如图 8.6 所示。

从图 8.6 中可以看出，序列长度为 7，共需要 6 趟才能排好序。排序前 13 位于 $\underline{13}$ 之前，排序后 13 位于 $\underline{13}$ 之后，这说明简单选择排序是不稳定的。

简单选择排序算法的核心结构是二重循环：外循环控制排序的趟数，对 n 个记录进行排序的趟数为 $n-1$ 趟；内循环控制每一趟的排序，进行第 i 趟排序时，关键字的比较次数为 $n-i$，则比较次数为

$$\sum_{i=1}^{n-1}(n-i) = \frac{n(n-1)}{2} \tag{8.8}$$

故简单选择排序的时间复杂度为 $O(n^2)$，其空间复杂度是为 $O(1)$。

图 8.6　简单选择排序

8.4.2　锦标赛树形选择排序

借助"锦标赛"的对垒过程就很容易理解锦标赛树形选择排序的思想。在"锦标赛"中，首先对 n 个记录的关键字两两进行比较，选取 $\lceil n/2 \rceil$ 个较小者；然后这 $\lceil n/2 \rceil$ 个较小者两两进行比较，选取 $\lceil n/4 \rceil$ 个较小者……如此重复，直到只剩 1 个关键字为止，该过程可用一棵有 n 个叶子结点的完全二叉树表示，如图 8.7 所示。

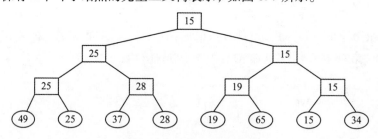

图 8.7　锦标赛树形选择排序

图 8.7 中，每个分支结点的关键字都等于其左、右孩子结点中较小的关键字，根结点的关键字就是最小的关键字。输出最小关键字后，根据关系的可传递性，欲选取次小关键字，只需将叶子结点中的最小关键字改为"最大值"，然后重复上述步骤即可。由于含有 n 个叶子结点的完全二叉树的深度为 $\lfloor \log_2 n \rfloor + 1$，因此锦标赛树形选择排序的时间复杂度为 $O(n\log_2 n)$。

8.4.3　堆排序

堆排序是建立在堆的概念基础上的排序方法，因此下面首先介绍堆的概念。

堆是 n 个元素的序列，记作：$H=\{k_1, k_2, \cdots, k_n\}$，若满足 $k_i \leqslant k_{2i}$ 且 $k_i \leqslant k_{2i+1}$，称之为小根堆；或者满足 $k_i \geqslant k_{2i}$ 且 $k_i \geqslant k_{2i+1}$，称之为大根堆。其中，$i=1, 2, \cdots, \lfloor n/2 \rfloor$。

由堆的定义知，堆是一棵以 k_1 为根的完全二叉树。若对该二叉树的结点进行编号（从上到下，从左到右），得到的就是将二叉树的结点以顺序存储结构存放的序列，堆的结构正好和该序列结构完全一致。

堆具有如下性质：

① 堆是一棵采用顺序存储结构的完全二叉树，k_1 是根结点；

② 堆的根结点是关键字序列中的最小（或最大）值，分别称为小（大）根堆；

③ 从根结点到每一叶子结点路径上的元素组成的序列都是按元素值（或关键字值）非递减（或非递增）的；

④ 堆中的任一子树也是堆。

利用堆顶记录的关键字值最小（或最大）的性质，从当前待排序的记录中依次选取关键字最小（或最大）的记录，就可以实现对数据记录的排序，这种排序方法称为堆排序。

堆排序的基本思想是：①对一组待排序的记录，按堆的定义建立堆；②将堆顶记录和最后一个记录交换位置，则前 $n-1$ 个记录是无序的，而最后一个记录是有序的；③堆顶记录被交换后，前 $n-1$ 个记录不再是堆，需将前 $n-1$ 个待排序记录重新组织成为一个堆，然后将堆顶记录和倒数第二个记录交换位置，即将整个序列中次大关键字值的记录调整（排除）出无序区；④重复上述步骤，直到全部记录排好序为止。

由上面堆排序过程可知，堆排序包括两个关键问题：如何由一个无序序列建成一个堆？如何在输出堆顶元素之后，调整剩余元素，使之成为一个新的堆？解决这两个问题都需要一种基本操作，称为堆"筛选"。下面介绍堆"筛选"操作。

假设已经建好了一个小根堆，在输出堆顶元素之后，以堆中最后一个元素替代之；然后将根结点值与左、右子树的根结点值进行比较，并将三者中的最大值交换到根结点；重复上述操作，直到叶子结点或其根的关键字值大于等于左、右子树的关键字的值，将得到新的堆，称这个从堆顶至叶子的调整过程为堆"筛选"。由于交换操作需要 3 个语句，因此在算法实现时，当根结点与左右孩子关系不满足堆的定义时，只需先暂存根结点值，然后将根结点向下层移动，最后再将根结点值写入最终位置，堆筛选操作如算法 8.9 所示。

```
void Heap_adjust(Sqlist *H, int s, int m)//调整 H->R[s]的位置使之成为大根堆
{// H->R[s..m]中记录关键字除 H->R[s].key 均满足堆定义
int k; //计算 H->R[j]的左孩子的位置
H->R[0]=H->R[s]; //临时保存 H->R[s]
for(k=2*s; k<=m; k=2*k)
```

```
{
    if((k<m)&&(LT(H->R[k].key, H->R[k+1].key)))k++;//选择左、右孩子值最大者
    //使根为根、左孩子、右孩子三者最大值
    if(LT(H->R[0].key, H->R[k].key)){H->R[s]=H->R[k]; s=k; }
    else break;//筛选中的记录移动操作结束
}//end for
H->R[s]=H->R[0];//将堆顶元素存到最终的位置s
}//end Heap_adjust
```

算法 8.9

例 8.7: 假设某序列(20, 49, 34, 38, 28, 27, 19, 15, 22, 25),该序列根结点的左、右子树已经是大根堆,根结点和左、右孩子的关系不满足堆的定义,该序列建堆的筛选过程如图8.8所示。

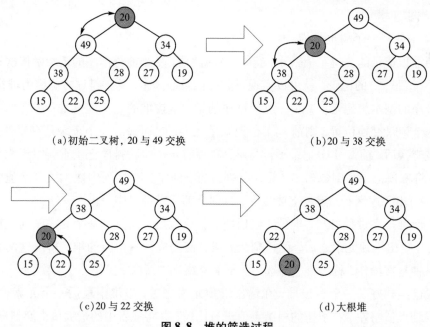

(a)初始二叉树,20 与 49 交换　　　　　　　(b)20 与 38 交换

(c)20 与 22 交换　　　　　　　　　　(d)大根堆

图8.8 堆的筛选过程

图8.8(a)中,根结点20的左、右子树已经是大根堆,20与左、右孩子之间的关系不满足堆,因此将20与左、右孩子中的最大值49交换,这样49变成根结点,由于49是三者之间的最大值,因此交换后根结点及其右子树满足堆的定义,只需关注20交换成左子树根结点后,左子树是否为堆,若为堆,则筛选结束,整棵二叉树即是堆;由于图8.8(b)、(c)不是堆,因此继续进行从上向下的筛选,最终筛选到叶子结点,必然满足堆的定义,如图8.8(d)所示。

利用筛选算法,可以将任意无序的记录序列建成一个堆。设 $R[1]$, $R[2]$, …, $R[n]$ 是待建堆的记录序列,先需将二叉树的每棵子树都筛选成为堆,才能使用筛选法将树调整为堆。由于第 $\lfloor n/2 \rfloor$ 个结点之后的所有结点都没有子树,即以第 $\lfloor n/2 \rfloor$ 个结点之后

的结点为根的子树都是堆。因此，以这些子树的根作为左、右孩子的结点，其左、右子树都是堆，只有根不满足堆的定义，则通过一次筛选就可以成为堆。因此，只需从沿着$\lfloor n/2 \rfloor$，$\lfloor n/2 \rfloor - 1$，$\cdots$，1 的顺序依次进行筛选就可以建立堆，即建堆操作可用下列语句实现：

```
for(j=n/2; j>=1; j--)
    Heap_adjust(R, j, n); //调用堆筛选算法8.9
```

在建成堆之后，堆的根结点是关键字最大的记录，将根结点与序列最后一个结点交换以输出根结点，此时根结点可能不满足堆定义，而原来堆的左、右子树都是堆，则进行一次筛选就可以成为堆；然后再将第二次筛选出的根结点与序列倒数第二个结点交换，再通过筛选第二次建堆，以此类推，通过这样 $n-1$ 趟输出堆顶结点、建堆操作，最终将利用原有的堆空间得到有序序列，实现堆排序，堆排序的完整操作如算法 8.10 所示。

```
void Heap_Sort(Sqlist *H)
{//堆排序
int j;
for(j=H->length/2; j>0; j--)//初始建大根堆
    Heap_adjust(H, j, H->length); //调用堆筛选算法8.9
printf("初始化建堆结果："); Display(H);
for(j=H->length; j>1; j--)//逐个输出堆顶元素，共需 n-1 趟
{
    //将堆顶 R[1]与序列末尾 R[j]交换
    H->R[0]=H->R[1]; H->R[1]=H->R[j]; H->R[j]=H->R[0];
    Heap_adjust(H, 1, j-1); //将 H->R[1..j-1]重新调整为大根堆
    printf("第%d 趟堆排序结果：", H->length-j+1); Display(H);
}//end for
}//end Heap_Sort
```

算法 8.10

下面进行堆排序算法效率分析。堆排序方法对记录较少的文件并不值得提倡，但对 n 较大的文件还是很有效的。设堆序列的记录数为 n，所对应的完全二叉树深度为 h。堆排序的主要过程是初始建堆和重新调整成堆，初始建堆时，每个非叶子结点都要从上到下做"筛选"，第 i 层结点数不大于 2^{i-1}，结点下移的最大深度是 $h-i$，而每下移一层要比较 2 次，则比较次数

$$C_1(n) \leq \sum_{i=1}^{h-1}(2^{i-1} \times 2(h-i)) = \sum_{i=1}^{h-1}(2^{h-i} \times i) \leq (2n)\sum_{i=1}^{h-1}(i/2^i) \leq 4n \quad (8.9)$$

每次筛选要将根结点"下沉"到一个合适位置，第 i 次筛选时，堆中元素个数为 $n-i+1$，堆的深度是 $\lfloor \log_2(n-i+1) \rfloor + 1$，则进行 $n-2$ 次筛选的比较次数

$$C_2(n) \leq 2(\lfloor \log_2(n-1) \rfloor + \lfloor \log_2(n-2) \rfloor + \cdots + \log_2 2) < 2n\lfloor \log_2 n \rfloor \quad (8.10)$$

因此，最坏情况下堆排序的时间复杂度为 $O(n\log_2 n)$。由于堆排序算法是原地工作，显然堆排序的空间复杂度为 $O(1)$。

8.5 归并排序

归并排序的主要操作是归并,归并(Merging)是指将两个或两个以上的有序序列合并成一个有序序列,将两个长度分别为 m 和 n 的有序表归并成一个长度为 n 的有序表,其时间复杂度为 $O(m+n)$,因此归并有序表操作的效率很高,可用于排序以提升效率。

归并排序的基本步骤是:

① 初始时,将序列的每个记录看成一个单独的有序子序列,则 n 个待排序记录就是 n 个长度为 1 的有序子序列;

② 对所有有序子序列进行两两归并,得到 $\lceil n/2 \rceil$ 个长度为 2 的有序子序列,最后一个子序列的长度可能为 1,这称作一趟归并;然后再将长度为 2 的子序列两两归并成长度为 4 的子序列,…,以此类推,直到得到长度为 n 的有序序列为止。

例 8.8: 设关键字序列为(23, 28, 22, 45, 23, 67, 31, 15, 41),归并排序的过程如图 8.9 所示。

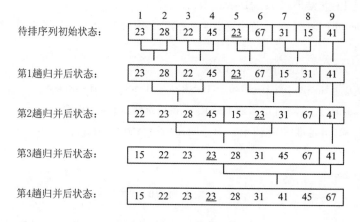

图 8.9 2-路归并排序

上述排序过程中,由于子序列总是两两归并,称为 **2-路归并排序**,其核心是如何将相邻的两个子序列归并成一个子序列。在具体实现时,设相邻的两个子序列分别为:

$$\{R[l], R[l+1], \cdots, R[m]\}$$

和

$$\{R[m+1], R[m+2], \cdots, R[h]\}$$

则将它们归并为一个长度为 $h-l+1$ 的有序的子序列:

$$\{DR[l], DR[l+1], \cdots, DR[m], DR[m+1], \cdots, DR[h]\}$$

归并操作如算法 8.11 所示。

void Merge(RecType R[ ], RecType DR[ ], int k, int m, int n)

{//归并操作,k 为子序列 1 的首位置,m、n 分别为子序列 1、2 最后位置,m+1 为子序列 2 的首位置

int p=k, q=m+1, i=k; //p, q 指示两个子序列 R 当前位置, i 指示合并后序列 DR 的当前位置

while (p<=m && q<=n)//比较两个子序列

{

　　if(LQ(R[p].key, R[q].key))DR[i++]=R[p++]; //R[p].key<R[q].key

　　else DR[i++]=R[q++]; //R[p].key>=R[q].key

}//end while

while(p<=m)DR[i++]=R[p++]; //将剩余的子序列 1 复制到结果序列中

while(q<=n)DR[i++]=R[q++]; //将剩余的子序列 2 复制到结果序列中

}//end Merge

算法　8.11

下面介绍调用归并操作实现一趟归并排序。每一趟归并排序都是从前到后,依次将相邻的两个有序子序列归并为一个,且除最后一个子序列外,其余每个子序列的长度都相同。设这些子序列的长度为 d,则一趟归并排序的过程是:从 $j=1$ 开始,依次将相邻的长度为 d 的两个有序子序列 $R[j..j+d-1]$ 和 $R[j+d..j+2d-1]$ 归并成一个长度为 $2d$ 的子序列;每次归并两个子序列后, j 后移动 $2d$ 个位置,即 $j=j+2d$;若剩下的序列长度不足 $2d$ 时,分以下两种情况处理:

① 剩下的元素个数 $>d$:说明剩下两个子序列,则再调用一次上述过程,将一个长度为 d 的子序列和长度不足 d 的子序列进行归并;

② 剩下的元素个数 $\leqslant d$:说明只剩下一个子序列,将剩下的元素依次复制到归并后的序列中。

一趟归并排序操作如算法 8.12 所示。

void Merge_pass(RecType R[ ], RecType DR[ ], int d, int n)

{//一趟归并排序,将 R 归并至 DR 中, d 为子序列长度, n 为序列总长度

int j=1; //从 R[1]开始归并, R[0]不用

while(j+2*d-1<=n)//子序列两两归并

{Merge(R, DR, j, j+d-1, j+2*d-1); j=j+2*d; }//R[j..j+d-1]和 R[j+d..j+2d-1]归并

if(j+d-1<n)Merge(R, DR, j, j+d-1, n); //剩下的元素个数>d

else Merge(R, DR, j, n, n); //剩下的元素个数≤d

}//end Merge_pass

算法　8.12

下面介绍调用一趟归并排序实现归并排序。开始归并待排序列时,每个记录是长度为 1 的有序子序列,对这些有序子序列逐趟归并;每一趟归并后有序子序列的长度均扩大 1 倍;当有序子序列的长度与整个记录序列长度相等时,整个记录序列就成为有序序列。2-路归并排序操作如算法 8.13 所示。

void Merge_sort(Sqlist *L, RecType DR[ ])

{//2-路归并排序, L 指向待归并的顺序表, DR 为辅助数组

int d=1; //第一次归并时子序列长度为 1

```
while（d<L->length）//若 d>=L->length 时，归并结束
｛
    Merge_pass（L->R，DR，d，L->length）；//调用一趟归并算法 8.12，将 L->R 归并到 DR
    Merge_pass（DR，L->R，2*d，L->length）；//调用一趟归并算法 8.12，将 DR 归并到 L->R
    d=4*d；//由于归并了两趟，因此 d=4*d
｝//end while
｝//end Merge_sort
```

算法 8.13

2-路归并排序中，具有 n 个待排序记录的归并次数是 $\log_2 n$，而一趟归并的时间复杂度为 $O(n)$，则无论是最好还是最坏情况下，整个归并排序的时间复杂度均为 $O(n\log_2 n)$。在排序过程中，使用了辅助向量 DR，大小与待排序记录空间相同，则空间复杂度为 $O(n)$。归并排序是稳定的。

8.6 基数排序

基数排序又称为**桶排序**或**数字排序**，是按待排序记录的关键字组成成分（或"位"）进行排序的方法。基数排序和前面的各种内部排序方法完全不同，不需要进行关键字的比较和记录的移动。基数排序借助于多关键字排序思想实现单关键字的排序。

8.6.1 多关键字排序

在多关键字排序中，设有 n 个记录序列（R_1，R_2，…，R_n），每个记录 R_i 的关键字是由若干项（数据项）组成，即记录 R_i 的关键字 K_i 是若干项的集合，记作：（K_i^1，K_i^2，…，K_i^d）（$d>1$）。对于多关键字记录序列（R_1，R_2，…，R_n），若 $\forall i, j \in [1..n]$ 且 $i<j$，记录的关键字满足

$$K_i^m \leqslant K_j^m \quad (m=1, 2, \cdots, d)$$

则称多关键字记录序列（R_1，R_2，…，R_n）是有序的。

多关键字排序思想是：先按第一个关键字 K^1 进行排序，将记录序列分成若干个子序列，每个子序列有相同的 K^1 值；然后分别对每个子序列按第二个关键字 K^2 进行排序，每个子序列又被分成若干个更小的子序列；如此重复，直到按最后一个关键字 K^d 进行排序。最后，将所有的子序列依次联接成一个有序的记录序列，该方法称**为最高位优先**（MSD，most significant digit first）。另一种方法正好相反，排序的顺序是从最低位开始，称为**最低位优先**（LSD，least significant digit first）。

8.6.2 链式基数排序

若记录的关键字由若干确定的部分（又称为"位"）组成，每一位（部分）都有确定数

目的取值。对这样的记录序列排序的有效方法是**基数排序**。设有 n 个记录序列$(R_1，R_2，$ $\cdots，R_n)$，（单）关键字是由 d 位（部分）组成，每位有 r 种取值，则关键字 $R[i].key$ 可以看成一个 d 元组：

$$R[i].key = (K_i^{\,1}，K_i^{\,2}，\cdots，K_i^{\,d})$$

基数排序可以采用前面介绍的最高位优先（MSD）或低位优先（LSD）方法。以下以 LSD 方法讨论链式基数排序。链式基数排序的基本步骤如下。

1）首先以单链表存储 n 个待排序记录，头结点指针 head 指向第一个记录结点。

2）进行一趟基数排序，一趟基数排序的过程是：

① 分配：按 K^d 值的升序顺序改变记录指针，将链表中的记录结点分配到 r 个链表（桶）中，每个链表中所有记录的关键字的最低位（K^d）的值都相等，设 $f[i]$ 和 $e[i]$ 分别存储第 i 个链表的头指针和尾指针。

② 收集：改变所有非空链表的尾结点指针，使其指向下一个非空链表的第一个结点，从而将 r 个链表中的记录重新链接成一个链表；

重复执行步骤 2），依次按 $K^{d-1}，K^{d-2}，\cdots，K^1$ 分别进行分配和收集操作，共进行 d 趟分配和收集后排序完成。

为实现基数排序，用两个指针数组 $f[i]$ 和 $e[i]$ 来分别管理所有的缓存（桶），同时对待排序记录的数据类型进行改造，相应的数据类型定义如下：

```
#define BIT_key 4 //指定关键字的位数 d
#define RADIX 10 //指定关键字的基数 r
typedef struct RecType
{
char key[BIT_key]; //关键字域
//…… //其他数据项
struct RecType *next;
}SRecord; //基数排序的记录类型
```

链式基数排序操作如算法 8.14 所示。

下面分析链式基数排序算法的时间复杂度。设有 n 个待排序记录，关键字位数为 d，每位有 r 种取值。排序的趟数是 d，在每一趟中，链表初始化的时间复杂度为 $O(r)$、分配的时间复杂度为 $O(n)$、分配后收集的时间复杂度为 $O(r)$，则链式基数排序的时间复杂度为 $O(d(n+2r)) = O(d(n+r))$。在排序过程中使用的辅助空间是：$2r$ 个链表指针，n 个指针域空间，则空间复杂度为 $O(n+r)$。基数排序是稳定的。

例 8.9：设有关键字序列为$(1039，2121，3355，4382，66，118)$的一组记录，采用链式基数排序的过程如图 8.10 所示。

```
void Radix_sort(SRecord **head)
{//链式基数排序
int j, k, m;
SRecord *p, *r, *f[RADIX], *e[RADIX]; //f[i]和 e[i]分别存储第 i 个链表的头指针和尾指针
```

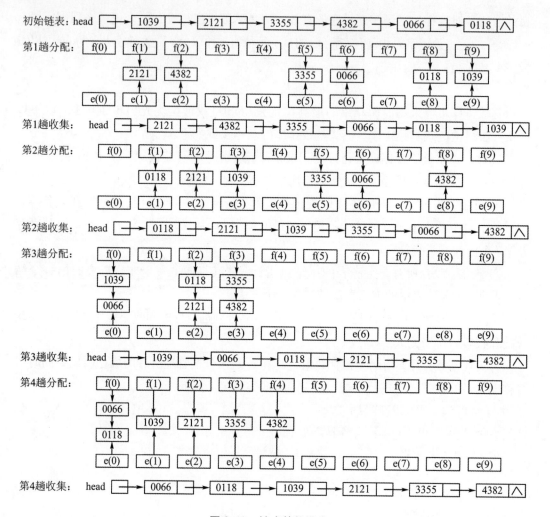

图8.10　链式基数排序

```
for(j=BIT_key-1;j>=0;j--)//关键字的每位一趟排序
{
    for(k=0;k<RADIX;k++)f[k]=e[k]=NULL;//头尾指针数组初始化
    p=*head;//p指向链表首元结点
    while(p!=NULL)//一趟基数排序的分配
    {
        m=p->key[j]-'0';//取关键字的第j位的数字m
        if(f[m]==NULL)f[m]=p;//第m个链表为空
        else e[m]->next=p;//链接到第m个链表的表尾
        e[m]=p;p=p->next;//修改第m个链表的表尾指针,p指向下一个待分配的结点
    }//end while
    *head=NULL;   //以*head作为头指针进行收集,初始化为空链表
    r=*head;//r作为收集后链表*head的尾指针
    for(k=0;k<RADIX;k++)//一趟基数排序的收集
```

```
｝
        if(f[k]!＝NULL)//第 k 个链表不空则收集
        ｛
            if(*head==NULL)*head=f[k];//处理特殊情况：*head 为空表
            else r->next=f[k];//将新的桶链表链入*head 表尾
            r=e[k];//置*head 链表新的尾指针
        ｝//end if
    ｝//end for k
    r->next=NULL;    //修改收集链表*head 的表尾指针
    printf("\n 第%d 次收集结果：\n",BIT_key-j);Display(*head);
｝//end for j
｝//end Radix_sort
```

算法　8.14

8.7　内部排序方法的比较

各种内部排序方法的性能比较如表 8.1 所示。

表 8.1　　　　　　　　　主要的内部排序方法的性能

方法	平均时间	最坏所需时间	附加空间	稳定性
直接插入排序	$O(n^2)$	$O(n^2)$	$O(1)$	稳定
希尔排序	待深入研究	$O(n^2)$	$O(1)$	不稳定
简单选择排序	$O(n^2)$	$O(n^2)$	$O(1)$	不稳定
堆排序	$O(n\log_2 n)$	$O(n\log_2 n)$	$O(1)$	不稳定
冒泡排序	$O(n^2)$	$O(n^2)$	$O(1)$	稳定
快速排序	$O(n\log_2 n)$	$O(n^2)$	$O(\log_2 n)$	不稳定
归并排序	$O(n\log_2 n)$	$O(n\log_2 n)$	$O(n)$	稳定
链式基数排序	$O(d(n+r))$	$O(d(n+r))$	$O(n+r)$	稳定

各种内部排序按所采用的基本思想(策略)可分为：插入排序、交换排序、选择排序、归并排序和基数排序，它们的基本策略分别是：

1)插入排序：依次将无序序列中的一个记录，按关键字值的大小插入到已排好序的一个子序列的适当位置，直到所有的记录都插入为止。具体的方法有：直接插入排序、折半插入排序、表插入和希尔排序。

2)交换排序：对于待排序记录序列中的记录，两两比较记录的关键字，并对反序的两个记录进行交换，直到整个序列中没有反序的记录偶对为止。具体的方法有：冒泡排序和快速排序。

3) 选择排序：不断地从待排序的记录序列中选取关键字最小的记录，放在已排好序的序列的最后，直到所有记录都被选取为止。具体的方法有：简单选择排序和堆排序。

4) 归并排序：利用"归并"技术不断地对待排序记录序列中的有序子序列进行合并，直到合并为一个有序序列为止。

5) 基数排序：按待排序记录的关键字的组成成分（"位"）从低到高（或从高到低）进行。每次是按记录关键字某一"位"的值将所有记录分配到相应的桶中，再按桶的编号依次将记录进行收集，最后得到一个有序序列。

本书的排序方法大部分是在顺序存储结构上实现的，在排序过程中需要移动大量记录。当记录数很多、时间耗费很大时，可以采用静态链表作为存储结构。但有些排序方法，若采用静态链表作存储结构，则无法实现排序。总之，选取排序方法的主要考虑因素有：待排序的记录数目 n；每条记录的大小；关键字的结构及其初始状态；是否要求排序的稳定性；编程语言工具的特性；存储结构的初始条件和要求；时间复杂度、空间复杂度和软件开发工作的复杂程度要求等。

8.8 实验：排序

8.8.1 实验 8.1：插入排序

直接插入排序、折半插入排序和希尔排序算法的编程实现如下。

1) 首先建立定义顺序表类型的头文件 RecordType.h

```
#define MAX_SIZE 100 //最大表长
typedef int KeyType; //关键字类型
typedef struct RecType
{
KeyType key; //关键字码
// …… //其他域
}RecType; //记录类型
typedef struct Sqlist
{
RecType R[MAX_SIZE]; //存储记录的数组，R[0]一般不存储元素
int length; //顺序表长度
}Sqlist; //顺序表类型
//对两个关键字的比较约定为如下带参数的宏定义
#define EQ(a, b)((a)==(b))
#define LT(a, b)((a)<(b))
#define LQ(a, b)((a)<=(b))
```

```
void Display(Sqlist *L)
{//显示顺序表全部记录关键字值
for(int i=1; i<=L->length; i++)printf("%3d", L->R[i]);
printf("\n");
}//end Display
```

2)最后建立插入排序的源程序文件 insert_sort.cpp,引用头文件 RecordType.h

```
#include <stdio.h>
#include <stdlib.h>
#include <string.h>
#include "RecordType.h"
//此处插入算法 8.1:void straight_insert_sort(Sqlist *L)//直接插入排序
//此处插入算法 8.2:void Binary_insert_sort(Sqlist *L)//折半插入排序
//此处插入算法 8.3:void shell_pass(Sqlist *L, int d)//一趟希尔排序
//此处插入算法 8.4:void shell_sort(Sqlist *L, int dk[], int t)//希尔排序
void main()
{
Sqlist ST;
int a[7]={0, 7, 4, -2, 19, 13, 6};//a[0]不用
memcpy(ST.R, a, sizeof(a));//实现数组间复制
ST.length=6;
printf("待排的原始序列:");    Display(&ST);
straight_insert_sort(&ST);
printf("直接插入排序最终结果:");    Display(&ST);
memcpy(ST.R, a, sizeof(a));//恢复初始无序表
Binary_insert_sort(&ST);
printf("折半插入排序最终结果:"); Display(&ST);
int b[11]={0, 9, 13, 8, 2, 5, 13, 7, 1, 15, 11};//b[0]不用
int dk[3]={5, 3, 1};//希尔排序的增量序列
memcpy(ST.R, b, sizeof(b));//实现数组间复制
ST.length=10;
printf("待排的原始序列是:");    Display(&ST);
shell_sort(&ST, dk, 3);
printf("希尔排序最终结果:");    Display(&ST);
}
```

程序运行结果:

```
待排的原始序列:   7   4   -2  19  13   6
第 1 趟直接插入排序结果:   4   7   -2  19  13   6
第 2 趟直接插入排序结果:  -2   4    7  19  13   6
第 3 趟直接插入排序结果: -2   4    7  19  13   6
```

第 4 趟直接插入排序结果：-2　4　　7　13　19　6

第 5 趟直接插入排序结果：-2　4　　6　7　　13　19

直接插入排序最终结果：-2　4　6　7　13　19

第 1 趟折半插入排序结果：　4　7　-2　19　13　6

第 2 趟折半插入排序结果：-2　4　　7　19　13　6

第 3 趟折半插入排序结果：-2　4　　7　19　13　6

第 4 趟折半插入排序结果：-2　4　　7　13　19　6

第 5 趟折半插入排序结果：-2　4　　6　7　　13　19

折半插入排序最终结果：-2　4　6　7　13　19

待排的原始序列是：　9　13　8　2　5　13　7　1　15　11

第 1 趟(增量=5)希尔排序结果：　9　7　1　2　5　13　13　8　15　11

第 2 趟(增量=3)希尔排序结果：　2　5　1　9　7　13　11　8　15　13

第 3 趟(增量=1)希尔排序结果：　1　2　5　7　8　9　11　13　13　15

希尔排序最终结果：　1　2　5　7　8　9　11　13　13　15

程序中，直接插入排序和折半插入排序的顺序表如图 8.1 所示，希尔排序的顺序表如图 8.3 所示。

8.8.2　实验 8.2：交换排序

冒泡排序、快速排序算法的编程实现如下。由于和实验 8.1 采用相同的存储结构，因此在源程序中引入相同的头文件 RecordType.h，建立交换排序的源程序文件 Exchange-Sort.cpp 如下。

```
#include <stdio.h>
#include <stdlib.h>
#include <string.h>
#include "RecordType.h"
//此处插入算法 8.5：void Bubble_Sort(Sqlist *L)//冒泡排序
//此处插入算法 8.6：int  quick_one_pass(Sqlist  *L, int low, int high)//一趟快速排序(划分)
//此处插入算法 8.7：void  quick_Sort(Sqlist  *L, int low, int high)//递归快速排序
void main( )
{
Sqlist ST;
int a[10]={0, 23, 38, 22, 45, 23, 67, 31, 15, 41};//a[0]不用
memcpy(ST.R, a, sizeof(a));//实现数组间复制
ST.length=9;
printf("待排原始序列：");Display(&ST);
Bubble_Sort(&ST);
printf("冒泡排序最终结果：");Display(&ST);
int b[8]={0, 29, 38, 23, 45, 23, 67, 31};//b[0]不用
```

memcpy(ST.R, b, sizeof(b));//实现数组间复制

ST.length = 7;

printf("待排原始序列：");Display(&ST);

quick_Sort(&ST, 1, 7);

printf("快速排序最终结果：");Display(&ST);

}

程序运行结果：

待排原始序列：23 38 22 45 23 67 31 15 41

第 1 趟冒泡排序结果：23 22 38 23 45 31 15 41 67

第 2 趟冒泡排序结果：22 23 23 38 31 15 41 45 67

第 3 趟冒泡排序结果：22 23 23 31 15 38 41 45 67

第 4 趟冒泡排序结果：22 23 23 15 31 38 41 45 67

第 5 趟冒泡排序结果：22 23 15 23 31 38 41 45 67

第 6 趟冒泡排序结果：22 15 23 23 31 38 41 45 67

第 7 趟冒泡排序结果：15 22 23 23 31 38 41 45 67

冒泡排序最终结果：15 22 23 23 31 38 41 45 67

待排原始序列：29 38 23 45 23 67 31

快速排序最终结果：23 23 29 31 38 45 67

程序中，冒泡排序的顺序表如图 8.4 所示，快速排序的顺序表如图 8.5 所示。

8.8.3　实验 8.3：选择排序

简单选择排序和堆排序算法的编程实现如下。由于和实验 8.1 采用相同的存储结构，因此在源程序中引入相同的头文件 RecordType.h，建立交换排序的源程序文件 SelectSort.cpp 如下。

```
#include <stdio.h>
#include <stdlib.h>
#include <string.h>
#include "RecordType.h"
//此处插入算法 8.8：void simple_selection_sort(Sqlist *L)//简单选择排序
//此处插入算法 8.9：void Heap_adjust(Sqlist *H, int s, int m)//堆筛选
//此处插入算法 8.10：void Heap_Sort(Sqlist *H)//堆排序
void main()
{
Sqlist ST;
int a[8] = {0, 13, 7, 4, 13, 19, -2, 6};//a[0]不用
memcpy(ST.R, a, sizeof(a));//实现数组间复制
ST.length = 7;
printf("待排原始序列：");    Display(&ST);
```

```
simple_selection_sort(&ST);
printf("简单选择排序最终结果：");    Display(&ST);
int b[11]={0, 20, 49, 34, 38, 28, 27, 19, 15, 22, 25};//b[0]不用
memcpy(ST.R, b, sizeof(b));//实现数组间复制
ST.length=10;
printf("待排原始序列：");    Display(&ST);
Heap_Sort(&ST);
printf("堆排序最终结果：");    Display(&ST);
}
```

程序运行结果：

待排原始序列：13　7　4　13　19　−2　6

第 1 趟简单选择排序结果：−2　7　4　13　19　13　6

第 2 趟简单选择排序结果：−2　4　7　13　19　13　6

第 3 趟简单选择排序结果：−2　4　6　13　19　13　7

第 4 趟简单选择排序结果：−2　4　6　7　19　13　13

第 5 趟简单选择排序结果：−2　4　6　7　13　19　13

第 6 趟简单选择排序结果：−2　4　6　7　13　13　19

简单选择排序最终结果：−2　　4　6　7　13　13　19

待排原始序列：20　49　34　38　28　27　19　15　22　25

初始化建堆结果：49　38　34　22　28　27　19　15　20　25

第 1 趟堆排序结果：38　28　34　22　25　27　19　15　20　49

第 2 趟堆排序结果：34　28　27　22　25　20　19　15　38　49

第 3 趟堆排序结果：28　25　27　22　15　20　19　34　38　49

第 4 趟堆排序结果：27　25　20　22　15　19　28　34　38　49

第 5 趟堆排序结果：25　22　20　19　15　27　28　34　38　49

第 6 趟堆排序结果：22　19　20　15　25　27　28　34　38　49

第 7 趟堆排序结果：20　19　15　22　25　27　28　34　38　49

第 8 趟堆排序结果：19　15　20　22　25　27　28　34　38　49

第 9 趟堆排序结果：15　19　20　22　25　27　28　34　38　49

堆排序最终结果：15　19　20　22　25　27　28　34　38　49

程序中，简单选择排序的顺序表如图 8.6 所示，堆排序的顺序表如图 8.8 所示。

8.8.4　实验 8.4：归并排序

2-路归并排序算法的编程实现如下。由于和实验 8.1 采用相同的存储结构，因此在源程序中引入相同的头文件 RecordType.h，建立交换排序的源程序文件 MergeSort.cpp 如下。

```
#include <stdio.h>
#include <stdlib.h>
```

```
#include <string.h>
#include "RecordType.h"
//此处插入算法 8.11: void Merge(RecType R[], RecType DR[], int k, int m, int h)//归并操作
//此处插入算法 8.12: void Merge_pass(RecType R[], RecType DR[], int d, int n)//一趟归并排序
//此处插入算法 8.13: void Merge_sort(Sqlist *L, RecType DR[])//2-路归并排序
void main()
{
Sqlist ST;
int a[10] = {0, 23, 28, 22, 45, 23, 67, 31, 15, 41}; //a[0]不用
memcpy(ST.R, a, sizeof(a)); //实现数组间复制
ST.length = 9;
printf("待排原始序列: "); Display(&ST);
RecType *b = (RecType *)malloc(sizeof(RecType) * 10); //辅助数组
Merge_sort(&ST, b);
printf("2-路归并排序的结果: "); Display(&ST);
free(b); //释放辅助空间
}
```

程序运行结果如下:

待排原始序列: 23 28 22 45 23 67 31 15 41

2-路归并排序的结果: 15 22 23 23 28 31 41 45 67

程序中, 2-路归并排序的顺序表如图 8.9 所示。

8.8.5　实验 8.5: 基数排序

链式基数排序算法的编程实现如下。

```
#include<stdio.h>
#include<stdlib.h>
#define BIT_key 4 //指定关键字的位数 d
#define RADIX 10 //指定关键字基数 r
typedef struct RecType
{
char key[BIT_key]; //关键字域
//…… //其他数据项
struct RecType *next;
}SRecord; //基数排序的记录类型
int bit(int num, int j)
{/* 返回整数 num 的第 j 位值 */
int n;
while(num! = 0 && j>0){n = num%10; num/ = 10; j--; }
if(j == 0)return n;
```

```
    else return 0;
}//end bit
void Display(SRecord *ST)
{//从头到尾输出链表全部结点值
int j;   SRecord *p=ST;
while(p! =NULL)
{
    for(j=0; j<BIT_key; j++)   printf("%c", p->key[j]);
    p=p->next;
    if(p! =NULL)   printf(", ");
}
}//end Display
//此处插入算法 8.14：void Radix_sort(SRecord **head)   //链式基数排序
void main( )
{
SRecord *ST, *p, *r;
int i, j;
int a[6]={1039, 2121, 3355, 4382, 66, 118};
    ST=(SRecord *)malloc(sizeof(SRecord));//工作指针
for(j=1; j<=BIT_key; j++)
ST->key[BIT_key-j]=char(bit(a[0], j)+'0');//将数字转换成字符
ST->next=NULL;
p=r=ST; //表头和表尾指针
for(i=1; i<6; i++)
{
    p=(SRecord *)malloc(sizeof(SRecord));
    for(j=1; j<=BIT_key; j++)p->key[BIT_key-j]=char(bit(a[i], j)+'0');
    r->next=p;    //将新结点 p 插入表尾
    r=p; //更改新的表尾指针
}
r->next=NULL;    //最后一个结点的表尾指针为空
printf("原始待排关键字序列是：\n");   Display(ST);
Radix_sort(&ST);
printf("\n 链式基数排序的结果：\n");   Display(ST);   printf("\n");
}
```

程序运行结果如下：

原始待排关键字序列是：

1039, 2121, 3355, 4382, 0066, 0118

第 1 次收集结果：

2121, 4382, 3355, 0066, 0118, 1039

第 2 次收集结果：

0118, 2121, 1039, 3355, 0066, 4382

第 3 次收集结果：

1039, 0066, 0118, 2121, 3355, 4382

第 4 次收集结果：

0066, 0118, 1039, 2121, 3355, 4382

链式基数排序的结果：

0066, 0118, 1039, 2121, 3355, 4382

程序中，链式基数排序的待排序列如图 8.10 所示。

8.9　习题

一、单选题

1. 对 n 个记录的文件进行快速排序，所需要的辅助存储空间大致为(　　)。

A) $O(1)$　　　　　　B) $O(n)$　　　　　　C) $O(\log_2 n)$　　　　D) $O(n^2)$

2. 设一组初始记录关键字序列(5, 2, 6, 3, 8)，以第一个记录关键字 5 为基准进行一趟快速排序的结果为(　　)。

A) 2, 3, 5, 8, 6　　　　　　　　　　B) 3, 2, 5, 8, 6

C) 3, 2, 5, 6, 8　　　　　　　　　　D) 2, 3, 6, 5, 8

3. 下列四种排序中(　　)的空间复杂度最大。

A) 插入排序　　　　B) 冒泡排序　　　　C) 堆排序　　　　D) 归并排序

4. 设一组初始记录关键字序列为(345, 253, 674, 924, 627)，则用基数排序需要进行(　　)趟的分配和回收才能使得初始关键字序列变成有序序列。

A) 3　　　　　　　　B) 4　　　　　　　　C) 5　　　　　　　　D) 8

5. 设一组初始记录关键字序列为(50, 40, 95, 20, 15, 70, 60, 45)，则以增量 d＝4 的一趟希尔排序结束后前 4 条记录关键字为(　　)。

A) 40, 50, 20, 95　　　　　　　　　B) 15, 40, 60, 20

C) 15, 20, 40, 45　　　　　　　　　D) 45, 40, 15, 20

6. 设一组初始记录关键字序列为(25, 50, 15, 35, 80, 85, 20, 40, 36, 70)，其中含有 5 个长度为 2 的有序子表，则用归并排序的方法对该记录关键字序列进行一趟归并后的结果为(　　)。

A) 15, 25, 35, 50, 20, 40, 80, 85, 36, 70

B) 15, 25, 35, 50, 80, 20, 85, 40, 70, 36

C) 15, 25, 35, 50, 80, 85, 20, 36, 40, 70

D) 15, 25, 35, 50, 80, 20, 36, 40, 70, 85

7. 时间复杂度不受数据初始状态影响而恒为 $O(n\log_2 n)$ 的是（　　）。

A）堆排序　　　　B）冒泡排序　　　　C）希尔排序　　　　D）快速排序

8. 一趟排序结束后不一定能够选出一个元素放在其最终位置上的是（　　）。

A）堆排序　　　　B）冒泡排序　　　　C）快速排序　　　　D）希尔排序

9. 下列各种排序算法中平均时间复杂度为 $O(n^2)$ 是（　　）。

A）快速排序　　　　B）堆排序　　　　C）归并排序　　　　D）冒泡排序

10. 设一组初始记录关键字的长度为 8，则最多经过（　　）趟插入排序可以得到有序序列。

A）6　　　　　　B）7　　　　　　C）8　　　　　　D）9

11. 设一组初始记录关键字序列为 $(Q, H, C, Y, P, A, M, S, R, D, F, X)$，则按字母升序的第一趟冒泡排序结束后的结果是（　　）。

A）F, H, C, D, P, A, M, Q, R, S, Y, X

B）P, A, C, S, Q, D, F, X, R, H, M, Y

C）A, D, C, R, F, Q, M, S, Y, P, H, X

D）H, C, Q, P, A, M, S, R, D, F, X, Y

二、填空题

1. 在快速排序、堆排序、归并排序中，_____排序是稳定的。

2. 在堆排序的过程中，对任一分支结点进行筛选运算的时间复杂度为_____，整个堆排序过程的时间复杂度为_____。

3. 设一组初始记录关键字序列为 $(55, 63, 44, 38, 75, 80, 31, 56)$，则利用筛选法建立的大根堆为_____。

4. 设一组初始记录关键字为 $(72, 73, 71, 23, 94, 16, 5)$，则以记录关键字 72 为基准的一趟快速排序结果为_____。

5. 设有 n 个无序的记录关键字，则直接插入排序的时间复杂度为_____，快速排序的平均时间复杂度为_____。

6. 设初始记录关键字序列为 $(K_1, K_2, \cdots, K_n)$，则用筛选法思想建堆必须从第_____个元素开始进行筛选。

7. 下面程序段的功能是实现冒泡排序算法，请在下划线处填上正确的语句。

```
void bubble(int r[n])
{
    for(i=1; i<=n-1; i++)
    {
        for(exchange=0, j=0; j<_____1)_____; j++)
            if(r[j]>r[j+1]){temp=r[j+1]; _____2)_____; r[j]=temp; exchange=1;}
        if(exchange==0)return;
    }
}
```

8. 设有一组初始关键字序列为(24，35，12，27，18，26)，则第 3 趟直接插入排序结束后的结果的是_____。

9. 设有一组初始关键字序列为(24，35，12，27，18，26)，则第 3 趟简单选择排序结束后的结果的是_____。

10. 下面程序段的功能是实现一趟快速排序，请在下划线处填上正确的语句。

```
struct record{int key; datatype others; };
void quickpass(struct record r[ ], int s, int t, int &i)
{
    int j=t; struct record x=r[s]; i=s;
    while(i<j)
    {
        while(i<j && r[j].key>x.key)j=j-1;
        if(i<j){r[i]=r[j]; i=i+1; }
        while(_____1)_____)i=i+1;
        if(i<j){r[j]=r[i]; j=j-1; }
    }
    _____2)_____;
}
```

三、简答题

1. 回答下列各题：

1) 从未排序序列中挑选元素，并将其依次放入到已排序序列中(初始时为空)的一端的方法是什么？

2) 在待排序的元素基本有序的前提下，效率最高的排序方法是什么？

3) 从未排序序列中依次取出元素与已排序序列(初始时为空)中的元素进行比较，将其放入已排序序列的正确位置方法是什么？

4) 设有 1000 个元素，希望采用最快的速度挑选出其中前 10 个最大的元素，最好的方法是什么？

2. 在堆排序、快速排序和归并排序中，若只从存储空间考虑，应选择哪种方法；若只从排序结果的稳定性考虑，应选择哪种方法；若只从平均情况下排序最快考虑，应选择哪种方法？

3. 设有关键字序列为(14，17，53，35，9，32，68，41，76，23)的一组记录，请给出用希尔排序法(增量序列是 5，3，1)排序时的每一趟结果。

4. 设有关键字序列为(14，17，53，35，9，37，68，21，46)的一组记录，请给出冒泡排序法排序时的每一趟结果。

5. 设有关键字序列为(14，17，53，35，9，37，68，21，46)的一组记录，利用快速排序法进行排序时，请给出以第一个记录为基准得到的一次划分结果。

6. 设关键字序列为(14，17，53，35，9，37，68，21)的一组记录，请给出采用堆排序时的每一趟结果。

7. 设关键字序列为$(314, 617, 253, 335, 19, 237, 464, 121, 46, 231, 176, 344)$的一组记录，请给出采用基数排序时的每一趟结果。

四、算法设计题

1. 设有一组初始记录关键字序列$(K_1, K_2, \cdots, K_n)$，要求设计一个算法能够在$O(n)$的时间复杂度内将线性表划分成两部分，其中左半部分的每个关键字均小于K_i，右半部分的每个关键字均大于等于K_i。

2. 设计在链式存储结构上设计直接插入排序算法。

3. 设计在链式结构上实现简单选择排序算法。

4. 设关键字序列$(k_1, k_2, \cdots, k_{n-1})$是堆，设计算法将关键字序列$(k_1, k_2, \cdots, k_{n-1}, x)$调整为堆。

5. 将哨兵放在$R[n-1]$中，被排序的记录存放在$R[0..n-2]$中，重写直接插入排序算法。

6. 修改冒泡排序算法，使第一趟把排序关键字最大的记录放到最末尾，第二趟把排序关键字最小的记录在最前面，如此反复进行，达到排序的目的。

7. 设计8.2.3节采用静态链表作为存储结构的表插入排序算法。

8. 设计快速排序的非递归算法。

9. 设计基于静态链表结构的链式基数排序算法。

五、课程设计题

1. 简单内部排序算法的实现与性能比较

在教科书中，各种内部排序算法的时间复杂度分析结果只给出了算法执行时间的阶，或大概执行时间。试通过随机数据比较各算法的关键字比较次数和关键字移动次数，以取得直观感受。

基本要求：

1）对常用的简单内部排序算法进行比较：直接插入排序、简单选择排序、冒泡排序。

2）利用随机函数产生$N(N = 30000)$个随机整数，作为输入数据作比较；比较的指标为关键字参加的比较次数和关键字的移动次数（关键字交换计为3次移动）。

3）对结果作出简要分析。

2. 先进内部排序算法的实现与性能比较

在教科书中，各种内部排序算法的时间复杂度分析结果只给出了算法执行时间的阶，或大概执行时间。试通过随机数据比较各算法的关键字比较次数和关键字移动次数，以取得直观感受。

基本要求：

1）对常用的先进内部排序算法进行比较：希尔排序、快速排序、堆排序、2-路归并排序。

2）利用随机函数产生$N(N = 30000)$个随机整数，作为输入数据作比较；比较的指标为关键字参加的比较次数和关键字的移动次数（关键字交换计为3次移动）。

3）对结果作出简要分析。

习题参考答案

本附录仅提供第 1~8 章的单选题、填空题和简答题的部分习题的参考答案，关于其他习题的参考答案限于篇幅，就不一一提供了，请读者自行解答。

第 1 章

一、单选题

题号	1	2	3	4	5	6	7	8	9	10	11
答案	C	D	A	C	B	B	B	D	A	D	B

二、填空题

1. 逻辑结构，存储结构，算法　2. 线性，树形，图状

3. 数据元素之间的关系　4. 算法的时间复杂度分析，算法的空间复杂度分析

5. 确定，有穷，可行

三、简答题

9. 1) $O(n)$　2) $O(n^2)$　3) $O(n)$　4) $O(n^{1/2})$　5) $O(1)$

第 2 章

一、单选题

题号	1	2	3	4	5	6	7	8	9	10
答案	A	C	B	C	A	C	C	B	C	C

二、填空题

1. 头指针　2. 一对一　3. $(n-1)/2$　4. 链式

5. s->next=p；q->next=s；　6. 直接前驱

三、简答题

4.

1) (50, 40, 60, 34, 90)

2)

A	0	1	2	3	4	5	6	7
data		60	50	78	90	34		40
cur	6	5	7	0	3	4	0	1

3)

备用链表头　数据链表头
指针　　　　指针

A	0	1	2	3	4	5	6	7
data		60	50	78	90	34		
cur	7	5	1	0	3	4	0	6

5. p->next->prior = q;　q->next = p->next;　p->next = q;　q->prior = p;

第 3 章

一、单选题

题号	1	2	3	4	5
答案	A	D	C	C	D

二、填空题

1. s->top++, stack->s[s->top] = x　2. 后进先出，先进先出

3. b，c，e，d，a　4. SXSSXXSSXSSXXX

5.

1）flag == 1 && Q->front == Q->rear

2）if(flag == 0 && Q->front == Q->rear)flag = 1

3）flag == 0 && Q->front == Q->rear

4）(Q->front+1)% MAXQSIZE

5）if(flag == 1 && Q->front == Q->rear)flag = 0

三、简答题

1. abc，acb，bac，bca，cba

2. 证明：反证法。假设存在着 $i<j<k$，使得 $p_j<p_k<p_i$ 成立。由于输出序列为 p_1，p_2，…，p_n 且 $i<j<k$，则 p_i 先于 p_j 出栈，p_j 先于 p_k 出栈。又由于 $p_j<p_k<p_i$ 且入栈顺序为 1，2，…，n，则当 p_i 出栈时，p_j 和 p_k 必然还在栈中，且 p_k 的位置比 p_j 更靠近栈顶，则 p_k 先于 p_j 出栈，至此在 p_j 和 p_k 的出栈顺序上出现了矛盾的结论，因此假设不成立，命题得证。

4.

1）quelen == m　2）quelen == 0　3）34　4）(rear-quelen+1+m)%m

第4章

一、单选题

题号	1	2	3	4	5	6	7	8	9	10	11	12	13
答案	A	A	B	D	C	B	D	B	A	D	A	B	C

二、填空题

1. $a_{3,7}$ 2. 子串   3. 4   4. 模式串   5. 3/4

三、简答题

2.

j	0	1	2	3	4	5	6
模式串	a	b	c	d	a	b	d
前后缀最大公共子串长度	0	0	0	0	1	2	1
$\text{next}[j]$	−1	0	0	0	0	1	2

3.

1)1188   2)1152   3)1160

4.

1)

1	2	2	7
2	2	3	−1
3	3	1	−8
4	3	3	5
5	5	3	6
6	5	4	−2
7	5	5	9

2)

row	1	2	3	4	5
num[row]	0	2	2	0	3
rpos[row]	1	1	3	5	5

8.

1)$\text{tail}(A) = (y)$，$\text{head}(B) = x$

2)

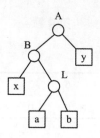

第5章

一、单选题

题号	1	2	3	4	5	6	7	8	9	10	11	12	13
答案	D	C	D	D	C	C	B	B	B	C	A	D	D

二、填空题

1. $2n$, $n+1$ 2. 0 3. $\lfloor i/2 \rfloor$, $2i+1$ 4. 2^{k-1}, 2^k-1

5. 8, 65 6. 129 7. p->lchild = = NULL && p->rchild = = NULL

8. 5 9. 14 10. 6, 261

三、简答题

1. 后序遍历二叉树

2.

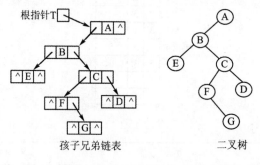

孩子兄弟链表　　　　　　　　二叉树

3. FEGKJIHDCBA

4.

1) ABCDEF, BDEFCA

2) ABCDEFGHIJK, BDEFCAIJKHG

3)

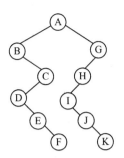

5.

1)

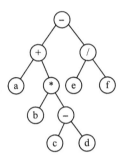

2) -+a * b-cd/ef

3) a+b * c-d-e/f

4) abcd- * +ef/-

第 6 章

一、单选题

题号	1	2	3	4	5	6	7
答案	A	A	D	D	B	B	A

二、填空题

1. 有　2. $n(n-1)/2$, $n(n-1)$　3. $d/2$　4. 1, 3, 2, 4, 5

5. $a_{ij}=1$ 或 $a_{ji}=1$　6. 等于　7. 便于顶点定位和按顶点序号随机存取结点

8. $n-1$, $n-1$, $O(n^2)$, $O(n+e)$

三、简答题

1.1)

$$
\begin{array}{c@{\ }c@{\ }c@{\ }c@{\ }c@{\ }c@{\ }c}
 & a & b & c & d & e & f \\
\begin{array}{c}a\\b\\c\\d\\e\\f\end{array} &
\left(\begin{array}{cccccc}
0 & 6 & 9 & 3 & \infty & \infty \\
6 & 0 & \infty & 2 & 9 & 5 \\
9 & \infty & 0 & 5 & 8 & \infty \\
3 & 2 & 5 & 0 & \infty & 7 \\
\infty & 9 & 8 & \infty & 0 & 4 \\
\infty & 5 & \infty & 7 & 4 & 0
\end{array}\right)
\end{array}
$$

2) $D(a)=3$, $D(b)=4$, $D(c)=3$, $D(d)=4$, $D(e)=3$, $D(f)=3$

3)

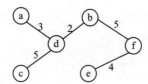

2.1)

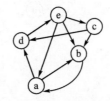

2)

$ID(a)=2$, $ID(b)=3$, $ID(c)=1$, $ID(d)=2$, $ID(e)=1$

$OD(a)=2$, $OD(b)=1$, $OD(c)=2$, $OD(d)=1$, $OD(e)=3$

3)

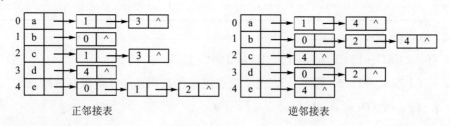

正邻接表　　　　　　　　逆邻接表

3. DFS 序列：v_1，v_3，v_4，v_5，v_2，BFS 序列：v_1，v_3，v_2，v_4，v_5

4.1)

顶点	v_0	v_1	v_2	v_3	v_4	v_5	v_6	v_7	v_8	v_9
$ve(j)$	0	5	6	18	21	21	23	25	28	30
$vl(j)$	0	15	6	18	22	26	23	26	28	30

2) 30

3) 关键路径为：a_2，a_4，a_8，a_{12}，a_{14}

弧	a_1	a_2	a_3	a_4	a_5	a_6	a_7	a_8	a_9	a_{10}	a_{11}	a_{12}	a_{13}	a_{14}
$e(i)$	0	**0**	5	**6**	6	18	18	**18**	21	21	21	**23**	25	**28**
$l(i)$	10	**0**	15	**6**	18	19	23	**18**	22	22	26	**23**	26	**28**

5.

步骤 ＼ 顶点		1	2	3	4	5	S
初态	dist	∞	15	∞	∞	30	$\{v_4\}$
	pre	v_4	v_4	v_4	v_4	v_4	
1	dist	25	15	∞	20	30	$\{v_4, v_2\}$
	pre	v_2	v_4	v_4	v_2	v_4	
2	dist	25	15	24	20	28	$\{v_4, v_2, v_5\}$
	pre	v_2	v_4	v_5	v_2	v_5	
3	dist	25	15	24	20	28	$\{v_4, v_2, v_5, v_3\}$
	pre	v_2	v_4	v_5	v_2	v_5	
4	dist	25	15	24	20	28	$\{v_4, v_2, v_5, v_3, v_1\}$
	pre	v_2	v_4	v_5	v_2	v_5	
5	dist	25	15	24	20	28	$\{v_4, v_2, v_5, v_3, v_1, v_6\}$
	pre	v_2	v_4	v_5	v_2	v_5	

最短路径及路径长度依次是：

$v_4 \rightarrow v_2$：$v_4 \rightarrow v_2$，路径长度：15

$v_4 \rightarrow v_5$：$v_4 \rightarrow v_2 \rightarrow v_5$，路径长度：20

$v_4 \rightarrow v_3$：$v_4 \rightarrow v_2 \rightarrow v_5 \rightarrow v_3$，路径长度：24

$v_4 \rightarrow v_1$：$v_4 \rightarrow v_2 \rightarrow v_1$，路径长度：25

$v_4 \rightarrow v_6$：$v_4 \rightarrow v_2 \rightarrow v_5 \rightarrow v_6$，路径长度：28

6. 最终的距离矩阵和路径矩阵分别是：

$$
\begin{bmatrix}
0 & 5 & 3 & 5 & 8 & 9 \\
9 & 0 & 12 & 14 & 3 & 4 \\
11 & 16 & 0 & 2 & 5 & 20 \\
10 & 15 & 13 & 0 & 4 & 19 \\
6 & 11 & 9 & 11 & 0 & 15 \\
9 & 14 & 12 & 14 & 3 & 0
\end{bmatrix},
\begin{bmatrix}
-1 & -1 & -1 & 2 & 1 & 1 \\
4 & -1 & 4 & 4 & -1 & -1 \\
4 & 4 & -1 & -1 & -1 & 4 \\
4 & 4 & 4 & -1 & -1 & 4 \\
-1 & 0 & 0 & 2 & -1 & 1 \\
4 & 4 & 4 & 4 & -1 & -1
\end{bmatrix}
$$

$0 \rightarrow 1$：$(0, 1)$，路径长度 5；$0 \rightarrow 2$：$(0, 2)$，路径长度 3；$0 \rightarrow 3$：$(0, 2, 3)$，路径长度 5；$0 \rightarrow 4$：$(0, 1, 4)$，路径长度 8；$0 \rightarrow 5$：$(0, 1, 5)$，路径长度 9。

$1 \rightarrow 0$：$(1, 4, 0)$，路径长度 9；$1 \rightarrow 2$：$(1, 4, 0, 2)$，路径长度 12；$1 \rightarrow 3$：$(1, 4, 0, 2, 3)$，路径长度 14；$1 \rightarrow 4$：$(1, 4)$，路径长度 3；$1 \rightarrow 5$：$(1, 5)$，路径长度 4。

2→0：(2, 4, 0)，路径长度 11；2→1：(2, 4, 0, 1)，路径长度 16；2→3：(2, 3)，路径长度 2；2→4：(2, 4)，路径长度 5；2→5：(2, 4, 0, 1, 5)，路径长度 20。

3→0：(3, 4, 0)，路径长度 10；3→1：(3, 4, 0, 1)，路径长度 15；3→2：(3, 4, 0, 2)，路径长度 13；3→4：(3, 4)，路径长度 4；3→5：(3, 4, 0, 1, 5)，路径长度 19。

4→0：(4, 0)，路径长度 6；4→1：(4, 0, 1)，路径长度 11；4→2：(4, 0, 2)，路径长度 9；4→3：(4, 0, 2, 3)，路径长度 11；4→5：(4, 0, 1, 5)，路径长度 15。

5→0：(5, 4, 0)，路径长度 9；5→1：(5, 4, 0, 1)，路径长度 14；5→2：(5, 4, 0, 2)，路径长度 12；5→3：(5, 4, 0, 2, 3)，路径长度 14；5→4：(5, 4)，路径长度 3。

第 7 章

一、单选题

题号	1	2	3	4	5	6	7	8	9	10
答案	C	D	A	A	D	B	B	B	D	A

二、填空题

1. 增加 1　2. 8　3. 3　4. 开放地址法，链地址法　5. 8/3

6. 1）j+1　2）hashtable[j].key==k && hashtable[j].flag!=0

7. 1）return t　2）t=t->rchild

8. 1）hashtable[i]=NULL　2）hashtable[k]=s

9. 1）(*t)->data=k　2）bstinsert((*t)->rchild, k)

三、简答题

2. 1）正确。2）不一定。3）是的。

4.

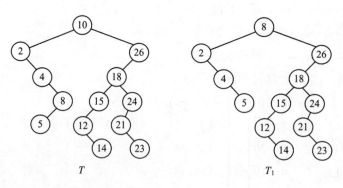

若再将 10 插入到 T_1 中得到的二叉排序树 T_2 与 T_1 不相同。

5.

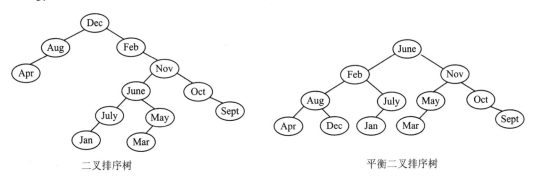

二叉排序树　　　　　　　　　　　　　平衡二叉排序树

6.1)

	0	1	2	3	4	5	6	7	8	9	10	11	12
	55	44	43			82	16			64	76	32	20
查找成功 比较次数	1	2	6			1	2			1	1	2	4
查找失败 比较次数	4	3	2	1	1	3	2	1	1	8	7		

2)由于表中共有 9 个元素，在等概率情况下，每个元素查找成功概率为 1/9，因此

$$ASL_{成功} = (1+2+6+1+2+1+1+2+4)/9 = 20/9$$

3)由于哈希函数的地址值域空间长度为 11，在等概率情况下，每个地址查找概率为 1/11，因此

$$ASL_{失败} = (4+3+2+1+1+3+2+1+1+8+7)/11 = 33/11 = 3$$

7.

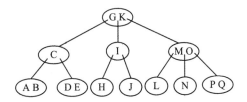

第 8 章

一、单选题

题号	1	2	3	4	5	6	7	8	9	10	11
答案	C	C	D	A	B	A	A	D	D	B	D

二、填空题

1. 归并

2. $O(n)$，$O(n\log_2 n)$

3. (80, 75, 55, 56, 63, 44, 31, 38)

4. (5, 16, 71, 23, 72, 94, 73)

5. $O(n^2)$，$O(n\log_2 n)$

6. $\lfloor n/2 \rfloor$

7. 1）n−i　2）r[j+1] = r[j]

8. （12, 24, 27, 35, 18, 26）

9. （12, 18, 24, 27, 35, 26）

10. 1）i<j && r[i].key<x.key　2）r[i] = x 或 r[j] = x

三、简答题

1.

1）简单选择排序

2）直接插入排序

3）直接插入排序

4）堆排序

2. 堆排序；归并排序；快速排序。

3.

（14, 17, 41, 35, 9, 32, 68, 53, 76, 23）

（14, 9, 32, 23, 17, 41, 35, 53, 76, 68）

（9, 14, 17, 23, 32, 35, 41, 53, 68, 76）

4.

（14, 17, 35, 9, 37, 53, 21, 46, 68）

（14, 17, 9, 35, 37, 21, 46, 53, 68）

（14, 9, 17, 35, 21, 37, 46, 53, 68）

（9, 14, 17, 21, 35, 37, 46, 53, 68）

5.（9, 14, 53, 35, 17, 37, 68, 21, 46）

6.

（17, 35, 53, 21, 9, 37, 14, 68）

（14, 35, 37, 21, 9, 17, 53, 68）

（14, 35, 17, 21, 9, 37, 53, 68）

（9, 21, 17, 14, 35, 37, 53, 68）

（9, 14, 17, 21, 35, 37, 53, 68）

（9, 14, 17, 21, 35, 37, 53, 68）

（9, 14, 17, 21, 35, 37, 53, 68）

7.

（121, 231, 253, 314, 464, 344, 335, 046, 176, 617, 237, 019）

（314, 617, 019, 121, 231, 335, 237, 344, 046, 253, 464, 176）

（019, 046, 121, 176, 231, 237, 253, 314, 335, 344, 464, 617）